AF342957

TRAITÉ
DES ARBRES
ET
ARBUSTES.

TOME SECOND.

TRAITÉ
DES ARBRES
ET
ARBUSTES
QUI SE CULTIVENT EN FRANCE
EN PLEINE TERRE.

*Par M. DUHAMEL DU MONCEAU, Inspecteur général
de la Marine ; de l'Académie Royale des Sciences, de la Société
Royale de Londres, Honoraire de la Société d'Edimbourg
& de l'Académie de Marine.*

TOME SECOND.

A PARIS,
Chez H. L. GUERIN & L. F. DELATOUR,
rue Saint Jacques, à Saint Thomas d'Aquin,

M. DCC. LV.
Avec Approbation & Privilege du Roi.

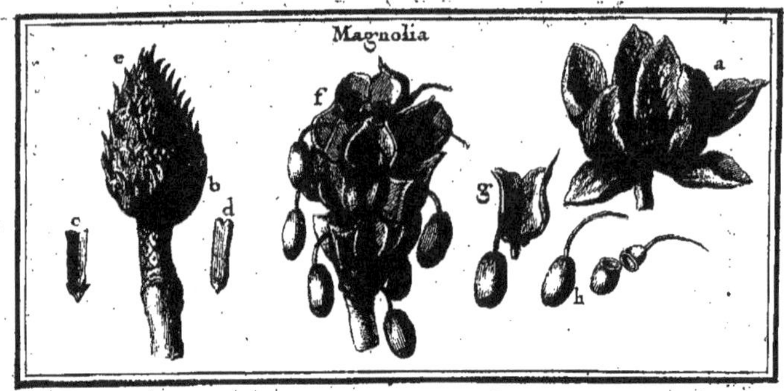

TRAITÉ
DES ARBRES ET ARBUSTES
QUI SE CULTIVENT EN FRANCE EN PLEINE TERRE.

MAGNOLIA, Plum. & Linn. LAURIER-TULIPIER.

DESCRIPTION.

LE calyce de la fleur (*a*) du Laurier-Tulipier eſt compoſé de trois petites feuilles ovales creuſées en cuilleron; elles reſſemblent à des pétales, & elles tombent quand le fruit noue.

Les pétales ſont au nombre de neuf; ils ſont grands, oblongs, arrondis par le bout, creuſés en cuilleron, & attachés au calyce par un appendice étroit.

On apperçoit dans le diſque de la fleur beaucoup d'étamines (*b*) filamenteuſes, applaties, & bordées à leur extrêmité par des ſommets étroits (*dc*).

Tome II. A

Le piftil (*e*) eft formé d'un grand nombre d'embryons ob-longs qui font tous attachés à une efpece de poinçon pyramidal ; chaque embryon porte un ftyle recourbé & contourné en différents fens ; & à leur extrêmité eft attaché, fuivant la longueur du ftyle, le ftigmate qui eft velu.

Le fruit (*f*) a, dans fa perfection, la forme & la groffeur d'un œuf compofé d'efpeces d'écailles (*g*) qui forment des alvéoles, dans chacune defquelles eft une femence (*h*) affez groffe, de forme ovale un peu comprimée fur les côtés, & qui pend à un filet.

Les feuilles du Laurier-Tulipier font très-grandes, unies, liffes, polies, d'un beau verd, très-brillantes & d'une figure ovale très-allongée ; elles reffemblent affez à celles du Laurier-Cerife, & font pofées alternativement fur les branches.

L'efpece, n°. 2, eft commune à la Louyfiane : fes feuilles font moins grandes que celles de l'efpece n°. 1 ; elles font en deffus d'un beau verd, & en deffous couvertes d'une fleur bleuâtre : elles tombent l'hyver.

Cet arbre parvient jufqu'à la groffeur de nos Noyers ; fa tête eft bien arrondie, & tellement garnie de feuilles, qu'elle eft prefque impénétrable à la pluie & au foleil.

Son écorce eft grife & unie ; fon bois eft blanc, tendre & liant.

Ses grandes fleurs blanches de la forme des Tulipes font un très-bel effet, étant accompagnées de la belle verdure des feuilles : les fruits deviennent d'un très-beau rouge en l'automne.

On a placé dans la vignette une fleur beaucoup plus petite que nature, pour faire voir feulement l'arrangement des pétales ; les autres parties de cette vignette font de grandeur naturelle.

ESPECES.

1. *MAGNOLIA altiffima flore ingenti candido.* Catefb. ou *TULIPIFERA arbor Floridana, Lauri longè amplioribus fplendentibus & denfioribus foliis, flore majore albo.* Pluk.

MAGNOLIA qui a les fleurs blanches, très-grandes, & des feuilles plus grandes que celles du Laurier-Cerife ; ou LAURIER-TULIPIER de la Louyfiane.

2. *MAGNOLIA Lauri folio subtùs albicante.* Catesb. *sive TULIPIFERA Virginiana, Laurinis foliis adversâ parte rore cæruleo cinctis Conibaccifera.* Pluk. Alm.

MAGNOLIA de Virginie à feuilles de Laurier cerise, qui sont blanches en dessous; ou LAURIER-TULIPIER des Iroquois.

Nous supprimons plusieurs especes de Magnolia: les unes qui sont trop délicates pour être élevées en pleine terre, & les autres que nous ne connoissons pas assez.

CULTURE.

La plupart des semences qu'on nous envoie de la Louysiane ne levent point; & nous sommes obligés de multiplier les Lauriers-Tulipiers par les marcottes.

Ces arbres craignent trop le froid pour qu'on puisse les risquer en pleine terre dans notre climat; mais je suis persuadé qu'ils y réussiroient en Provence & en Languedoc: peut-être même supporteront-ils nos hyvers, quand nous pourrons en risquer de gros pieds.

USAGES.

Le Laurier-Tulipier est un des plus beaux arbres qu'on puisse cultiver; c'est ce qui nous a engagé à en parler dans ce Traité; car comme ils craignent le froid de notre climat, ils ne devroient pas y être compris.

Quoique leurs graines soient très-ameres, on dit que les Peroquets de la Louysiane en sont très-friands: cela est d'autant plus singulier, que l'on peut regarder comme une regle générale, que les amandes ameres sont pernicieuses aux oiseaux.

Tome II. Pl. 1.

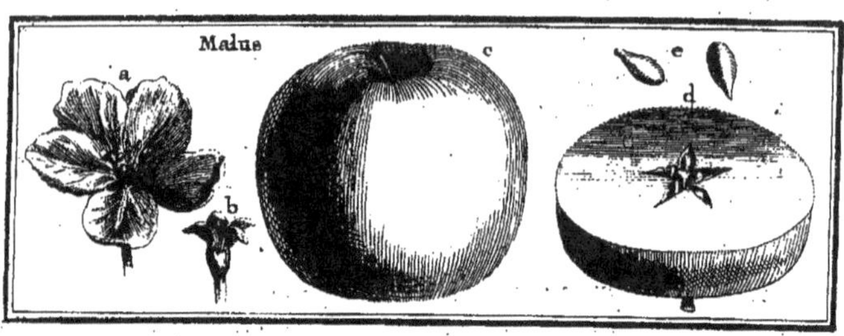

MALUS, TOURNEF. *PYRUS*, LINN. POMMIER.

DESCRIPTION.

LES fleurs (*a*) du Pommier font formées d'un calyce (*b*) qui eft d'une feule piece divifée en cinq, & figurée en godet; ce calyce porte cinq grands pétales arrondis & difpofés en rofe.

Le calyce donne encore naiffance à une vingtaine d'étamines qui font terminées par des fommets figurés en olive, & divifés fuivant leur longueur par une rainure.

On apperçoit au milieu de la fleur un piftil formé d'un embryon qui fait partie du calyce, & de cinq ftyles affez longs.

L'embryon ou la bafe du calyce devient un fruit charnu (*c*), arrondi, couvert d'une peau fouvent colorée; il eft terminé par une couronne formée des échancrures du calyce. Les pédicules ou queues qui attachent les Pommes aux arbres, font ordinairement courtes & placées dans un enfoncement qui pénetre bien avant dans le fruit. Cette circonftance peut fervir à diftinguer les Pommes d'avec les Poires. On trouve prefque toujours dans l'intérieur (*d*) cinq loges, quelquefois quatre, qui font formées par une membrane dure; chacune de ces loges contient une ou deux femences (*e*) qui ont la figure d'une larme; on les nomme pepins; ils font applatis du côté où ils fe touchent.

Il y a des Pommiers qui forment de grands arbres, & d'autres de petits arbriſſeaux.

Les feuilles ſont entieres, ordinairement un peu velues, ſurtout par deſſous, dentelées & comme ondées par les bords, poſées alternativement ſur les branches : le deſſous eſt relevé d'arrêtes ſaillantes, & le deſſus creuſé de ſillons.

ESPECES.

1. *MALUS ſilveſtris fruƈtu valde acerbo*. Inſt.
   Pommier ſauvage ou ſauvageon, à fruit fort âcre.

2. *MALUS ſilveſtris foliis ex albo variegatis*. M. C.
   Pommier ſauvage dont les feuilles ſont panachées de blanc.

3. *MALUS flore pleno*. C. B. P.
   Pommier à fleur double.

4. *MALUS ſilveſtris Virginiana floribus odoratis*. M. C.
   Pommier de Virginie à fleurs odorantes.

5. *MALUS fruƈtifera flore fugaci*. H. R. Par.
   Pommier qui ne paroît point produire de fleur; ou Pomme-
   Figue.

6. *MALUS ſativa foliis eleganter variegatis*. M. C.
   Pommier cultivé dont les feuilles ſont très-panachées.

7. *MALUS ſativa fruƈtu maculis vitreis foris & intùs notato*. Inſt.
   Pommier à fruit tranſparent ou de glace.

8. *MALUS pumila qua potiùs frutex quàm arbor*. C. B. P.
   Pommier nain, dit DE PARADIS.

9. *MALUS exigua pallidis floribus*. C. B. P.
   Pommier de médiocre grandeur, dit DOUCIN ou FICHET.

10. *MALUS ſativa fruƈtu ſubrotundo & viridi palleſcente, acidè dulci*. Inſt.
    Pommier cultivé dont le fruit eſt arrondi & d'un goût agréable,
    ou REINETTE blanche.

11. *MALUS ſativa fruƈtu ſplendidè purpureo*. Inſt.
    Pommier cultivé dont le fruit eſt varié de blanc & de rouge,
    ou API.

12. *MALUS fativa fructu magno, intensè rubenti, Viola odore.* Inft.
POMMIER cultivé dont le fruit eft d'un rouge foncé, & qui
fent la Violette; ou CALVILLE rouge.

M. Linneus n'a fait qu'un genre des Poiriers, des Coignaf-
fiers & des Pommiers. Quoique les parties de la fructification
foient très-femblables dans ces trois efpeces, nous avons cru que,
pour nous conformer à l'ufage, & pour ne pas rendre un genre
trop nombreux, il convenoit de les diftinguer, comme l'a fait
M. de Tournefort, d'autant que la forme des fruits fuffit pour
éviter la confufion: car les Poires & les Pommes font liffes,
& les Coins font couverts de duvet; la queue des Pommes eft
reçue dans une cavité profonde, celle des Poires & des Coins
tient à une partie faillante

Nous aurions pu rapporter ici beaucoup d'autres efpeces de
Pommes, ou, fi l'on veut, beaucoup de variétés qu'on cultive
dans les vergers; mais nous avons jugé que cette longue énumération feroit déplacée dans un Traité comme celui-ci. Nous
croyons même que plufieurs des efpeces que nous avons rapportées, ne font que des variétés.

CULTURE.

Les Pommiers fauvages croiffent naturellement dans les forêts, où ils forment des arbres de moyenne grandeur: leurs
fruits, qui font ordinairement fort âcres, tombent, & leurs pepins germent; ce qui fait qu'on trouve ordinairement fous les
Pommiers beaucoup de jeunes arbres qu'on arrache pour les
planter dans les pépinieres.

Pour fe procurer beaucoup de Pommiers fauvages, on étend
fur une terre bien labourée l'épaiffeur d'un travers de doigt
de marc des Pommes qu'on a preffées pour en tirer le cidre;
on recouvre ce marc d'un pouce de terre, & au printemps
fuivant elle fe trouve chargée de jeunes Pommiers, qu'on arrache la feconde ou la troifieme année pour leur couper le
pivot & en garnir les pépinieres: c'eft fur ces Pommiers fauvages qu'on greffe les Pommiers que l'on veut élever en plein
vent.

Il y a une espece de Pommier qui devient beaucoup moins grand que les Pommiers sauvages. On le nomme *Doucin* ou *Fichet*, n°. 9 : on se sert de cette espece pour greffer dessus les arbres qu'on veut tenir en buisson ; mais quand le terrein leur plaît, ils deviennent fort grands, & ils sont long-temps à donner du fruit : ils sont néanmoins préférables aux Pommiers sauvageons pour faire de gros buissons & des demi-tiges. On les multiplie par le plant enraciné ou par les drageons qui se trouvent au pied des vieilles souches ; ou bien on en fait des marcottes.

Enfin quand on veut avoir des Pommiers très-nains, on les greffe sur le Pommier nain nommé *Paradis*, n°. 8 , qui ne s'éleve qu'à trois ou quatre pieds de hauteur : ce petit arbre se multiplie par marcottes & par boutures.

Ainsi les Pommiers en plein vent se greffent sur les sauvageons arrachés dans les forêts ou élevés de pepins ; les Pommiers en buisson sur le Doucin , & les nains sur le Paradis.

Les Pommiers se plaisent dans les terres qui ont beaucoup de fond & qui sont un peu humides.

Ce n'est point ici le lieu de parler de la taille des Pommiers en buisson & en espalier, puisque nous ne faisons qu'effleurer ce qui regarde les vergers.

Les Pommiers sauvages viennent naturellement en Canada vers Niagara,

USAGES.

Toutes les especes de Pommiers portent dans le mois de Mai de grandes fleurs, la plupart couleur de rose, qui font un très-bel effet ; ainsi le Pommier à fleur double peut être mis dans les bosquets du printemps.

Les Pommiers ne peuvent point faire de belles avenues ; parce que leurs branches pendent toujours fort bas & interrompent le passage. On voit néanmoins en Normandie quelques especes de Pommiers à cidre qui soutiennent bien leurs branches, & qui ont assez le port des Tilleuls.

On sait que le fruit des Pommiers est très-utile. Celui des forêts sert à nourrir les bêtes fauves & les porcs. Quantité de pommes qu'on nomme *à Couteau* , sont très-bonnes à manger crues & cuites, à faire des compotes & des confitures. Les

Médécins

Médecins les ordonnent dans les tifanes pour calmer les toux.
Les Pommes douces font laxatives, & les Pommes âcres aftringentes. Enfin il y a quantité de Pommes, les unes aigres & fures, les autres âcres, les autres douces, qui fervent à faire du
cidre. Pour cela on les écrafe fous des meules pofées de champ,
à peu près comme celle qui eft repréfentée ci-après à l'article
de l'Olivier ; on les paffe enfuite fous de forts preffoirs pour en
exprimer le jus, qu'on laiffe fermenter dans de grandes tonnes;
& l'on fait ainfi une liqueur qui tient lieu de vin dans les pays
où le Raifin ne mûrit pas.

Les Pommes douces font un cidre délicat, agréable à boire,
mais qui n'eft point de garde. On fait avec les Pommes fures &
âcres, du cidre qui fe garde trois & quatre ans. En mêlant
ces différents fruits on varie la qualité des cidres; mais ce n'eft
pas ici le lieu d'entrer fur cela dans un plus grand détail. Il
fuffit de favoir que le fuc des Pommes fermente.; qu'en premier
lieu il eft mufcide & doux ; puis qu'il devient piquant & vineux :
c'eft-là le cidre qu'on boit ordinairement : qu'il devient acide,
& alors il tient lieu de vinaigre. En diftillant le cidre on obtient
un efprit ardent peu différent de l'efprit-de-vin.

Le bois des Pommiers fauvageons eft moins dur que celui
des Poiriers , mais il n'a pas une couleur auffi agréable :
il eft plein, fort doux, très-liant, affez femblable à celui de
l'Alizier; il eft recherché par les Menuifiers, & encore plus
par les Tourneurs.

Quoique les fleurs des Pommiers paroiffent au printemps,
& que les fruits ne mûriffent que dans l'automne, on a repréfenté dans la planche les fleurs & les fruits mûrs : on a
auffi affecté d'y repréfenter des Pommes rondes & des Pommes
longues.

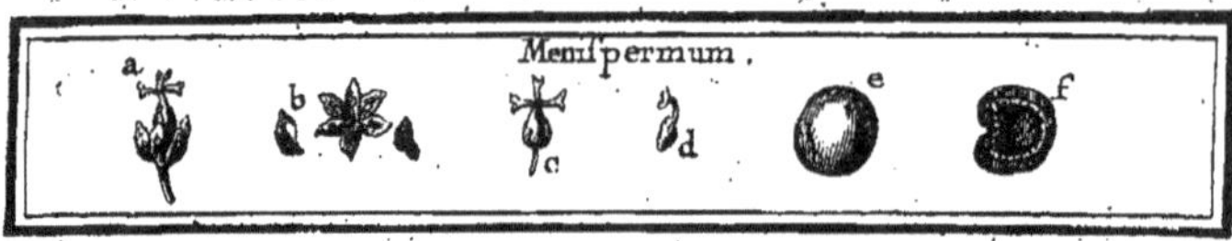

MENISPERMUM, Tournef. & Linn.

DESCRIPTION.

LE calyce (*a*) de la fleur du Menifpermum eft compofé de fix petites feuilles ovales & oblongues, qui tombent avant la maturité du fruit; elles recouvrent quatre ou fix pétales (*b*) oblongs & ovales, creufés en cuilleron, & difpofés en rofe; dans l'intérieur on trouve ordinairement fix étamines affez courtes. Le piftil (*c*) eft compofé de trois embryons & d'un pareil nombre de ftyles terminés par des ftigmates obtus. Les ftyles fe renverfent & forment trois angles égaux : les embryons (*d*) deviennent autant de baies ovales (*e*) qui contiennent chacune une femence (*f*) applatie, figurée comme un croiffant.

Le nombre de toutes les parties de la fructification de cet arbufte eft fujet à varier.

Les fleurs font raffemblées par bouquets.

Cette plante eft farmenteufe : elle n'a point de mains; mais elle fe roule fur tout ce qu'elle rencontre, & s'éleve très-haut.

Ses feuilles font fimples, affez grandes, prefque rondes, échancrées par les bords, portées fur des queues affez longues, & placées alternativement fur les branches.

ESPECES.

1. *MENISPERMUM Canadenfe fcandens, umbilicato folio.* Act. Acad. R. P.

Menispermum grimpant de Canada, dont la feuille a un umbilic; ou Lierre de Canada.

B ij

2. *MENISPERMUM folio Hederaceo.* Hort. Eltham.
Menispermum à feuilles de Lierre, ou Lierre de Virginie.

CULTURE.

Le Menispermum se multiplie aisément par des drageons
enracinés, qui poussent abondamment autour des pieds. Cette
plante se plaît à l'ombre.

USAGES.

Comme les feuilles du Menispermum sont assez belles l'été,
on peut employer cette plante pour en garnir les petites terrasses : mais elle est incommode en ce qu'elle trace beaucoup.
Des deux especes rapportées ci-dessus, l'une porte ses fruits
rassemblés par bouquets autour des branches; l'autre les a
disposés en petites grappes.

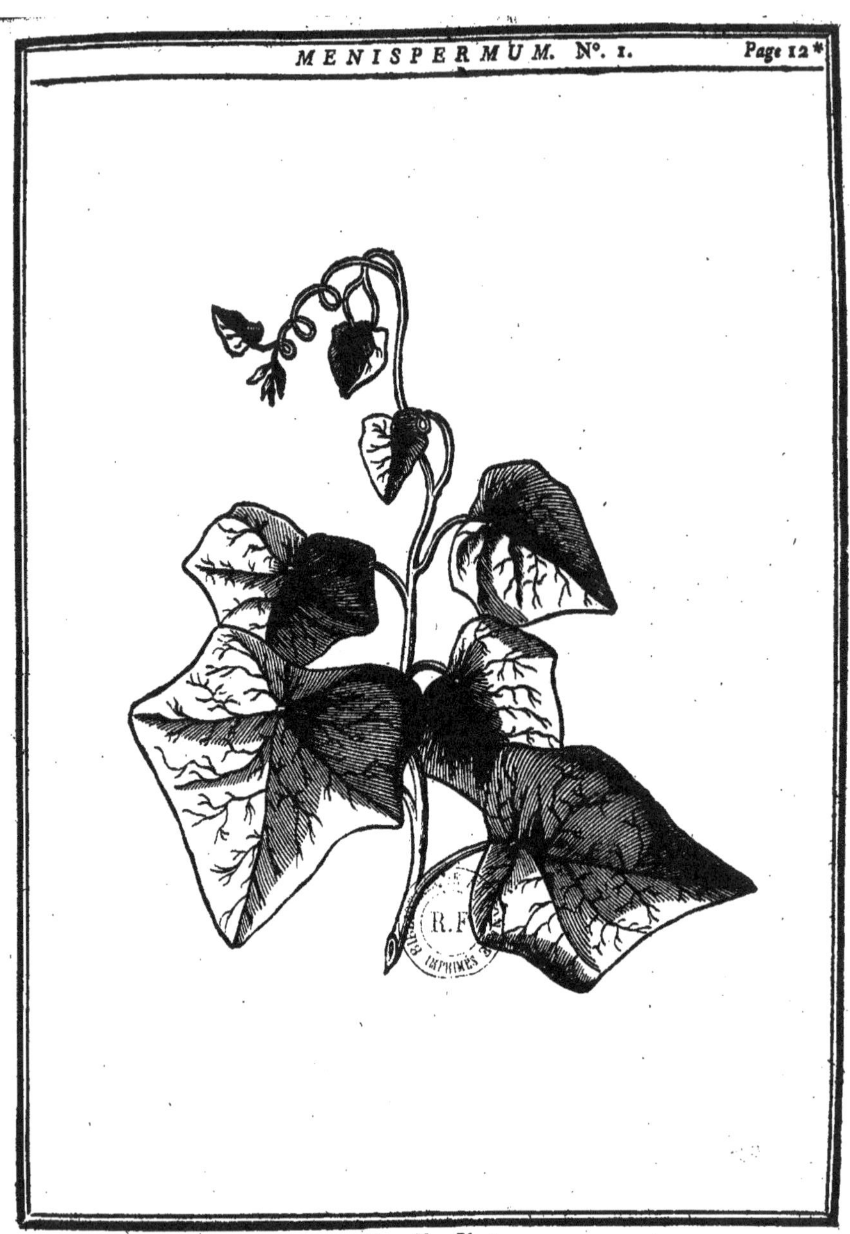

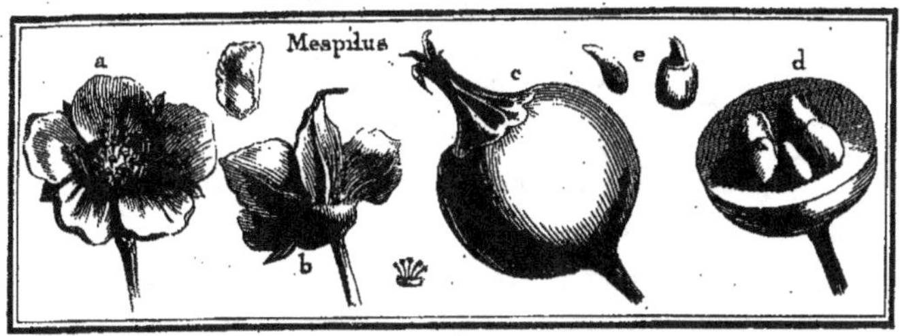

MESPILUS Tournef. & Linn. NEFFLIER.

DESCRIPTION.

LA fleur (*a*) des Neffliers eft compofée d'un calyce (*b*) qui eft d'une feule piece, & qui fupporte cinq pétales arrondis & creufés en cuilleron ; dans plufieurs efpeces, le calyce donne auffi quelquefois naiffance à dix & fouvent jufqu'à vingt étamines affez longues, au milieu defquelles on apperçoit le piftil formé d'un embryon qui fait partie du calyce, & de cinq ftyles qui font terminés par des ftigmates arrondis.

L'embryon devient une baie ou un fruit charnu (*c*) qui eft terminé par un umbilic profond, & bordé des découpures du calyce qui forment une couronne.

On trouve dans l'intérieur (*d*) de plufieurs efpeces cinq noyaux (*e*) de figure irréguliere, dans d'autres deux ou trois ; ces noyaux quelquefois font fort durs ; d'autres fois ce ne font que des efpeces de pepins.

Les feuilles de toutes les efpeces de Neffliers font pofées alternativement fur les branches ; mais leur figure eft très-différente fuivant les efpeces.

Les Neffliers proprement dits (*folio Laurino*) les ont grandes, fimples, entieres, ovales, longues, terminées en pointe, & un peu velues.

Les Azeroliers les ont découpées, plus ou moins profondément.

Les feuilles des Aube-épines font plus découpées & plus luifantes que celles de la plupart des Azeroliers.

Le Buiffon-ardent les a entieres, luifantes, finement dentelées par les bords.

Les feuilles des Amélanchiers font ovales, prefque rondes, médiocrement grandes, finement dentelées par les bords & d'un verd terne.

Le genre des Neffliers eft très-nombreux, quand on y comprend toutes les efpeces de M. de Tournefort. M. Linneus en a retranché beaucoup qu'il a réunis aux *Cratægus ;* & la feule différence qu'il met entre les Neffliers & les Aliziers, confifte dans le nombre des femences ou noyaux. Il a laiffé au rang des Neffliers ceux qui en ont cinq, & il a réuni aux Aliziers ceux qui n'en ont que deux. Nous aurions adopté le fentiment de ce célebre Botanifte, fi nous n'avions pas obfervé que le nombre des femences varie, depuis un jufqu'à cinq, dans les différentes efpeces de Neffliers & d'Aliziers.

M. de Tournefort a établi la différence de ces deux genres, non fur le nombre des noyaux, mais fur ce que dans les Aliziers les noyaux font dans des loges comme les pepins des Poires ; au lieu que les noyaux des Neffliers font dans la chair même du fruit. Cette différence ne nous a paru ni affez frappante, ni affez conftante.

Ainfi donc nous comprendrons dans les Neffliers toutes les efpeces dont M. de Tournefort fait mention ; nous aurons feulement l'attention de réunir les efpeces qui ont le plus de reffemblance les unes avec les autres, & de marquer celles que M. Linneus nomme *Aliziers,* & celles auxquelles il a confervé le nom de *Neffliers.*

E S P E C E S.

NEFFLIERS proprement dits, qui ont les feuilles ovales entieres, une vingtaine d'étamines & ordinairement cinq noyaux durs.

1. *MESPILUS Germanica, folio Laurino, non ferrato, five MESPILUS filveftris.* C. B. P.

MESPILUS inermis, foliis lanceolatis, integerrimis, tomentofis, calycibus acuminatis. Linn. Spec.

NEFFLIERS des bois à feuilles entieres, non dentelées. Quelques-uns le nomment MESLIER.

2. *MESPILUS folio Laurino major.* C. B. P.
   NEFFLIER cultivé à feuille entiere, non dentelée, & qui porte de gros fruits.

3. *MESPILUS folio Laurino fine officulis.*
   NEFFLIER à feuille entiere & à fruits fans noyaux.

4. *MESPILUS folio Laurino major, fructu præcoci, fapidiori, oblongo, leviori feu rariori fubfantiâ.* Hort. Cathol.
   NEFFLIER à feuille entiere, dont le fruit eft précoce, oblong, & dont la chair eft délicate.

5. *MESPILUS folio Laurino major, fructu minori, rariori fubfantiâ.* Hort. Cathol.
   NEFFLIER à feuille entiere & à petit fruit dont la chair eft délicate.

6. *MESPILUS fructu medio, è rotundo oblongo, aufteriori infulfo, coronâ clauſᵃ.* Hort. Cathol.
   NEFFLIER à feuille entiere & à petit fruit un peu allongé, dont la còuronne eft rabattue fur l'umbilic.

7. *MESPILUS aculeata Amygdali folio.* Inft.
   MESPILUS fpinofa, foliis lanceolato-ovatis, crenatis, calycibus fructûs obtufis. Linn. Hort. Cliff.
   NEFFLIER épineux à feuille entiere finement dentelée : fes fleurs ont beaucoup d'étamines ; fes fruits contiennent cinq noyaux fort petits. BUISSON ARDENT OU PYRACHANTA.

AMELANCHIER : les feuilles font ovales & arrondies ; les fleurs contiennent beaucoup d'étamines ; les fruits ont tantôt trois & tantôt dix pepins tendres.

8. *MESPILUS folio rotundiori, fructu nigro fubdulci.* Inft.
   MESPILUS inermis, foliis ovalibus ferratis, cauliculis hirfutis. Linn. Spec.
   NEFFLIER à feuille ronde & à fruit doux, ou AMELANCHIER des bois. Cette efpece a dix pepins tendres.

9. *MESPILUS inermis, foliis fubtùs glabris, obverfè ovatis.* Gron. Virg.
   MESPILUS inermis, foliis ovato-oblongis, glabris, ferratis, caule inermi. Linn. Spec.
   NEFFLIER de Canada à feuilles ovales & liffes, ou AMELANCHIER de Canada à petite fleur.

20. *MESPILUS folio subrotundo, fructu rubro.* Inst.
MESPILUS foliis ovatis, integerrimis. Linn. Spec.
NEFFLIER à feuille ronde & à fruit rouge, ou COTONASTER, ou AMELANCHIER velu. Cette espece a trois noyaux.

AZEROLIER à feuilles de Poirier, entieres, finement dentelées, très-luisantes, & dont le fruit contient ordinairement deux gros noyaux fort durs.

21. *MESPILUS aculeata, Pyri folia, denticulata, splendens, fructu insigni rutilo, Virginiensis.* Pluk.
CRATÆGUS foliis lanceolato-ovatis, serratis, glabris, ramis spinosis. Linn. Spec.
NEFFLIER, ou AZEROLIER de Virginie à feuille de Poirier finement dentelée, très-luisante, & dont le fruit est d'un fort beau rouge.

AZEROLIER à feuille d'Alizier. Les feuilles sont très-semblables à celles de l'Alizier. Les fruits contiennent quatre ou cinq noyaux.

22. *MESPILUS Canadensis Sorbi terminalis facie.* Inst.
MESPILUS Apii folio, Virginiana, spinis horrida, fructu ampla coccineo. Pluk.
CRATÆGUS foliis ovatis, repando-angulatis, serratis, glabris. Linn. Hort. Cliff.
NEFFLIER de Canada dont les feuilles ressemblent assez à celles de l'Alizier.

AZEROLIERS à feuilles découpées ; & qui offrent bien des variétés : on en trouve qui n'ont que huit ou dix étamines, & la plupart de leurs fruits contiennent, les uns deux & les autres trois noyaux.

23. *MESPILUS Apii folio laciniato.* C. B. P.
ARONIA Veterum.
CRATÆGUS foliis obtusis, bitrifidis, subdentatis. Linn. Spec.
NEFFLIER à feuille découpée, ou AZEROLIER des bois.

24. *MESPILUS Apii folio laciniato, fructu majore, intensiùs rubro, gratioris saporis.* Hort. Cath.
NEFFLIER à feuille découpée & à gros fruit très-rouge d'une saveur agréable, ou AZEROLIER à gros fruit rouge.

15. MESPILUS

15. *MESPILUS Apii folio laciniato. Agrios fructu minori ex albo lutef-cente, umbilicum versùs turbinato.* Hort. Cath.
    Nefflier à fruit blanc jaunâtre, qui a un peu la figure d'une Poire, ou Azerolier à fruit long.

16. *MESPILUS Virginiana spinis longioribus, rectis foliis, quodammodò auriculatis.* Pluk.
    Nefflier de Virginie à feuilles luisantes & à longues épines, ou Azerolier à feuilles longues & luisantes.

AUBE-PIN, AUBE-EPINE, ou Epine-blanche, Noble-epine. Les feuilles sont découpées très-profondément, & la plupart des fruits ne contiennent qu'un noyau dur.

17. *MESPILUS Apii folio, silvestris spinosa, sive OXIACANTHA.* C.B.P. *CRATÆGUS foliis obtusis, bitrifidis, serratis.* Linn. Hort. Cliff.
    Nefflier des bois à feuille très-découpée, & à petit fruit très-rouge, ou Aube-épine des haies.

18. *MESPILUS spinosa, sive OXIACANTHA flore pleno.* Inst.
    Nefflier ou Aube-épine à fleur double.

Les fleurs de cette espece ont plusieurs pistils, & il noue quelques fruits qui contiennent plusieurs noyaux.

19. *MESPILUS Apii folio, triphylla, sterilis, robustioribus spinis.* H. Cath.
    Nefflier des bois, ou Aube-épine stérile à trois feuilles & à grandes épines.

20. *MESPILUS silvestris, spinosa, hirsuta, Apii folio palmato, fructu majori.* Hort. Cath.
    Nefflier des bois épineux, velu, à feuille découpée & à gros fruit, ou Aube-épine à gros fruit.

21. *MESPILUS spinosa, sive OXIACANTHA Virginiana maxima.* M.C.
    Grand Nefflier de Virginie, épineux, ou grande Aube-épine de Virginie.

Nota. M. de Tournefort fait encore mention d'un Nefflier du Levant qui a les feuilles découpées, & dont le fruit assez gros contient cinq noyaux : en voici la phrase.

22. *MESPILUS Orientalis Tanaceti folio, villoso, magno fructu pen-tagono, è viridi flavescente.* Cor. Inst.
    Nefflier du Levant à feuille de Tanesie, dont le fruit est gros & relevé en cinq côtes de Melon.

CULTURE.

Toutes les efpeces de Neffliers peuvent s'élever de graines. Celles qui croiffent naturellement dans les forêts, fourniffent du plant qu'on arrache pour mettre en pépiniere. Mais quand on veut faire des femis de Neffliers, il eft bon d'être prévenu que les femences ne levent fouvent que dans la feconde année. Quelques-uns, par cette raifon, mettent en automne les fruits dans un pot ou dans une caiffe avec de la terre, & les confervent dans un lieu frais, ou même à l'air; ou bien ils enterrent les pots à deux ou trois pieds de profondeur; ils les y laiffent paffer une année entiere, & ils ne les en tirent qu'au printemps de l'année fuivante pour les femer en planche : alors les femences ne tardent pas à lever.

Nous avons éprouvé qu'en mettant dès la fin de Septembre, les fruits auffi-tôt qu'ils font mûrs, lits par lits avec de la terre un peu humide, & les femant au printemps fuivant dans des terrines fur couche, les femences levent dès la premiere année; c'eft une pratique avantageufe pour les efpeces rares.

On peut auffi multiplier les Neffliers par des marcottes, & en greffant les efpeces rares fur celles qui font communes.

Toutes les efpeces de Neffliers s'accommodent affez bien de toutes fortes de terreins, excepté des terreins trop fecs où elles ne font que languir.

C'eft une fort bonne pratique que de répandre beaucoup de fruits d'Aube-pins, d'Azeroliers & de Buiffons-ardens dans les femis des bois; car ces arbriffeaux, qui ne font aucun tort au Chêne ni au Châtaignier, couvrent la terre, font périr l'herbe, & le grand bois y croît mieux. Nous en avons auffi femé dans des remifes que nous plantions: les jeunes Neffliers n'ont paru fenfiblement que dans la troifieme ou quatrieme année; mais ils ont beaucoup contribué à garnir les remifes : cette attention, qui n'occafionne aucuns frais, ne doit point être négligée.

USAGES.

Les Neffliers, nᵒ. 1, 2, 3, 4, 5, donnent des fruits qu'on

peut manger quand on les a laiffés mollir fur la paille. Le fruit
du n°. 1 a le goût plus relevé que celui de toutes les autres efpeces; mais l'efpece du n°. 3 eft préférable, parce que fon
fruit eft fort gros. Le n°. 2 a l'avantage de n'avoir point de
noyaux.

Comme les Neffles commencent d'abord à mollir par le cœur,
il arrive fouvent que cette partie eft pourrie avant que le deffus
foit en état d'être mangé; pour prévenir cet inconvénient,
quelque temps avant que les Neffles molliffent, on les fecoue
dans un van pour meurtrir le deffus, qui alors mollit auffi
promptement que le dedans. Au refte c'eft toujours un fruit
très-médiocre; il a la propriété d'arrêter les cours de ventre.

Les Azeroliers, depuis le n°. 11 jufqu'au n°. 16, font de
fort jolis arbres dans le mois de Mai, quand ils font en fleurs;
il convient donc de les mettre dans les bofquets du printemps.
Ils font auffi affez agréables en automne, lorfqu'ils font chargés de leurs fruits, les uns rouges & les autres blancs : mais
comme dans ce temps-là les feuilles ont prefque toujours perdu
leur éclat, nous n'ofons confeiller d'en mettre dans les bofquets de cette faifon. Les efpeces qui portent de gros fruit peuvent être cultivées dans les potagers. Quoique leur fruit foit
affez fade, on s'en fert pour orner les defferts ; en Provence
on en fait des cônfitures qui font affez bonnes.

On fera bien de mettre des Azeroliers dans les remifes, parce
que leur fruit attire le gibier. Ils n'ont pas tant d'épines que
l'Aube-épine; mais ils croiffent plus vîte, & deviennent plus
grands.

L'efpece du n°. 11 mérite fur-tout d'être cultivée, à caufe
du brillant de fes feuilles & de l'éclat de fon fruit.

Les Aube-pins, depuis le n°. 17 jufqu'au 21, font des arbriffeaux très-agréables dans le mois de Mai, temps auquel ils
font en fleurs; plufieurs de ces efpeces répandent une odeur des
plus gracieufes. On pourra pour cette raifon en mettre dans
les bofquets du printemps, fur-tout l'Aube-pin à fleur double,
qui eft charmant dans le temps de fa fleur.

Comme les Aube-pins ont de grandes épines, & qu'ils
fouffrent le croiffant & le cifeau, on en fait d'excellentes haies
qui font très-jolies quand on a foin de les tondre. Nous avons

des Aube-pins dont les fleurs n'ont aucune odeur ; leurs feuilles font un peu plus brillantes que celles des autres.

Le Buiſſon-ardent, n°. 7, eſt fort beau dans le temps de ſa fleur qui paroît au mois de Mai ; mais il eſt encore plus agréable dans l'automne, quand il eſt chargé de cette prodigieuſe quantité de fruits rouges qui le font paroître comme en feu.

Enfin les Amelanchiers & les Cotonaſters, n°. 8, 9 & 10, ſont d'aſſez jolis arbuſtes. Celui du n°. 8 porte cinq pétales qui ſont longs & étroits. Le n°. 10 forme un arbuſte très-joli ; & le n°. 9, qui reſſemble fort au n°. 8 par ſes feuilles, a des pé-tales ronds comme le Pyracantha.

Les feuilles de toutes les eſpeces que nous venons de rappor-ter, ſont garnies de deux ſtipules à leurs pédicules. L'Epine-blanche a les ſtipules cannelées & découpées comme ſa feuille. Le Nefflier proprement dit, a pour ſtipules deux petites feuilles unies ; d'autres enfin comme l'Amélanchier, le Cotonaſter & le Pyrachanta ont pour ſtipules deux petits filets.

Toutes les eſpeces de Neffliers ſe greffent les unes ſur les autres ; la plupart reprennent auſſi ſur le Coignaſſier, & elles peuvent ſervir de ſujets pour greffer deſſus des Poiriers qui reſtent nains, & qui produiſent leur fruit plutôt que lorſqu'ils ſont greffés ſur des Poiriers ſauvageons. J'ai vu, au Château de la Galiſſoniere près Nantes, des Poiriers de Virgouleuſes en eſpalier, qui étoient greffés ſur Aube-pin, & qui donnoient du fruit, quoiqu'ils fuſſent aſſez jeunes.

Toutes les eſpeces de Neffles paſſent pour aſtringentes.

Le n°. 22, dont M. de Tournefort parle dans ſon Voyage du Levant, forme un arbre auſſi gros que les Chênes. Les branches ſe répandent de côté & d'autre ; les feuilles ſont d'un verd pâle, légerement velues des deux côtés, découpées juſques vers la nervure du milieu en trois parties qui ſont dentelées par les bords comme celles de la Tanefie : les fruits qui naiſſent deux ou trois enſemble, reſſemblent à de petites Pommes d'un pouce de diametre, partagées en cinq côtes comme celles de Melon. Leur écorce eſt d'un verd pâle & légerement velue. Les Armé-niens mangent ce fruit, quoiqu'il ſoit moins bon que les Aze-roles. Je crois que cet arbre n'exiſte plus dans nos Jardins.

Tome II.   Pl. 4.

Tome II. Pl. 5.

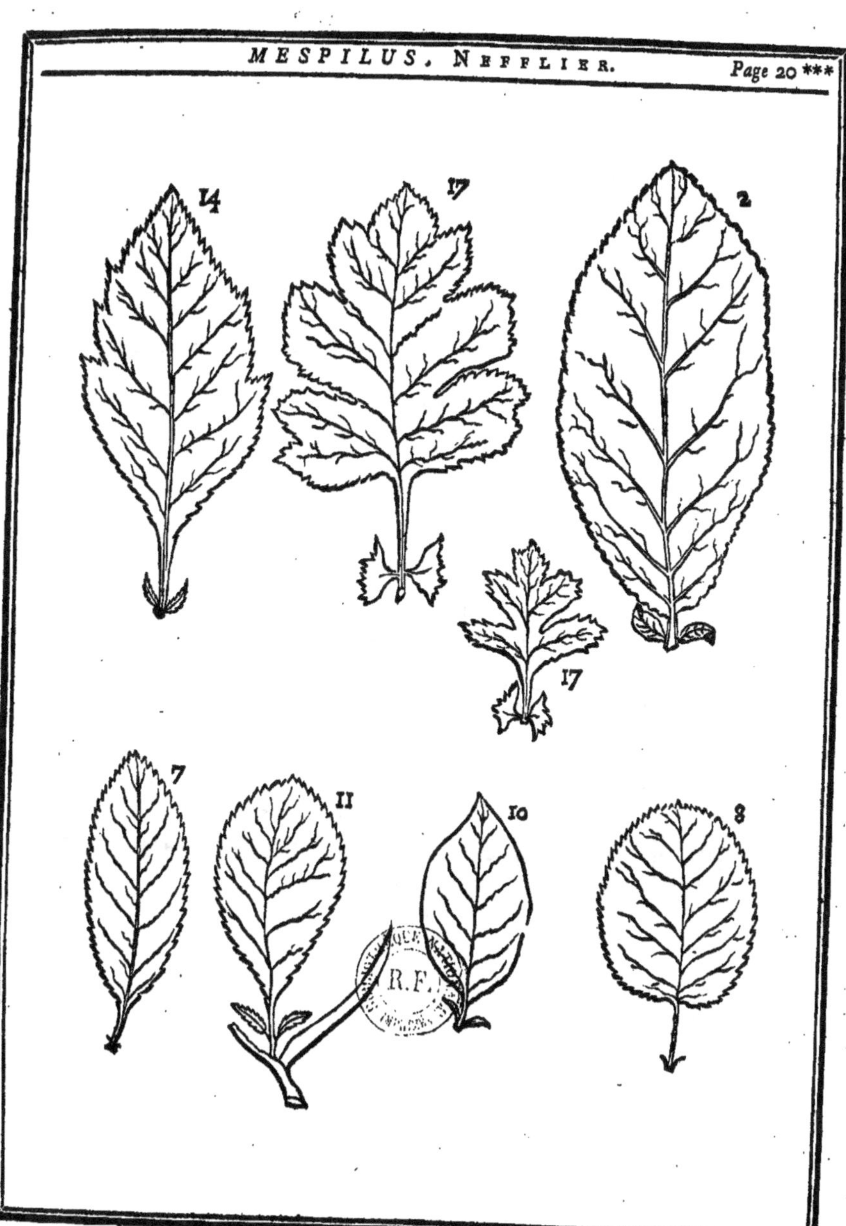
14
17
2
17
7
11
10
8
R.F.

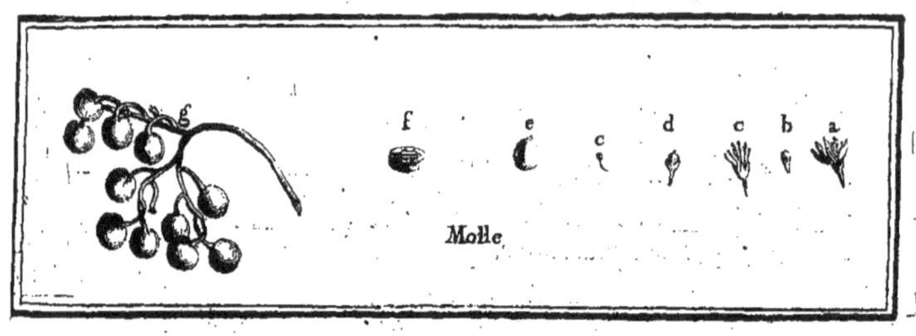

MOLLE, Tourner. *SCHINUS*, Linn.

DESCRIPTION.

LES fleurs du *Molle* font compofées d'un petit calyce divifé en cinq (*c*), & de cinq pétales arrondis, difpofés en rofe (*a*). On apperçoit dans l'intérieur dix étamines (*c*) & un piftil (*d*) formé d'un embryon arrondi & d'un ftyle. L'embryon devient une baie ronde (*g*), dans laquelle on trouve une efpece de noyau (*f*) qui eft comme une petite balle (*e*).

Les fleurs font raffemblées en forme de grappes; elles font d'un blanc qui tire fur le jaune: les baies font rougeâtres. Les fleurs & les fruits ont un aromat piquant, affez femblable au poivre.

Les feuilles font compofées de folioles étroites, dentelées par les bords, terminées en pointe, rangées par paires fur un filet qui eft terminé par une feule. Elles ont aufli une odeur affez femblable au poivre.

Souvent l'on trouve des feuilles dont les folioles font alternes; mais d'ordinaire elles font oppofées.

ESPECE.

MOLLE Clufii, ou *Lentiscus Peruviana*. C. B.
Molle, ou Lentisque du Pérou.

CULTURE.

Cet arbre, qui devient affez grand au Pérou, s'éleve ai-fément dans nos Orangeries; mais on ne peut le conferver en pleine terre qu'à de très-bonnes expofitions, en le couvrant avec foin; encore ne faut-il l'y mettre que quand il eft un peu gros. On l'éleve facilement de graines, & on peut le multiplier par des marcottes.

USAGES.

Le *Molle* eft un arbre très-joli, mais trop délicat pour fervir à la décoration de nos bofquets. Nous avons cru devoir en parler, parce que probablement on pourroit l'élever en pleine terre dans nos Provinces maritimes, principalement en Provence & en Languedoc, où il pourroit être de quelque utilité: car en faifant bouillir fes baies dans l'eau, on obtient une liqueur vineufe affez agréable, qui eft diurétique; & l'on retire de fa tige, par incifion, une réfine odorante qui approche de la gomme Elemi. On dit que l'écorce & les feuilles de cet arbre font réfolutives & bonnes contre les humeurs froides.

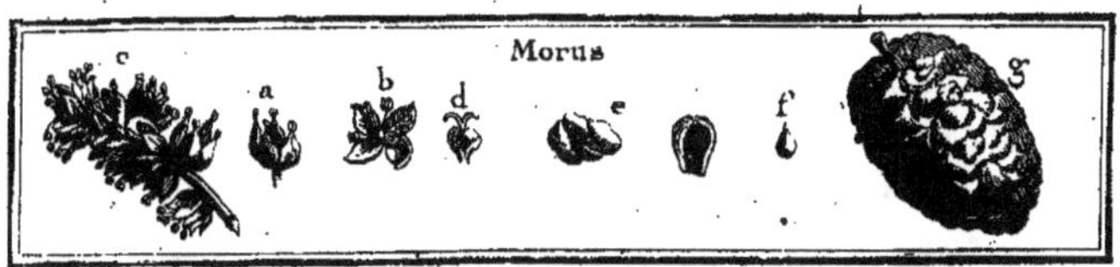

MORUS, Tournef. & Linn. MÛRIER.

DESCRIPTION.

IL y a des Mûriers qui ne portent que des fleurs mâles, &
d'autres qui portent des fleurs femelles, ou quelquefois des
fleurs mâles & des fleurs femelles fur le même arbre.

Le calyce des fleurs mâles (*a*) eft divifé en quatre pieces
ovales, creufées en cuilleron; elles n'ont point de pétales,
mais quatre étamines (*b*) affez longues, qui partent d'entre les
découpures du calyce. Les fleurs font attachées fur un filet
en forme d'épi (*c*).

Le calyce des fleurs femelles eft divifé en quatre parties ob-
tufes, arrondies; elles fubfiftent jufqu'à la maturité du fruit;
point de pétales, mais un piftil (*d*) qui eft formé d'un embryon ovale, & de deux ftyles affez longs & recourbés.

L'embryon & le calyce deviennent une baie fucculente (*e*),
qui contient une femence ovale (*f*), terminée en pointe.

Ces baies ou grains étant raffemblés fur un poinçon commun, forment une efpece de tête plus ou moins allongée (*g*),
qu'on nomme *Mûre*.

Les feuilles font pofées alternativement fur les branches;
mais il y en a de figure très-différente, fuivant les efpeces:
les unes font entieres, feulement dentelées par les bords; d'autres font découpées très-profondément comme les feuilles de
Figuier; quelques-unes font fort grandes, d'autres fort petites; il y en a de plus rudes les unes que les autres, prefque
toutes font d'un fort beau verd, & très-brillantes.

ESPECES.

1. *MORUS fructu nigro.* C. B. P.
MEURIER cultivé à fruit noir.

2. *MORUS fructu nigro minori, foliis eleganter laciniatis.* Inst.
MEURIER à petit fruit noir & à feuilles très-découpées.

3. *MORUS fructu albo minori, insulso.* H. Cath.
MEURIER à fruit blanc insipide.

4. *MORUS fructu minori ex albo purpurascente.* Inst.
MEURIER à petit fruit purpurin.

5. *MORUS Hispanica amplissimis foliis numquam laciniatis.*
MEURIER d'Espagne à très-grandes feuilles qui ne sont jamais découpées.

6. *MORUS fructu nigro, folio eleganter variegatò.* M. C.
MEURIER à fruit noir & à feuilles panachées.

7. *MORUS Virginiensis arbor Loti arboris instar ramosa, foliis amplissimis.* Pluk.
MEURIER de Virginie à très-grandes feuilles, & qui ressemblent au Micocoulier.

8. *MORUS Virginiana foliis latissimis scabris, fructu rubro longiori.* M. C.
MEURIER de Virginie à grandes feuilles rudes au toucher, à fruit rouge & fort long.

Cette derniere espece qui nous est venue de la Louysiane, & d'auprès de Montréal, pourroit être la même que la précédente. Celui que nous cultivons n'a pas les feuilles fort rudes; & le fruit, qui a un pouce de longueur sur environ quatre lignes de diametre, ressemble à un Chaton.

Il m'est venu, il y a dix à douze ans, des fruits d'un Mûrier de Virginie : ils étoient longs & bons à manger. On les a semés & élevés à Trianon : ils n'ont point encore donné de fruit ; mais les feuilles font dentelées : seroit-ce le nº. 6 dégénéré ?

CULTURE.

CULTURE.

Les Mûriers s'accommodent affez bien de toutes fortes de ter-reins; néanmoins ils croiffent beaucoup plus promptement dans les terres chaudes & légeres qui ont beaucoup de fond, & ils y réuffiffent mieux que dans les terres maigres ou froides & argil-leufes. D'ailleurs on prétend que dans les terres trop maigres la feuille y devient feche, & ne fournit pas affez de nourriture pour les vers à foie. On remarque encore que ces arbres font très-vigoureux le long des ruiffeaux remplis d'eau : mais on pré-tend que dans les terres humides & graffes, leurs feuilles for-ment une nourriture trop groffiere, peu favorable à la fanté des vers & préjudiciable à la bonne qualité de la foie.

J'ai fait d'affez grandes plantations de Mûriers dans des terres très-fortes, & dans des terres légeres : les premiers pouffent avec plus de vigueur, & ont leurs feuilles plus vertes. Mais ces arbres font encore trop jeunes pour que je puiffe décider de la différente qualité de leurs feuilles d'après mon expérience. Je vois feulement dans un Mémoire que m'a fourni M. du Verger du Mans, qui fuit depuis quinze ans, avec tout le foin & l'in-telligence poffible, la culture des Mûriers, que dans le pays du Maine, des Mûriers ont acquis en quinze ans vingt-un pou-ces de circonférence, au lieu que dans le même efpace de temps & dans le même terrein, des Ormes & des Noyers de même âge avoient tout au plus quinze pouces.

On voit depuis long-temps des Mûriers noirs à gros fruit, plantés dans les différentes Provinces de France; mais on a cru pendant long-temps que le Mûrier blanc ne pouvoit réuffir que dans les climats chauds, tels que font l'Italie, l'Efpagne, la Provence, le Languedoc, le Piémont, &c. Suivant nos an-ciens Auteurs d'Agriculture, les Mûriers blancs ne fe font éta-blis en France que fous le regne de Charles IX. Plufieurs Gen-tilshommes de Provence & de Dauphiné, qui fervoient en Sicile, frappés du produit de ces arbres pour la foie, en apporterent les premiers en France dans leurs terres, où ils réuffirent auffi bien qu'en Italie. Henri IV. perfuadé de l'avantage qui pourroit en revenir à fon Royaume, ordonna la plantation des Mûriers; mais les feules Provinces du Languedoc, de la Provence, du

Dauphiné & du Vivarais, s'y fournirent ; & qui ignore combien de richeſſes cet arbre a répandues dans ces Provinces !

Dans les Provinces moins tempérées, on en planta ſeulement quelques-uns par curioſité ; & ç'en étoit aſſez pour prouver que cet arbre ne craint point les gelées. On en eut encore une preuve plus forte par la réuſſite des Mûriers qui furent plantés dans les Jardins des Thuilleries & du Pleſſis-lez-Tours. On rapporte encore que M. Colbert, frappé de la beauté de ces arbres, fit venir de Provence une famille entiere, pour tenter d'élever des vers à ſoie avec les feuilles de Mûrier blanc ; & que Chriſtophe Jouard, choiſi pour cette opération, fut ſurpris de la beauté des arbres qu'il vit à Paris, & qu'il ſe promit un heureux ſuccès de l'entrepriſe à laquelle le Miniſtre s'intéreſſoit. Les tentatives furent des plus heureuſes ; mais le Miniſtre mourut, & le projet fut abandonné.

Il réſulte toujours de ces faits, qui ſont rapportés par pluſieurs Auteurs, que les Mûriers peuvent très-bien réuſſir dans des climats auſſi froids que les environs de Paris. Feu M. Orry, Controlleur général, a favoriſé la plantation des Mûriers blancs, dans la vue de multiplier en France l'éducation des vers à ſoie : les Provinces de Touraine, de Poitou, du Maine & d'Anjou nous donnent des preuves récentes de la poſſibilité qu'il y a de les élever dans des climats aſſez froids.

Il y a plus : on aſſure que les plantations de Mûriers ont très-bien réuſſi en Irlande, & dans quelques Provinces d'Allemagne : il nous eſt venu du Canada des branches & des fruits de Mûriers qui y croiſſent vers le haut du Fleuve Saint Laurent, près Montréal.

Enfin, depuis une quinzaine d'années, M. du Verger en éleve avec beaucoup de ſuccès aux environs du Mans ; & nous dans les plaines des environs de Pethiviers, auſſi-bien que ſur les rives de la forêt d'Orléans de ce même côté : nous en avons une quarantaine d'aſſez gros, & qui viennent fort bien, dans le parc de Denainvilliers près Pethiviers, où nous les avons plantés, il y a quinze ou dix-huit ans, au bord d'un taillis où ils n'exigent plus aucune culture. Ainſi je puis, d'après nos propres expériences & les Mémoires qui m'ont été fournis par M. du Verger, donner tous les éclairciſſements qu'on peut déſirer ſur la culture des Mûriers blancs.

Avant de détailler la culture des Mûriers, il eſt bon d'être prévenu que la diſtinction des Mûriers blancs & des Mûriers noirs, n'eſt fondée ni ſur la couleur de la feuille ou de l'écorce, ni même ſur celle du fruit. On appelle *Mûriers noirs*, ceux qui produiſent de gros fruits bons à manger, qui ſont toûjours d'un rouge ſi foncé qu'ils paroiſſent noirs : & ceux-là ſe réduiſent à deux ou trois variétés. Tous les autres Mûriers ſont rangés dans la claſſe des *Mûriers blancs*, ſoit que le fruit ſoit gros ou petit, noir, blanc ou rouge, &c. Entre ceux-ci il y en a qui ont leurs feuilles blanchâtres, d'autres d'un verd foncé ; les uns produiſent de très-grandes feuilles entières, d'autres de très-petites, profondément échancrées. Le fruit de tous ces Mûriers eſt ordinairement fade & dégoûtant. On ne cultive les Mûriers noirs que pour leur fruit ; & les blancs pour leurs feuilles, qui ſervent à élever les vers à ſoie. Nous en parlerons plus amplement dans l'article des uſages.

On peut multiplier les Mûriers par la ſemence, par les marcottes & par les boutures. Nous allons expliquer ſucceſſivement ces différentes pratiques ; je commence par ce qui regarde la graine.

Si l'on veut élever des Mûriers noirs, on choiſit les plus groſſes & les plus belles Mûres ; ſi ce ſont des Mûriers blancs qu'on ſe propoſe de multiplier, on préfere les groſſes Mûres blanches qui ſe trouvent ſur les grands Mûriers dont les feuilles ſont grandes, blanchâtres, douces, tendres & les moins découpées qu'il ſoit poſſible ; en un mot on préfere les fruits des arbres qu'on nomme *Mûriers de bonnes feuilles*, & particulierement de ceux qu'on appelle *Mûriers d'Eſpagne*.

Pour recueillir la graine il faut que les fruits ſoient parvenus à une parfaite maturité : on les laiſſe tomber d'eux-mêmes : mais il eſt bon de rebuter ceux qui tombent les premiers ; ils ſont ordinairement altérés & de mauvaiſe qualité.

A meſure qu'on ramaſſe les Mûres, on les écraſe, & on les met dans un vaſe avec un peu d'eau pour fermenter comme le vin ; on les preſſe deux ou trois fois par jour avec les mains, ou on les foule avec une eſpece de pilon de bois ; quand la pulpe eſt attendrie par cette macération, on ajoute beaucoup d'eau pour la diſſoudre. En répétant pluſieurs fois ce lavage, on jette avec l'eau les graines qui furnagent; elles font ordinairement mauvaifes : on emporte auffi par ce procédé une bonne partie de la pulpe; & il refte au fond du vafe un marc dans lequel eft la bonne graine. On fait fécher ce marc; à mefure qu'il fe deffeche, on l'émiette avec les mains pour détacher les graines; & quand il eft bien fec, on en fépare la graine avec un crible.

Quand on achete cette graine, on doit la choifir groffe, pefante, blonde; lorfqu'on l'écrafe, elle doit répandre beaucoup d'huile; fi on la jette fur une pelle rouge, elle doit pétiller.

La meilleure graine fe tire ordinairement du Piémont, du Languedoc & du Comtat d'Avignon, parce qu'on y cultive des arbres de bonnes feuilles : on en tire auffi d'Efpagne. J'en ai eu de la Louyfiane qui a très-bien réuffi : en général j'incline à donner la préférence à la graine qu'on recueille dans des pays où il fait quelquefois affez froid; il m'a paru que les arbres qui en proviennent en étoient plus capables de réfifter à nos gelées.

On peut femer la graine auffi-tôt qu'elle eft recueillie, ou la conferver pour ne la mettre en terre qu'au printemps : ces deux pratiques ont leurs avantages & leurs inconveniens. Quand les automnes font chaudes & humides, une partie de la graine qu'on a femée immédiatement après la récolte, leve avant l'hyver; ces jeunes plants, qui font alors très-foibles, périffent, fi les gelées font fortes, à moins qu'on n'ait foin de les couvrir. Les graines qu'on feme au printemps font quelquefois long-temps à lever; & même il en leve peu, fi la faifon eft froide & feche; ce qui arrive fouvent dans notre climat.

Pour éviter ces inconvénients; auffi-tôt que les femences font recueillies, je les mêle avec du fable, & je les conferve jufqu'à la moitié d'Avril dans une ferre à l'abri de la gelée : alors je les feme avec le fable, ce qui eft plus avantageux, parce que cette graine étant fine, on court toujours rifque de la femer trop épaiffe : il faut tâcher de ne répandre qu'une once de graine fur une planche de fix pieds de largeur & de vingt-quatre pieds de longueur.

Pour femer la graine de Mûrier, on doit choifir une bonne terre de potager, bien labourée, point trop graffe, mais légere : l'arbre viendroit mieux dans une terre qui auroit du fond, mais la feuille n'en feroit pas fi bonne. On feme cette graine dans quatre rayons que l'on fait dans la longueur des planches ; ou bien on la répand au hazard fur la terre, que l'on a dreffée au rateau , & on la recouvre avec un peu de terreau. Il eft affez indifférent de fuivre l'une ou l'autre méthode ; mais il faut avoir l'attention de ne recouvrir cette graine que d'une très-petite épaiffeur de terre ; car fi elle eft trop enterrée , elle ne leve pas.

Si l'on veut femer de la graine qu'on a tirée d'ailleurs, & qui fe fera defféchée pendant plufieurs mois, on fera bien de la mettre auparavant tremper au moins vingt-quatre heures dans l'eau : on rejette comme mauvaife celle qui furnage , & on avance la germination de celle qui fe précipite au fond.

Quand la graine eft en terre, elle n'exige d'autre foin que de tenir les planches nettes d'herbes, qu'on arrache à la main ; & de les arrofer de temps en temps. On juge bien que pour exécuter commodément ces travaux, il faut pratiquer des fentiers entre les planches.

Quand les terres font de nature à fe battre par les arrofements & à former une croûte, on donne un très-léger labour avec une curette. J'ai quelquefois couvert les planches où les femences n'étoient prefque pas enterrées , avec une legere couche de mouffe que je retenois avec de petites baguettes ; ce moyen m'a affez bien réuffi.

La culture de la premiere année fe borne à arracher les mauvaifes herbes, à arrofer les jeunes plants quand on juge qu'ils en ont befoin, & à donner de petits binages à la main avec un crochet, pour que la terre ne forme point de croûte. Quand les Mûriers auront été femés par rayons, on fera bien à l'entrée de l'hyver de relever un peu la terre pour les rechauffer : car il y a certaines terres qui, fe gonflant par la gelée , s'affaiffent aux dégels , & alors les jeunes arbres fe déchauffés.

Si les jeunes Mûriers étoient trop foibles , & que leur bois parût tendre & herbacé, il feroit bon de les couvrir avec des feuilles pour les garantir des grandes gelées.

La culture de la feconde année fe borne encore à arracher les mauvaifes herbes, à donner de petits binages, & à arrofer les jeunes arbres lorfqu'il fait fec.

Dans l'automne de la feconde année, quand la terre eft
bien pénétrée d'eau, on tire du femis tous les arbres qui ont
de petites fèuilles d'un verd très-foncé, rudes comme celles de
l'Orme, ou profondément déchiquetées : ces arbres qui ne
font point eftimés pour la nourrirure des vers, fe plantent dans
les maffifs de bois, ou fe mettent à part en pépiniere pour être
greffés, comme nous le dirons dans la fuite.

Les jeunes Mûriers qui font chargés de bonnes feuilles reftent dans le femis jufqu'au mois de Mars ; & alors on les arrache
pour les mettre en pépiniere. Comme ces arbres font plus
précieux que les autres, on ne les replante qu'au printemps,
fur-tout dans les terroirs de l'intérieur du Royaume, qui font
très-expofés aux gelées ; parce qu'il eft d'expérience que les
arbres nouvellement plantés font beaucoup plus fujets à être
endommagés par la gelée, que ceux qui ont déjà pris poffeffion
de la terre par leurs racines.

La feconde ou la troifiéme année, quand le jeune plant,
qu'on nomme la *Pourette*, a acquis trois pieds de hauteur, &
qu'il eft gros comme le doigt à quatre pouces au deffus de
terre, on doit l'arracher pour le mettre en pépiniere : fans
cette tranfplantation les Mûriers ne pousseroient qu'une racine
en pivot, & la plus grande partie des arbres périroit quand
on les arracheroit pour les mettre aux places où ils doivent
toujours refter.

La qualité de la terre pour les pépinieres, doit être pareille
à celle qu'on a deftinée pour les femis : fi elle a fuffifamment
de fond, on fe contente de lui donner pendant une année
plufieurs labours à la houe, en formant de gros fillons, pour
que la terre profite des influences de l'air. Si la terre a peu de
fond, on lui en donne en la fouillant par tranchées ; & pour
éviter le tranfport des terres, on fait en forte que le déblai
d'une tranchée ferve de remblai à une autre.

Dès le commencement du printemps, fi-tôt que la terre
eft affez reffuyée pour être travaillée, on dreffe le terrein,
& l'on forme au cordeau des rigoles qui doivent être éloignées
les unes des autres de deux pieds & demi ou trois pieds, à
compter du milieu d'une rigole jufqu'au milieu d'une autre.
Si la plantation a beaucoup d'étendue, on pratique de diftance

en diftance, des allées plus ou moins larges, & quelques fentiers afin de donner de l'air à la pépiniere , & encore pour
faciliter le travail de cette culture.

On profite des beaux jours du mois de Mars pour planter
la pépiniere ; & voici comme il convient d'exécuter cette
opération.

Un homme patient & adroit eft chargé d'arracher le plant ;
& on doit lui recommander de ménager les racines le plus
qu'il fera poffible. Un autre coupe le pivot, rogne les racines, retranche les branches mal placées, & forme trois lots;
dans l'un, il met les plus gros arbres ; dans un autre, les
moyens; & dans le troifieme, les petits.

Comme le gros plant & le moyen doivent être plantés à
part, on porte le plant à deux ouvriers qui font chargés de
planter dans différens endroits de la pépiniere ces deux fortes
de plants. A l'égard du troifieme lot, on peut en former des
paliffades, comme on fait avec les charmilles ; ou bien on lo-
bine en carreaux; c'eft-à-dire, qu'on plante ces petits arbres
dans des planches, laiffant feulement fix ou huit pouces de
diftance entre chaque pied, afin qu'ils puiffent fe fortifier pendant quelques années, après quoi on les met en pépiniere
comme ceux dont nous allons parler.

Les Planteurs ayant un genou en terre, placent les Mûriers
dans le milieu des rigoles, à dix-huit pouces les uns des autres , fe dirigeant fur un cordeau bien tendu; ils recouvrent
les racines avec de la terre, qu'ils font couler avec la main
dans le fond des rigoles ; ils arrangent bien les racines; ils
preffent la terre avec la main; & allant toujours en reculant, ils
laiffent le plant en cet état: des Ouvriers qui fuivent, achevent
de remplir la rigole avec une houe. Si les terres font de nature
à retenir l'eau, on bombe un peu la terre au pied des jeunes
Mûriers : fi les terres imbibent l'eau aifément, on met toute la
terre à plat. Quelques-uns penfent qu'il eft avantageux dans
les terreins fecs, de creufer un peu la terre vers le pied des
Mûriers, ou de tenir l'entre-deux un peu bombé : mais cette
pratique me paroît affez inutile ; car les Mûriers craignent plutôt la trop grande humidité que la terre feche.

On a foin de conferver un peu de beau plant dans le femis,

afin de remplacer les Mûriers qui périroient, & de tenir la
pépiniere toujours bien garnie.

Ces arbres ainſi plantés , n'exigent d'autre ſoin pendant
les deux premieres années, que d'être labourés au moins trois
fois dans le cours de chaque année, avec cette attention de
ne pas faire les labours trop profonds auprès des arbres, pour
ne point endommager les racines.

Il y a des Cultivateurs qui prétendent qu'il faut réceper tous
ces jeunes arbres dans la troiſieme année, ſans diſtinction de
ceux qui ſont gros ou petits, droits ou tortus : mais nous ne
ſommes point dans cet uſage ; nous nous contentons d'élaguer
proprement les arbres qui ſe dirigent bien , & nous ne réce-
pons que ceux qui , malgré ce ſoin , ne forment point une
tige droite, ou qui paroiſſent languiſſants. Néanmoins nous
nous abſtiendrons de blâmer la pratique contraire à notre uſage, d'autant que M. du Verger paroît la regarder comme im-
portante pour avoir de belles tiges.

Si les branches qui ſortent d'une ſouche récepée, ſe pan-
choient trop horizontalement au lieu de s'élever droit, on
pourroit, plutôt que d'y mettre des perches ou tuteurs qui exigent de la dépenſe & endommagent ſouvent les arbres, ménager une branche qui prendroit une direction contraire, & on
accolleroit avec du jonc ces deux branches pour leur faire prendre une ſituation verticale ; & pour ne point avoir un arbre fourchu, on couperoit au-deſſus du lien la branche qu'on ſe propoſe
de retrancher dans la ſuite.

Il eſt bon d'être prévenu que les Mûriers pouſſent beaucoup
de branches gourmandes ; car ſi l'on négligeoit de les retrancher juſque ſur la tige, il ſeroit impoſſible d'avoir des arbres
dont la tige fût bien formée. Il faut cependant laiſſer ſubſiſter
toutes les menues branches qui contribuent à faire prendre de
la groſſeur au maître brin ; car ſi on les retranchoit, on n'auroit que des tiges en houſſine, qu'on ne pourroit jamais bien
diriger. Mais ſi-tôt qu'une de ces branches latérales prend trop
de groſſeur, il faut la retrancher en quelque ſaiſon que ce ſoit.
Il ne faut point auſſi laiſſer le haut de l'arbre trop chargé de
branches. C'eſt pourquoi depuis le mois de Juillet juſqu'à celui
de Septembre, il faut viſiter très-fréquemment les pépinieres,

& couper

& couper continuellement les branches qui prennent trop de vigueur; fans quoi l'on ne parviendra jamais à avoir des arbres de belle tige.

Le principal objet qu'on fe propofe quand on éleve des Mûriers, étant de fe procurer des feuilles pour nourrir des vers à foie, il feroit avantageux de tenir les tiges fort baffes, afin d'avoir plus de facilité à cueillir ces feuilles. Mais comme on plante fouvent les Mûriers autour des pieces de terre, ou en quinconce dans celles qu'on labourre à la charrue, on eft obligé d'élever leurs tiges, afin que les chevaux & les bœufs puiffent paffer deffous. Ce n'eft donc que dans la quatrieme ou cinquieme année, lorfqu'on peut leur ménager des tiges de fept pieds de hauteur, qu'on commence à leur former la tête, en retranchant les branches fuperflues, en coupant l'ex-trêmité de celles de la cime, qui s'élevent trop, & en retranchant foigneufement toutes les branches qui font le long de la tige.

Dans la fixieme année, on peut tirer quelques arbres de cette pépiniere, & l'on continue d'en arracher jufqu'à la neuvieme & dixieme qu'on enleve tout, fauf à rabattre à mi-tige ou en buiffon les arbres foibles. Mais il ne faut tirer de la pépiniere que des arbres forts, fi l'on fe propofe de faire une belle plantation.

Il eft fuperflu d'avertir que jufqu'à ce qu'on ait entierement vuidé la pépiniere, il faut toujours l'entretenir nette d'herbes par de bons labours.

Il eft bon de remarquer que tant que les Mûriers n'ont pas à leur tête du bois de trois ans, ils font très-délicats : la grêle & les gelées leur caufent des chancres, qui obligent de les réduire à mi-tige, ou même de les réceper. Au contraire, quand ces arbres ont la tête formée de bois mûr, & qu'ils font pourvus de belles racines, ils font moins expofés à ces accidents que beaucoup d'autres arbres : ils fubfiftent dans les plus mauvaifes terres.

Avant de paffer à la tranfplantation des Mûriers, nous de-vons avertir qu'un des plus sûrs moyens d'avoir de belles feuil-les, eft de les greffer. Les greffes réuffiffent en fente, en écuffon & en fifflet, fur-tout quand on greffe les Mûriers d'Efpagne fur nos Mûriers à petite feuille; mais à l'égard des autres, l'écuſſon eſt la méthode dont le ſuccès eſt le moins certain.

On voit dans preſque tous les livres d'Agriculture, qu'on peut greffer les Mûriers ſur l'Orme : je n'oſerois aſſurer que cette greffe n'aura jamais de ſuccès ; cependant je l'ai tentée bien des fois inutilement, & j'ai bien des raiſons de penſer qu'elle ne peut pas réuſſir.

Nous avons déja dit que les Mûriers croiſſoient bien plus vîte dans les terres légeres & ſubſtantieuſes ; nous devons ajoûter, en parlant de la tranſplantation, que cet arbre a aſſez bien réuſſi dans des terreins ſablonneux ou graveleux, maigres & aſſez arides, dans leſquels la Bruyere venoit à peine : ils ne réuſſiſſent abſolument point dans les ſables trop mouvants : il n'y a que quelques eſpeces de Pins qui s'accommodent de ces ſortes de terreins. Voyez l'article *PINUS*.

On plante ſouvent les Mûriers en bordures autour des pieces de terre & le long des chemins, afin que les racines en s'étendant dans la terre des chemins, ces arbres puiſſent en partie ſubſiſter de cette terre qui reſte inutile.

Il faut choiſir pour ces plantations les plus belles tiges & les plus fortes, afin que les arbres puiſſent mieux réſiſter à quantité d'accidents qui ſont toujours plus fréquents auprès des chemins.

On plante auſſi des Mûriers en quinconce dans des pieces de terre environnées de foſſés ; on laboure le deſſous à la charrue, & l'on y ſeme quelques menus grains pour ſe rédimer des frais des labours. En ce cas on plante ordinairement les arbres éloignés les uns des autres, afin que les grains profitent mieux. Comme ces arbres ſont alors en quelque façon à l'abri de tout accident, on peut les tenir plus bas de tige pour avoir plus de facilité à en cueillir les feuilles. Mais il ne faut jamais ſemer ſous les Mûriers, ni Sain-foin, ni Luzerne, ni les autres herbes de prés, qui ſont contraires à tous les arbres, & particulierement aux Mûriers.

Dans les parcs bien clos, on peut planter des taillis de Mûriers, en plantant ces arbres après les avoir étêtés, à une toiſe & demie, ou deux ou trois toiſes les uns des autres. On laboure ces taillis pendant trois ou quatre ans, comme une vigne ; & ſi la terre ſe trouve bonne, on peut ſe diſpenſer d'y faire enſuite

aucuns labours. Nous en avons ainfi abandonnés qui viennent
affez bien. Ces arbres en buiffon font un peu plus printaniers
que les autres : on a beaucoup de facilité à cueillir leurs feuilles ; & il tient beaucoup d'arbres dans un petit terrein. Ces
avantages, qu'on ne doit point négliger quand on fe propofe
d'élever des vers, engageront fans doute à faire de ces taillis,
quand même on feroit obligé de leur donner tous les ans un
ou deux labours à la houe.

On peut auffi, dans les parcs, former des paliffades de Mûriers qu'on plante comme la Charmille ; elles ferviront l'été
à la décoration, & au printemps on pourra en retirer une
bonne quantité de feuilles pour la nourriture des vers.

Enfin fi dans les parcs il fe trouve des monticules, on fera
bien de planter des Mûriers aux différentes expofitions ; & il
fera bon d'en mettre même quelques-uns en efpalier le long
des murs : on fe procure par ces attentions des feuilles hâtives
& des feuilles tardives ; ce qui peut être très-avantageux à la
nourriture des vers.

Pour planter des paliffades de Mûriers, on fera des rigoles
proportionnées à la groffeur du plant ; pour le refte, on doit
fe conformer à ce que nous difons dans l'article du Charme.
Voyez *CARPINUS.*

Pour planter les taillis, on fera des tranchées de trois ou
quatre pieds de largeur, à deux toifes & demie ou trois toifes les unes des autres ; & l'on plantera les arbres dans ces tranchées à une pareille diftance, toujours en échiquier. On obfer-
vera qu'il faut les planter plus ferrés dans les mauvais terreins
que dans les bons : ces arbres qui doivent être affez forts,
feront coupés à fix ou huit pouces au deffus de terre ; c'eft
pourquoi on choifira pour ces plantations des arbres mal figurés.

A l'égard des quinconces, où l'on met des arbres de quatre
pieds & demi, ou de cinq ou fix pieds de tige, à quatre ou cinq
toifes les uns des autres, par rangées éloignées de fept à huit
toifes, pour rendre la culture des champs plus aifée, on peut
fe difpenfer, fur-tout lorfque le terrein eft bon, de faire des
tranchées. Il fuffit alors de faire des trous de quatre pieds ou
quatre pieds & demi d'ouverture, fur deux pieds ou deux pieds

& demi de profondeur, & l'on y plante les arbres fans les étêter. On procede de même pour les filets le long des chemins.

On peut faire les trous & les tranchées en été, en automne ou en hyver: il eft même avantageux qu'ils reftent ouverts long-temps ; la terre qu'on en aura tirée en deviendra meilleure: mais il ne faut commencer la plantation que quand tous les trous feront faits. On fera bien, fur-tout dans les mauvais terreins, de mettre d'un côté la terre qui paroîtra la meilleure, pour s'en fervir à recouvrir les racines; & de l'autre la plus mauvaife, avec laquelle on achevera d'emplir le trou.

Quand on fe prépare à faire la plantation, on remplit les tranchées & les trous avec la mauvaife terre & la médiocre, qu'on mêle groffierement enfemble, & on foule un peu le terrein à mefure qu'on met de la terre : c'eft pour cela qu'il faut éviter de faire cette opération par un temps trop humide, pour ne point corroyer la terre. Il faudroit même s'abftenir de la fouler, fi le terrein étoit argilleux ; car on lui feroit un tort confidérable ; en ce cas on doit planter plus près de la fuperficie, afin que les arbres ne s'enterrent point trop, quand la terre vient à s'affaiffer d'elle-même.

Lorfque les trous & les tranchées font remplis jufqu'à dix ou douze pouces de la fuperficie, on met, fur-tout aux endroits où doivent être pofés les arbres, fix pouces d'épaiffeur de la meilleure terre ; & à chaque endroit où les arbres doivent être plantés, on pofe des jalons qu'on aligne bien proprement.

On peut faire les plantations en Automne, dans les mois d'Octobre & de Novembre; ou au Printemps, dans les mois de Mars & d'Avril.

Je préfere les plantations du printemps, quand les pépinieres font à portée de l'endroit où les arbres doivent être plantés: c'eft encore ce que j'obferve à l'égard de tous les arbres qui font un peu tendres aux grandes gelées, parce qu'elles endommagent toujours plus les arbres nouvellement plantés. Mais quand on tire les arbres de loin, on eft prefque toujours obligé de les planter en automne, pour éviter que le hâle, qui eft fouvent très-grand au printemps, n'endommage les racines.

Dans le cas où l'on tire les arbres de loin, on doit envelopper foigneufement les racines avec de la litiere ou de la

fougere, pour les défendre de la pluïe & de la gelée, &
prendre garde que les tiges ne foient écorchées fur les voitures.

Lorfque les pépinieres font à portée de l'endroit où l'on
plante, il faut mettre un ou deux hommes adroits & attentifs
à la pépiniere pour arracher, & leur recommander de bien
ménager les racines qu'il faut tenir longues, & prendre garde
de les forcer. Deux Jardiniers armés de ferpettes & de volins
bien tranchants, tailleront les branches & les racines; car on
n'étête point les Mûriers qu'on ne doit point tranfporter fur
des voitures. Des Manouvriers porteront les arbres aux Planteurs : il doit y en avoir au moins trois; un qui tient la tige
des arbres, un qui lui donne les ordres néceffaires pour qu'ils
foient bien alignés, & un qui couvre les racines avec la meilleure terre, & qui a l'attention d'y mettre la main de temps en
temps, afin qu'il ne refte point de vuide entre les racines; ce
même ouvrier termine l'opération en formant une petite butte
de terre au pied de l'arbre, & la foulant avec le pied, afin
que les tiges ne fe deverfent point.

Dans les terres légeres & feches, on peut mettre au pied
des arbres une couche de feuilles de bruyere, de fougere ou
de litiere, qu'on charge d'un peu de terre pour empêcher que
le vent ne l'emporte. Par cette précaution, on empêche l'ardeur du foleil de pénétrer jufqu'aux racines ; & les arbres reprennent plus fûrement.

Dans les endroits où l'on ne peut pas interdire l'entrée du
bétail, il fera néceffaire d'entourer la tige des arbres avec des
épines; fans cette précaution, la plus grande partie des arbres
fe trouveront dérangés de leur alignement, ou tout-à-fait ren-
verfés.

Quand une fois les Mûriers font repris, ils n'exigent que les
foins ordinaires qu'on donne à tous les arbres de haute tige :
tenir la terre en labour, conferver la tige nette de branches,
enfin élaguer affez la tête pour que les branches s'élevent fans
confufion. La feuille devient alors plus belle & de meilleure
qualité pour la nourriture des vers. On reconnoîtra par expérience que les Mûriers, qui feront labourés avec plus de foin,
donneront plus de feuilles, & que ces feuilles feront de meilleure

qualité. On remarque que quand les Mûriers font très-chargés
de branches, leurs feuilles viennent très-petites & de médiocre qualité pour la nourriture des vers. C'eft pourquoi les
Piémontois font dans l'ufage de divifer leurs Mûriers en trois,
quatre ou cinq coupes ; & tous les ans ils en étêtent une.
Au lieu de les étêter, on peut fe contenter de retrancher les
menues branches, & de raccourcir les groffes, en retranchant
celles qui font mal placées.

On fait un tort confidérable aux Mûriers, quand on les
effeuille trop jeunes pour en nourrir des vers. On peut bien,
fans inconvénient, retrancher à la ferpette, ou avec le cifeau,
toutes les branches mal placées qui fe trouvent aux paliffades,
aux arbres en buiffon, & même dans les pépinieres, pour les
donner en bourgeon aux jeunes vers à la fin d'Avril ou au
commencement de Mai ; mais il ne faut ébroffer à la main
que les gros Mûriers replantés depuis huit à dix ans.

Le Mûrier blanc a beaucoup de feve dans les bons terreins.
Lorfque les hyvers font doux, il ne perd fes feuilles qu'à la
fin de Décembre. En 1750 l'hyver ayant été extrêmement
doux, & la terre fort humectée, ils montrèrent dés feuilles
de neuf à dix lignes de diametre dès le mois de Février dans
les terreins avancés. On crut devoir en profiter, & l'on fit
éclorre des vers ; mais une gelée qui furvint dans le mois
d'Avril, détruifit toutes ces feuilles : les arbres en repoufferent
de nouvelles, qui furent encore perdues par une autre gelée qui
furvint au commencement de Mai, laquelle fut affez vive pour
endommager pareillement les pouffes des Chênes & des Ormes. On ne put alors nourrir les vers éclos qu'avec des feuilles
racornies qui fe trouverent à l'abri du nord ; ces vers fouffrirent
beaucoup, & la plus grande partie mourut.

Cette obfervation prouve 1°. qu'il eft toujours dangereux de
faire éclorre trop tôt les vers, & qu'on fera bien de ne compter que fur les feuilles du commencement de Mai. 2°. Que
les Mûriers font capables de grandes productions, puifqu'il y
en a qui, après avoir perdu deux feuilles par la gelée, ont
été dépouillés une troifieme fois pour nourrir les vers, fans
qu'ils aient paru en fouffrir fenfiblement. On croit communément qu'il eft avantageux de donner une année de repos aux
arbres foibles.

J'ajouterai ici une obfervation que m'a communiquée M. l'Abbé Nollet dont on connoit l'exactitude dans l'examen des faits phyfiques. En voyageant en Italie, il a remarqué qu'en Tofcane, & fur-tout aux environs de Florence, les habitants, avec moitié moins de Mûriers que n'en cultivent les Piémontois, trouvoient le moyen, toutes proportions gardées, d'élever & de nourrir le double de la quantité de vers à foie. Ils obfervent pour cela, de ne faire éclorre leurs vers qu'en deux temps différents. Les premiers vers étant éclos, fe nourriffent de la premiere dépouille des Mûriers ; & lorfqu'ils ont produit leur foie, les habitants font éclorre d'autres vers, qu'ils nourriffent de la feconde récolte des mêmes arbres. Il arrive quelquefois que la premiere famille de ces vers manque & qu'il faut avoir recours à une troifieme opération ; mais il faut pour cela obtenir la permiffion expreffe du Miniftre de l'Empereur. Cette police ne s'exerce fans doute que dans la vue de maintenir le commerce de la foie, & non pour ménager les Mûriers ; car ces habitans font obligés, faute de fourage, de nourrir leurs beftiaux de feuilles de toutes fortes d'arbres & d'arbuftes qu'ils mêlent avec quantité de feuilles de Mûriers dont ces animaux font très-friands, & on leur donne de celles-ci tant que les arbres peuvent en fournir, fans craindre que les Mûriers ainfi dépouillés & expofés au foleil très-ardent de ce pays en reçoivent le moindre dommage.

Si l'on fe propofe de multiplier les Mûriers par marcottes, on choifit de jeunes & vigoureux Mûriers de la plus belle feuille, plantés dans le meilleur terrein, & dont la tige ait près de terre quatre ou cinq pouces de diametre ; on coupe ces arbres, qu'on nomme *Meres*, à quatre pouces de terre. Ces fouches pouffent au printemps fuivant quantité de branches qu'on ménage foigneufement. Quand elles ont acquis un bon pied de hauteur, on tranfporte auprès de ces fouches une quantité fuffifante de bonne terre franche, dont on couvre la naiffance de toutes les jeunes branches, qu'on étend de tous côtés en les retenant avec des piquets & des crochets de bois ; & après avoir bien foulé la terre, on laiffe ainfi ces *Meres* pendant deux ans. Dans la troifieme année on déchauffe la fouche, & ordinairement les jeunes branches ont affez pouffé de racines pour être mifes en pépiniere ; on eft fûr par ce moyen d'avoir des arbres de bonne feuille, fans être obligé de les greffer.

On peut encore multiplier les Mûriers blancs par boutures. Pour cet effet on coupe quantité de jeunes branches vigoureufes tout près du tronc ou des groffes branches, & on les plante dans des rigoles à fix pouces les unes des autres. On les défend du foleil, & on les cultive comme nous l'expliquons dans l'article où nous traitons particulierement des boutures.

Quand, par le moyen des marcottes, des boutures ou des graines, on s'eft pourvu d'une grande quantité de Mûriers, on peut en former des quinconces, qu'on étêtera tous les trois ans comme des fouches d'Ozier ; & dans cette troifieme année on donnera aux jeunes vers les branches chargées de feuilles.

Dans les autres années les feuilles feront belles & faciles à cueillir. Il eft vrai que ces arbres ne dureront pas long-temps : mais on aura foin d'en élever en pépiniere, pour remplacer ceux qui périront.

Quand les automnes font douces & humides, les Mûriers confervent, comme nous l'avons dit, leurs feuilles très-tard. Alors l'extrêmité des jeunes branches, qui n'ont pas acquis une parfaite maturité, font endommagées par les gelées; mais le refte de l'arbre n'en fouffre pas, & je ne connois que l'hyver de 1709 qui les ait fait périr; encore la plupart repoufferent du pied, du moins en Languedoc & en Provençe.

U S A G E S.

On cultive les Mûriers à gros fruit noir, n°. 1, à caufe de leur fruit qui eft bon à manger, & qu'on eftime être très-fain. C'eft en cela que confifte le mérite de cet arbre ; car on fait peu de cas de fes feuilles pour les vers à foie, & elles perdent ordinairement leur éclat de bonne heure : ainfi les Mûriers de cette efpece ne peuvent fervir pour la décoration des bofquets d'automne. D'ailleurs ils croiffent bien plus lentement que les Mûriers blancs.

Les autres efpeces ne font d'aucune utilité relativement à leur fruit; mais leurs feuilles font infiniment utiles, puifqu'elles fervent à la nourriture des vers à foie. Les efpeces n°. 2, 3 & 4, font préférables à toutes les autres pour élever les jeunes vers,

parce

parce que leurs feuilles font tendres & délicates.

Les Mûriers qu'on trouve à la Louyfiane dans l'étendue de deux cens lieues, en remontant le fleuve depuis la mer jufques vers les Arkanfas, de même que ceux d'Efpagne qui donnent de très-grandes feuilles, fourniffent beaucoup de nourriture aux vers : mais les uns difent qu'il ne faut s'en fervir que quand les vers font devenus gros, parce que ces feuilles font trop dures pour les jeunes vers ; d'autres au contraire prétendent que ces feuilles, qui font tendres quand les vers font petits, conviennent à ces jeunes infectes qui, étant bien nourris, en deviennent plus robuftes, & qu'elles caufent des maladies aux gros vers.

Dans toutes les efpeces de Mûriers, on rejette ceux qui ont les feuilles fort échancrées. Il eft certain que celles qui les ont entieres font préférables, parce qu'elles fourniffent plus de nourriture aux vers ; mais il n'eft pas fûr que celles qui font échancrées leur foient pernicieufes, comme quelques-uns le prétendent : car fouvent on trouve fur le même arbre des feuilles entieres, & d'autres échancrées ; quelquefois un jeune arbre qui portoit des feuilles entieres, n'en donne que d'échancrées lorfqu'il eft devenu grand ; & un arbre dont les feuilles étoient échancrées, en donne d'entieres quand on l'a étêté : mais ces obfervations ne doivent pas difpenfer d'écuffonner les Mûriers à petites feuilles avec des Mûriers de belles feuilles.

Les fleurs des Mûriers n'ont aucun éclat, & ces arbres pouffent fort tard ; ainfi il ne convient point d'en mettre dans les bofquets printaniers. Mais comme plufieurs efpeces ont de belles & grandes feuilles qui confervent leur verdeur jufqu'aux gelées, on peut les employer pour la décoration des bofquets d'été & d'automne ; ils ont feulement le défaut de tacher les habits, quand leurs fruits mûrs viennent à tomber : fans cet inconvénient les Mûriers, qui branchent beaucoup, feroient très-propres à former des tonnelles, des berceaux & des paliffades ; car on peut les tailler fans rifque avec le cifeau ou avec le croiffant.

Tous les Mûriers blancs, dont il y a beaucoup de variétés, parce qu'on les éleve de femence, portent des fruits dont les oifeaux font tellement friands, que l'on remarque que ceux qui font engraiffés avec ces fruits, font un excellent manger. On doit, pour cette raifon, mettre cette efpece de Mûriers dans les remifes, fi la terre eft affez bonne pour qu'ils puiffent y fubfifter.

On fait encore un autre ufage des Mûriers; on fait rouir leur bois dans l'eau; & l'écorce filamenteufe qui fe détache, fert à faire des cordes.

Comme le bois des Mûriers eft affez dur, il eft bon à faire différents ouvrages, outre des caiffes & des barrils pour renfermer des marchandifes. Il réfifte à l'eau, & l'on en fait, dans le Comtat d'Avignon & dans la Provence, des feaux pour les puits & des futailles pour le vin. En Languedoc les Charrons en font des jantes de roues. On m'a affuré qu'on pouvoit en faire d'affez belle menuiferie & différents ouvrages de Tour: fa couleur jaune eft affez agréable à la vue. Les Conftructeurs de bateaux emploient les branches pour faire des courbes & des chevilles ou gournables. Ces arbres cependant ne fourniffent guere que des pieces de douze à quinze pouces de diametre: quand ils font plus gros le cœur eft ordinairement altéré. Les gros Mûriers qui font fains dans le cœur, fervent encore à faire des pieces de charpente.

Les Mûres noires mangées à jeun dans leur pleine maturité, paffent pour être laxatives & adouciffantes; leur firop, quand elles font un peu vertes, facilite l'expectoration, & il arrête les diarrhées. On en fait auffi des gargarifmes pour calmer les inflammations de la gorge, & pour déterger les ulceres de la bouche.

L'écorce des racines eft âcre & fort amere; néanmoins elle lâche le ventre, & leve les obftructions.

Le fuc des Mûres noires fert à colorer plufieurs liqueurs & quelques confitures: quoique ce fuc foit inutile pour la teinture, il imprime au linge & aux doigts une couleur rouge qui s'enleve difficilement. Le Verjus, le fuc de Citron, l'Ofeille & les Mûres vertes emportent ces taches de deffus les mains; mais pour le linge, le plus court eft de mouiller l'endroit taché, & de le fécher à la vapeur du foufre; l'acide du Vitriol, qui s'échappe du foufre, emporte fur le champ la tache.

Tome II. Pl. 8.

MYRTUS, Tournef. *&* Linn. MYRTE.

DESCRIPTION.

LA fleur (*ab*) des Myrtes eft compofée d'un calyce (*c*) d'une feule piece divifée en cinq, qui fubfifte jufqu'à la maturité du fruit. Ce calyce porte cinq pétales ovales, entiers, un peu creufés en cuilleron ; & il donne naiffance à beaucoup d'étamines affez longues, terminées par des fommets fort petits. Entre les étamines on apperçoit un piftil (*d*) compofé d'un embryon qui fait partie du calyce, & d'un ftyle plus court que les étamines : ce ftyle fe termine par un ftigmate obtus.

L'embryon devient une baie ovale (*e*) terminée par un umbilic qui eft recouvert par les bords du calyce. Cette baie contient (*f*) plufieurs femences (*g*) qui ont la forme d'un rein.

Les feuilles font toujours pofées alternativement fur les branches ; elles ont une odeur agréable, & ne tombent point pendant l'hyver. Ces feuilles font quelquefois petites & ovales, quelquefois plus allongées, d'autres fois plus grandes & pointues, fuivant les différentes efpeces. Elles font unies & luifantes comme celles du Buis.

ESPECES.

1. *MYRTUS latifolia Romana.* C. B. P.
   MYRTE Romain à grandes feuilles.

2. *MYRTUS latifolia Bætica, vel foliis Laurinis.* C. B. P.
   MYRTE à grandes feuilles d'Efpagne ou à feuilles de Laurier.

3. *MYRTUS filveftris foliis acutiffimis.* C. B. P.
   MYRTE des bois à feuille très-étroite.

4. *MYRTUS foliis minimis & mucronatis.* C. B. P.
   MYRTE à petite feuille pointue.

F ij

5. *MYRTUS minor vulgaris.* C. B. P.
   Petit M y r t e ordinaire.

6. *MYRTUS Hispanica latifolia, fructu albo.* Inst.
   M y r t e d'Espagne à grande feuille & à fruit blanc.

7. *MYRTUS minor vulgaris, foliis ex luteo variegatis.* H. L. Bat.
   Petit M y r t e à feuille panachée de jaune.

8. *MYRTUS latifolia flore multiplici.*
   Grand M y r t e à fleur double.

Nous ne parlerons point de plusieurs autres especes ou variétés de Myrte, qui sont encore plus délicates que celles dont nous venons de donner les noms.

CULTURE.

Les Myrtes se multiplient de semences, de marcottes & de boutures. Dans nos climats ils ont peine à supporter les gelées; & l'on y est obligé de les tenir dans les orangeries, où même ils se dépouillent, si l'on n'a pas l'attention de les tenir à portée des portes & des fenêtres, afin qu'ils jouissent de l'air dans les temps doux & humides. Nous ne les aurions pas compris dans cet ouvrage, si nous n'en avions pas vû en pleine terre dans les Provinces maritimes, savoir, dans la Provence, le Languedoc, la Normandie, l'Aunis, la Bretagne, &c.

On peut greffer les Myrtes les uns sur les autres.

USAGES.

Dans les pays où l'on pourra élever les Myrtes en pleine terre, ils feront un très-bel effet dans les bosquets d'hyver & dans ceux d'été; car ces arbrisseaux sont fort agréables dans le temps de leur fleur qui paroît ordinairement dans le mois d'Août.

Les Myrtes à fleur double & ceux dont les feuilles sont panachées, méritent sur-tout d'être cultivés.

Les feuilles & les baies des Myrtes sont astringentes & recommandées pour affermir les dents qui ont été ébranlées par le scorbut. Les baies qu'on nomme Myrtilles entrent dans plusieurs emplâtres & onguents : on les emploie en Allemagne pour faire une teinture ardoisée qui a cependant peu d'éclat.

Les feuilles de Myrte entrent dans les sachets d'odeurs & dans les pots-pourris. Au Royaume de Naples & dans la Calabre, on se sert des mêmes feuilles pour tanner les cuirs.

Tome II. Pl. 9.

Tome II. Pl. 10.

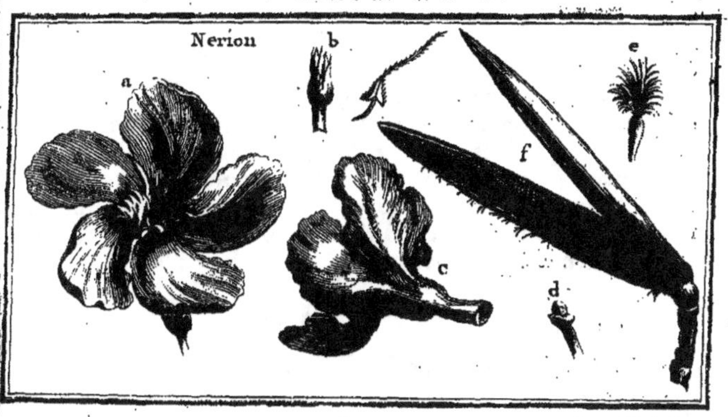

NÉRION, Tourner. NERIUM, Linn.
NÉRION, ou LAURIER-ROSE.

DESCRIPTION.

LES fleurs (*a*) du Nérion ont un petit calyce (*b*) d'une feule piece, divifé en cinq parties qui fe terminent en pointe. Ce calyce fubfifte jufqu'à la maturité du fruit, & porte un pétale (*c*) qui a la forme d'un tuyau affez long, fort évafé à fon extrêmité, où il eft divifé en cinq grandes parties arrondies, évafées, & qui forment comme une efpece de petite rofe, à la hauteur des échancrures; chacune eft garnie d'un appendice frangé (*Nectarium*).

On trouve dans l'intérieur cinq étamines affez courtes, qui fe réuniffent par leurs fommets ; elles ont la forme d'un fer de lance, & font furmontées d'un long filet.

Le piftil eft compofé d'un embryon (*d*) arrondi, fur lequel repofe prefque immédiatement le ftigmate.

Cet embryon, qui eft divifé intérieurement en deux loges, devient une efpece de filique (*f*) longue, prefque cylindrique, qui fe fépare en deux fuivant fa longueur ; elle renferme des femences (*e*) oblongues, couronnées d'une aigrette, & rangées comme des écailles dans la filique.

Cet arbriffeau pouffe de longues baguettes qui fe divifent en plufieurs branches, lefquelles font garnies dans toute leur longueur de feuilles oppofées deux à deux, longues, étroites, terminées en pointe, unies & fans dentelure, relevées en deffous d'une feule nervure ; le verd de ces feuilles eft terne & foncé. Les fleurs viennent à l'extrêmité des branches ; elles y font raffemblées par bouquets.

E S P E C E S.

1. *NERION floribus rubefcentibus.* C. B. P.
 Nérion à fleur rouge.

2. *NERION floribus albis.* C. B. P.
 Nérion à fleur blanche.

3. *NERION Indicum angufti-folium, floribus odoratis fimplicibus.* H. L. B.
 Nérion des Indes à feuille étroite, dont les fleurs d'un rouge pâle font odorantes.

C U L T U R E.

Les Nérions craignent le froid ; & dans notre climat, il eft prefque indifpenfable de les renfermer pendant l'hyver dans les orangeries. Nous ne nous fommes déterminés à en parler dans ce Traité, que parce que nous fommes informés que M. le Chevalier de Genfein les a confervés en pleine terre cinq à fix ans : on pourra certainement les élever facilement en pleine terre dans quelques Provinces du Royaume. Nous n'avons point compris dans notre lifte les Nérions à fleur double, parce qu'ils font beaucoup plus délicats que les autres. Si l'on veut jouir de leurs belles fleurs, il faut néceffairement les placer dans des ferres chaudes.

L'efpece, n°. 3, eft prefque auffi fenfible aux gelées.

Au furplus les Nérions, dont nous rapportons ici les efpeces, ne font délicats que relativement au froid de notre climat.

U S A G E S.

Dans les Provinces où l'on pourra élever en pleine terre les Nérions, ils fourniront une très-belle décoration aux bosquets d'été.

Leurs feuilles pilées font un bon sternutatoire. On dit que la décoction de ces feuilles est un poison pour les hommes & pour la plupart des animaux.

Nous ne parlerons point du *Chamænerion*, Tournef. ou *Epilobium*, Linn. ou *Lysimachia*, C. B. P. qu'on nomme *Osier fleuri*, parce que leurs tiges périssent l'hyver. Nous nous contenterons de dire que ces plantes, qui portent des fleurs charmantes dans le mois de Juillet, & qui, à la premiere vue, semblent avoir du rapport avec les Nérions, en different beaucoup : leurs fleurs font composées de quatre pétales disposés en rose ; le calyce est composé de plusieurs folioles. Cette fleur a huit étamines, & le fruit est une silique divisée en quatre. Quoique pendant l'été les Chamænérions ressemblent à des souches d'Osier, ils ne font cependant pas même des arbustes, puisque leurs tiges périssent tous les ans, & qu'il n'y a que leurs racines qui soient vivaces.

Tome II. Pl. 12.

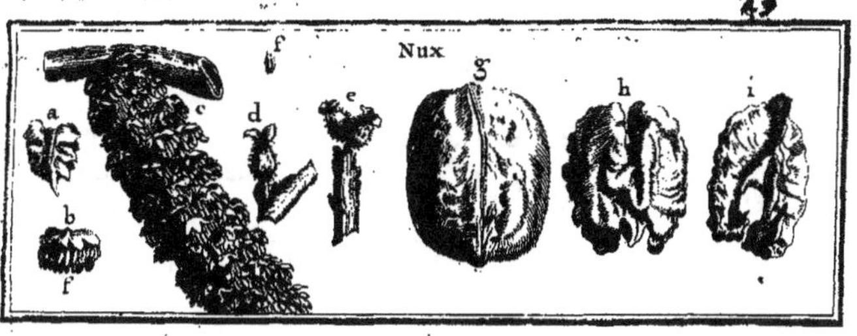

NUX, Tournef. *JUGLANS*, Linn. NOYER.

DESCRIPTION.

LES Noyers portent fur les mêmes pieds des fleurs mâles & des fleurs femelles.

Les fleurs mâles (*a b*) font raffemblées fur un filet commun, & forment des chatons (*c*) fort gros, affez longs & écailleux; ces écailles font formées par les échancrures du calyce.

On découvre fous les écailles un pétale divifé en fix; il eft attaché au filet qui forme le chaton.

On apperçoit auffi douze étamines, ou environ, fort courtes, chargées de fommets (*f*) longs & pointus.

Les fleurs femelles (*de*) font raffemblées deux ou trois enfemble.

Le calyce qui tombe avant la maturité du fruit, eft petit & divifé en quatre; il renferme un pétale qui n'eft guere plus grand que le calyce, & qui eft de même divifé en quatre.

Le piftil eft formé d'un embryon ovale qui fait partie du calyce, de deux ftyles fort courts & de deux ftigmates qui ont la forme de clous; ils forment la partie la plus apparente de la fleur.

L'embryon devient un fruit charnu, peu fucculent, qui renferme un noyau (*g*), dans lequel on trouve une amande (*h*) divifée en quatre lobes (*i*) par des cloifons plus ou moins ligneufes, fuivant les efpeces.

Tome II.   G

La coquille des Noix blanches de Virginie, n°. 11 & 12, est fort unie : celle de la plupart de nos Noix de France n'est point raboteuse, mais sillonnée ; aux Noix noires, n°. 13 & 14, elle est rustiquée ou striée irrégulierement, à peu près comme le noyau des Pêches.

Presque tous les Noyers ont des feuilles conjuguées ou compofées de grandes folioles qui sont rangées par paires sur un filet commun terminé par une foliole unique.

La plupart des Noyers de France ont leurs feuilles compofées de cinq folioles, de même que la Noix blanche de Canada. La Noix Pacane de la Louysiane a ses feuilles compofées de trois & de cinq folioles, & celle qui est au bout du filet ou de la nervure qui les porte, est plus grande que les autres. Les Noix noires ont treize & quelquefois dix-sept folioles rangées sur une nervure.

Mais dans toutes les especes, les feuilles sont posées alternativement sur les branches.

E S P E C E S.

1. *NUX JUGLANS, sive Regia vulgaris.* C. B. P.
  NOYER ordinaire, dit NOYER-ROYAL.

2. *NUX JUGLANS fructu maximo.* C. B. P.
  NOYER à gros fruit, dit NOIX DE JAUGE.

3. *NUX JUGLANS fructu tenero & fragili putamine.* C. B. P.
  NOYER à fruit tendre, dit NOIX MESANGE.

4. *NUX JUGLANS fructu perduro.* Inst.
  NOYER à fruit fort dur, dit NOIX ANGLEUSE.

5. *NUX JUGLANS foliis laciniatis,* D. Rénéal. Inst.
  NOYER à feuilles découpées.

6. *NUX JUGLANS fructu serotino.* C. B. P.
  NOYER à fruit tardif, ou NOYER DE LA SAINT-JEAN, parce qu'il ne commence à pousser que dans ce temps.

7. *NUX JUGLANS fructu minimo,* D. Breman. H. R. Monsp.
  NOYER à petit fruit.

8. *NUX JUGLANS*, *five Regia, fructu racemoso erecto (fructu tenere aut perduro.)*
Noyer qui porte ses fruits en grappe. Il y en a dont l'écorce ligneuse du fruit est dure, & d'autres dont cette écorce est fragile.

9. *NUX JUGLANS bifera.* C. B. P.
Noyer qui donne ses fruits deux fois l'année.

10. *NUX JUGLANS folio serrato.* C. B. P.
Noyer à feuilles dentelées.

11. *NUX JUGLANS Virginiana, foliis vulgari similis, fructu subrotundo, cortice duriore lævi.* Pluk.
Noyer de Virginie à fruit rond, dur, uni & blanc, & dont les feuilles sont semblables à celles du Noyer ordinaire; ou Noyer blanc de Canada; il y en a à gros & à petit fruit.

12. *NUX JUGLANS Virginiana alba minor, fructu Nucis muschatæ simili; cortice glabro, summo fastigio veluti in aculeum producto.* Pluk.
Noyer de la Louysiane, dont le fruit a la figure d'une Noix muscade; ou Pacane.

13. *NUX JUGLANS Virginiana nigra.* H. L.
Noyer de Canada à fruit noir & rond, dont la coquille est sillonnée.

14. *NUX JUGLANS Virginiana nigra, fructu oblongo, profundissimè insculto.* Rand.
Noyer de Canada à fruit noir & long, profondément sillonné.

Nous avons encore quelques Noyers que nous ne comprenons point dans cette liste; par exemple, celui de Canada qui porte des Noix ameres, &c. Nous pourrions aussi beaucoup augmenter la liste des Noyers de France; parce que ces arbres se multipliant de semences, il se forme beaucoup de variétés.

C U L T U R E.

Les Noyers ne fe multiplient que par les femences: néanmoins un homme digne d'être cru, m'a affuré qu'il en avoit
greffé avec fuccès; j'ai fait fur cela peu d'expériences. M. le
Marquis de la Galiffoniere a fait tenter ces greffes en fente, en
couronne & en écuffon, mais fans fuccès: d'autres Cultivateurs, qui ont effayé cette greffe, n'y ont pas mieux réuffi.

Les Noyers de France ne viennent point en maffifs de bois.
Nous en avons eu des quinconces, qui périffoient lorfque l'on
ne les cultivoit pas, & qui fe font rétablis quand on a labouré
la terre au pied.

Les Noyers fe plaifent fingulierement dans les Vignes &
le long des terres labourées; leurs racines pénetrent dans des
terres très-mauvaifes, telles que le tuf blanc & la craie: en
fouillant dans ce tuf, nous avons trouvé des racines qui y avoient
pénétré à fix ou fept pieds de profondeur; & la Vigne ex-
ceptée, aucun arbre n'y avoit jetté de racines.

En automne, on met les Noix germer dans du fable: au
printemps, on coupe les germes ou les radicules pour empêcher qu'il ne fe forme un pivot; & on les feme enfuite à deux
pieds & demi de diftance les unes des autres pour les élever
en pépiniere. Ces jeunes arbres pouffent un bel empatement
de racines; & ils font en état d'être tranfplantés avec fuccès,
lorfqu'ils font parvenus à une fuffifante groffeur.

U S A G E S.

Les Noyers ne conviennent guere dans les bofquets; mais
on en fait de belles avenues. Les Noix font très-bonnes à
manger avant leur maturité; on les nomme alors *Cerneaux*:
elles font auffi fort bonnes quand elles font mûres & encore
vertes. On les fait fécher pour les manger en hyver; mais alors
elles ont contracté une âcreté qui diminue beaucoup de leur
agrément. En les mettant tremper quelques jours dans de l'eau,
l'amande fe gonfle; on peut la dépouiller de fa peau, & alors
elle eft affez douce.

On fait dans les offices, avec les Noix feches & pelées,

une espece de conserve brûlée, qui est assez agréable; c'est
ce qu'on appelle *Nouga.*

On confit aussi les Noix avant leur maturité, quelquefois
sans leur enveloppe ou brou, & d'autres fois avec leur brou;
les premieres sont plus agréables au goût; on dit que les autres sont propres à fortifier l'estomac.

On fait aussi, vers le milieu de Juin, un ratafia de Noix
vertes, qui passe pour très-stomachal, sur-tout quand il est bien
vieux. Pour faire cette liqueur, on met dans une pinte de
bonne eau-de-vie douze Noix avec leur brou, un peu concas-
sées; trois semaines après on décante la liqueur, & l'on y
ajoute plus ou moins de sucre, suivant le goût; l'on conserve cette liqueur dans des bouteilles bien bouchées; elle devient rouge en vieillissant.

L'usage le plus général qu'on fait des Noix seches, est d'en
retirer l'huile. Pour cela on ôte la coquille & les cloisons qui
séparent les amandes: on les fait un peu sécher dans un four
qui doit avoir peu de chaleur; on les broie ensuite sous une
meule verticale, semblable à celle que l'on emploie pour les
Olives (V. *Olea*); & la pâte que cette opération produit, se
renferme dans des sacs de toile forte, que l'on porte sous la
presse pour en retirer l'huile. Celle qui coule de cette expres-
sion s'appelle *Huile tirée sans feu,* & il y en a qui la préferent au beurre & à l'huile d'Olives pour faire les fritures. On
retire ensuite cette pâte des sacs pour la mettre dans de grandes chaudieres sur un feu lent avec un peu d'eau bouillante;
puis on la remet dans les sacs sous la presse pour retirer une
seconde huile qui a une odeur desagréable, mais qui est bonne
pour les lampes, pour faire du savon, & excellente pour les
Peintres, sur-tout quand on a soin de l'engraisser en la faisant
cuire avec de la litarge ou quelque autre préparation de
plomb.

Pour avoir l'huile grasse plus belle, on met l'huile dans des
vases de plomb de forme applatie, comme une soucoupe, exposés au grand soleil, où, quand elle a pris la consistance de
sirop épais, on la dissout avec de l'essence de térébenthine:
on peut alors en faire un vernis gras qui est assez beau, appliqué sur les ouvrages de menuiserie: on peut encore la broyer

avec différentes couleurs, qui alors fechent très-vîte & deviennent fort brillantes.

L'huile de Noix tirée fans feu acquiert de la vertu en vieilliffant; elle entre dans plufieurs onguents, dans les cataplafmes contre l'efquinancie, dans les lavements adouciffants.

M. Boyle affure que cette huile eft fpécifique étant mêlée avec celle d'amande douce, & prife à la dofe de deux ou trois onces, contre les coliques néphrétiques, pour en calmer les douleurs & faire couler les graviers.

La poudre des chatons de la Noix eft bonne dans la dyffenterie.

La décoction des feuilles du Noyer dans de l'eau fimple, déterge les ulceres, fur-tout en y ajoutant un peu de fucre.

Il feroit trop long de rapporter tous les ufages que l'on fait en Médecine, de toutes les parties du Noyer. Les Maréchaux prétendent que la décoction des feuilles fait pouffer les crins & prévient la gale. On prétend encore qu'un cheval qui a été épongé avec cette décoction, n'eft point tourmenté des mouches pendant la journée.

Le Noyer eft auffi très-précieux pour les Arts. Les Teinturiers en emploient les racines & le brou pour faire des teintures brunes, très-folides; les Menuifiers font avec ce brou pourri dans l'eau une teinture qui donne aux bois blancs une belle couleur de Noyer.

Le bois de Noyer eft liant, affez plein, facile à travailler; il eft recherché par les Sculpteurs; & c'eft un des meilleurs bois de l'Europe pour faire toutes fortes de meubles.

Les Noyers de Virginie ou de la Louyfiane, n°. 13 & 14, ont leur bois plus coloré que le nôtre; il eft quelquefois prefque noir, mais fes pores font fort larges : il fait un fort bel arbre; fes feuilles font très-longues, & quelquefois chargées d'onze folioles; mais le fruit des Noix noires n'eft bon qu'en cerneaux, parce que les cloifons intérieures font trop dures; néanmoins les Naturels du pays en font une efpece de pain: voici leur méthode. Ils écrafent les Noix avec des maillets, & ils lavent cette pâte dans quantité d'eau : le bois furnage avec une portion de l'huile à mefure qu'ils remuent la pâte avec les mains, & il fe précipite au fond une efpece de farine:

c'eſt celle dont ils font uſage. Il n'y a que la Noix Pacane,
n°. 12, qui ſoit fort bonne, non-ſeulement parce que ſon
écorce n'eſt pas fort dure, mais encore parce que ſon amande
participe un peu du goût de la Noiſette.

M. Saraſin dit qu'il y a en Canada une eſpece de Noyer
qui fournit, mais en petite quantité, une liqueur auſſi épaiſſe
& auſſi ſucrée qu'un ſirop : Les Canadiens conviennent que le
ſucre que fournit cette liqueur, eſt moins agréable que celui
d'Erable.

Le Noyer à fruit blanc, n°. 11, a les feuilles ſemblables à
notre Noyer; ſon fruit eſt uni & preſque rond : il y en a de
deux eſpéces, une dont l'amande eſt douce, mais qui ne vaut
pas mieux que la Noix noire; l'autre dont l'amande eſt amere,
& que je crois inutile. Le bois de ce Noyer eſt blanc & fort
liant.

Une propriété ſinguliere de la Noix noire, eſt que l'amande
conſerve tellement ſon humidité, qu'elle eſt auſſi fraîche à
Pâques, que les nôtres le ſont au mois de Septembre.

Tome II. Pl. 13.

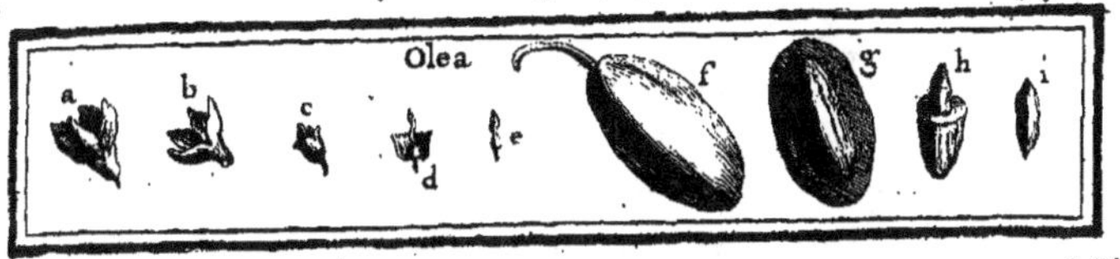

OLEA, Tournef. & Linn. OLIVIER.

DESCRIPTION.

LA fleur (*a*) de l'Olivier est formée d'un petit calyce (*c*) qui est d'une seule piece divisée en quatre par les bords; & qui tombe avant la maturité du fruit.

Ce calyce porte un pétale (*b*) qui a la forme d'un tuyau fort court, & qui est divisé par le bord en quatre parties ovales. On trouve dans l'intérieur deux petites étamines surmontées de sommets, & un pistil (*de*) formé d'un embryon arrondi & d'un style fort court qui est chargé d'un stigmate assez gros & partagé en deux.

Cet embryon devient un fruit (*f*) charnu, ovale, plus ou moins allongé, suivant les especes, dans lequel se trouve un noyau ovale (*g*), fort allongé, très-dur, & dont la superficie est raboteuse: ce noyau est divisé intérieurement en deux loges, & devroit contenir deux semences (*hi*); mais il y en a toujours une qui avorte.

Les feuilles des Oliviers sont entieres, non dentelées, unies, épaisses, dures, & opposées deux à deux sur les branches; elles ne tombent point l'hiver: il y en a de fort longues, & d'autres qui sont très-courtes, suivant les différentes especes.

ESPECES.

1. *OLEA maximo fructu.* Inst.
   OLIVIER à gros fruit, ou OLIVIER D'ESPAGNE.

2. *OLEA fructu oblongo minori.* Inst.
   OLIVIER à petit fruit long. A Toulon, OLIVE PICHOLINE.

Tome II.   H

3. *OLEA fructu oblongo atro virente.* Inft.
OLIVIER à fruit long d'un verd foncé.

4. *OLEA fructu albo.* Inft.
OLIVIER à fruit blanc.

5. *OLEA fructu minore & rotundiore.* Inft.
OLIVIER à petit fruit rond : à Aix, AGLANDAU; à Marseille, CAÏANNE.

6. *OLEA fructu majufculo & oblongo.* Inft.
OLIVIER à gros fruit long : en Provence LAURINNE.

7. *OLEA fructu majori, carne crafsâ.* Inft.
OLIVIER à gros fruit très-charnu, dit OLIVIER ROYAL.

8. *OLEA fativa major, oblonga, angulofa, Amygdali formâ.* H. R. Monfp.
OLIVIER dont les fruits ont la forme d'Amande, qu'on nomme en Languedoc AMELOU.

9. *OLEA media, oblonga, fructu Corni.* H. R. Monfp.
OLIVIER dont le fruit reffemble à celui du Cormier, qu'on nomme en Languedoc CORMEAU.

10. *OLEA maxima, fubrotunda.* H. R. Monfp.
OLIVIER à gros fruit arrondi, qu'on nomme en Languedoc AMPOULAN.

11. *OLEA media, rotunda, præcox.* H. R. Monfp.
OLIVIER précoce à fruit rond, qu'on nomme en Languedoc MOUREAU.

12. *OLEA media, rotunda, viridior.* H. R. Monfp.
OLIVIER à fruit rond & très-verd, qu'on nomme en Languedoc VERDALLE.

13. *OLEA minor, rotunda, racemofa.* H. R. Monfp.
OLIVIER qui porte de petits fruits en grappe, dit en Languedoc BOUTEILLEAU.

14. *OLEA minor, rotunda, ex rubro & nigro variegato.* H. R. Monfp.
OLIVIER à petit fruit rond panaché de rouge & de noir, dit PIGAU.

15. *OLEA minor, rotunda, rubro-nigricans.* H. R. Monfp.
OLIVIER dont le fruit eft petit, rond & tirant fur le noir, dit en Languedoc SALIERNE.

16. *O L E A minor Lucenſis, fruⅽtu odorato.* Inſt.
   Olivier de Luques à fruit odorant.

17. *O L E A ſilveſtris, folio duro ſubtùs incano.* C. B. P.
   Olivier ſauvage dont les feuilles ſont coriaces & velues par
   deſſous.

18. *O L E A ſilveſtris Hiſpanica, folio duro ſubtùs incano, fruⅽtu obtuſo mu-*
   cronato. Inſt.
   Olivier d'Eſpagne, dont la pointe du fruit eſt tronquée.

La plus grande partie de ces Oliviers ne ſont que des variétés qu'on cultive néanmoins : les unes, parce qu'elles ſont
propres à être confites ; les autres, parce qu'elles donnent l'huile
la plus fine ; d'autres enfin, parce qu'elles fourniſſent une
plus grande quantité de fruits : c'eſt ce qui nous a engagés à en
faire l'énumération.

CULTURE.

Je m'étendrai un peu plus ſur la culture des Oliviers que
ſur celle des autres arbres fruitiers, non-ſeulement parce qu'elle
exige quelques ſoins particuliers, mais auſſi parce qu'elle eſt
moins connue. Il n'y a point de Livre de Jardinage où l'on ne
parle de la culture des Pêchers, des Poiriers, &c. & dans ces
Livres on dit à peine un mot des Oliviers, qui ſont cependant
des arbres fort utiles, & une ſource de la richeſſe de quel-
qu'une de nos Provinces.

L'Olivier eſt un arbre des Provinces tempérées ; il croît
abondamment en Provence, en Languedoc, en Italie & en
Eſpagne. On peut auſſi, moyennant quelques précautions, en
élever dans nos Jardins, mais ſimplement pour la curioſité.
Nous en avons depuis long-temps en eſpalier ; ils y ſupportent les hyvers ordinaires ſans être couverts ; & l'on peut en
élever en buiſſon, pourvu qu'on mette un peu de litiere ſur
les racines ; alors ſi des gelées très-fortes font périr les branches, les ſouches repouſſeront de nouveaux jets.

Nos Oliviers nous donnent quelques fruits dans les années
chaudes & ſeches ; mais encore une fois on ne peut, dans

notre climat, regarder cette culture que comme une curiofité.

Les Anciens confidéroient les Oliviers comme des arbres
maritimes, & ils prétendoient qu'on ne pouvoit plus en élever à une certaine diftance de la mer. Il eft vrai qu'ils fubfiftent fans geler dans quelques Jardins des Provinces maritimes occidentales du Royaume, favoir, en Normandie & en
Bretagne, parce que les gelées font moins fortes au bord de
la mer; mais auffi ils y donnent très-peu de fruit, & ce fruit
ne mûrit jamais affez parfaitement pour qu'on puiffe en retirer
de l'huile. D'ailleurs on fait qu'en Languedoc on cultive des
Oliviers dans des lieux affez éloignés de la mer; ainfi il me
paroît qu'on ne peut pas regarder l'Olivier comme un arbre
effentiellement maritime : tout ce qu'on peut dire , c'eft que
l'Olivier vient très-bien au voifinage de la mer, dans les lieux
où la plupart des autres arbres réuffiffent mal.

L'Olivier croît dans toutes fortes de terreins; néanmoins
les terres légeres & chaudes lui conviennent mieux que les
terres fortes & froides.

Quand les terres font fubftantieufes, les arbres font plus
beaux & plus gros; quand elles font maigres, le fruit en eft
de meilleure qualité. Il faut convenir cependant que les Oliviers
aiment fort le fecours des fumiers; ce qui eft tout naturel,
puifque les fumiers rendent les terres légeres.

On convient généralement en Provence, qu'un terrein mêlé
de cailloux eft le plus favorable aux plants d'Oliviers: l'huile
en eft beaucoup plus fine, & elle fe conferve plus long-temps
lorfqu'elle provient des terreins de cette qualité, que lorfqu'elle vient des Oliviers élevés dans des terres graffes, fu-
mées & arrofées, ainfi que dans les environs de Salon, où
l'huile eft graffe, & s'altere promptement, quelques précautions que l'on prenne pour la conferver.

On pourroit multiplier les Oliviers en femant des noyaux
d'Olive, en marcottant, ou même en faifant des boutures;
mais on n'emploie guere ces moyens qui feroient trop longs:
on a coutume de lever des drageons enracinés, qui doivent
être au moins gros comme le bras, au pied des vieux Oliviers. Souvent les Payfans éclatent avec la pioche, de vieilles

fouches qui fe trouvent dans des lieux abandonnés ; & ordi‑
nairement ce plant réuffit bien, quoiqu'il n'ait prefque pas de
racines.

De quelque façon qu'on fe foit pourvu de ce plant, on le met
tout de fuite en place dans des trous qui doivent avoir près de
trois pieds de profondeur ; quand les racines font recouvertes
de terre, on met une couche de fumier ; enfuite on acheve
d'emplir le trou en formant une butte au pied de l'arbre, &
on l'entoure quelquefois de fumier pour le préferver de la
gelée.

Comme ces drageons enracinés, pris fur des arbres greffés,
pouffent toujours au deffous de la greffe, les arbres ainfi plan‑
tés, ont un befoin abfolu d'être greffés ; & quand ils font dans
un bon terrein, ils commencent à donner du fruit au bout
de huit ou dix ans.

Toutes les efpeces d'Oliviers ne méritent pas également
d'être cultivées ; il y en a qui donnent plus de fruit les unes
que les autres : & toutes les efpeces ne donnent pas une
huile auffi parfaite. Enfin il s'en trouve qui font préférables
aux autres pour confire leurs fruits : c'eft ce qui engage à gref‑
fer les meilleures efpeces fur les médiocres ou fur les mauvai‑
fes : celles, par exemple, qui font numérotées, 9, 10 & 11,
font fingulierement eftimées pour l'huile fine.

On a coutume d'écuffonner les Oliviers à la pouffe, quand
ils font en fleur ; c'eft-à-dire, que des écuffons, qu'on a cueillis
l'hyver & confervés à l'ombre, s'appliquent fur des fujets qui
font dans la grande force de la feve du printemps.

Si l'on fait cette opération fur de jeunes arbres, fi-tôt qu'on
a appliqué les écuffons, on coupe la tête de l'arbre deux tra‑
vers de doigts au deffus de celui qui eft le plus élevé. Mais
fi l'on greffoit des arbres qui font déja à fruit, l'on fe contente‑
roit d'enlever au deffus de l'écuffon le plus élevé, un anneau
d'écorce de deux doigts de largeur. Dans ce cas, les bran‑
ches ne périffent point cette premiere année ; elles mûrif‑
fent leur fruit, & on ne les retranche qu'au printemps fui‑
vant.

Il y en a qui plantent leurs Oliviers dans les mois de Jan‑
vier & de Féyrier ; mais d'autres prétendent que cette opé‑

ration réuffit mieux quand on la fait au printemps ; ce qui eft commun à tous les arbres qui confervent leurs feuilles en hyver, & à ceux qui craignent les fortes gelées ; car, comme nous l'avons dit ailleurs, une gelée qui fait périr un arbre nouvellement planté, n'endommage point celui qui eft bien repris.

On voit des Oliviers qui fubfiftent depuis long-temps fans aucune culture dans des lieux abandonnés ; mais ils n'y donnent que peu de fruit, & de fort petit : ainfi pour retirer de l'utilité des Oliviers, il faut les cultiver. On a coutume de les planter comme en quinconce, ou par rangées fort éloignées les unes des autres. On peut planter de la Vigne entre ces rangées, ou y femer du Grain : car les cultures qu'on donne à ces plantes font infiniment utiles aux Oliviers. Comme la charrue ne peut pas approcher tout près du pied des Oliviers, on laboure à bras deux fois l'année cette partie du terrein.

Outre ces labours généraux, on a encore coutume d'enlever tous les deux ans quatre pouces ou un demi-pied d'épaiffeur de terre, fuivant la force des arbres, autour de chaque Olivier ; on coupe les petites racines chevelues qui fe rencontrent, & l'on remplit la foffe avec la même terre qu'on a tirée, & dans laquelle on mêle du fumier. Cette opération augmente beaucoup la vigueur des arbres. Cependant comme le fumier altere la qualité de l'huile, les Cultivateurs attentifs préferent le terreau ou bien les terres brûlées, qui, dit-on, donnent beaucoup de vigueur aux arbres, fans altérer la qualité de leur fruit.

On obferve que les Oliviers, ainfi que quantité d'autres arbres fruitiers, ne donnent abondamment de fruit que tous les deux ans ; & de plus, on a remarqué que l'année de fertilité eft prefque toujours celle où la terre qui eft fous les Oliviers, refte en jachere. Pour entendre ceci, il faut favoir que quand on feme du Froment fous les Oliviers, la terre eft alternativement une année en gueret, en repos ou en jachere, & que l'année fuivante elle produit du Froment. Il eft affez vraifemblable que le Froment dérobe la nourriture aux Oliviers ; & s'il étoit bien prouvé que cette raifon influât fur l'abondance de leur fruit, un Propriétaire pourroit fe procurer tous les ans une récolte d'Olives à peu près égale, puifqu'il n'auroit qu'à enfaifonner fes terres de façon que tous les ans la moitié fût en rapport de Froment, & l'autre en jachere. La plupart des Cultivateurs fuivent cet ufage, quoiqu'il y ait lieu de douter que l'alternative des récoltes d'Olives dépende principalement de la circonftance que nous venons de rapporter, puifqu'elle fubfifte dans les terres cultivées en vigne, à peu près comme dans celles qu'on enfemence en froment.

La taille qu'on fait aux Oliviers n'eft pas fort favante; on retranche les branches trop baffes & pendantes, qui empêcheroient de faire paffer la charrue fous les arbres; on coupe les branches languiffantes, & enfin on fupprime une partie des branches, quand l'arbre devient trop touffu. Car on remarque qu'un arbre trop chargé de bois ne donne ni autant de fruit, ni de fi bien conditionné, que celui qui n'a que la quantité de branches qu'il peut bien nourrir.

Et comme les Oliviers nouvellement taillés ne donnent que peu de fruit, on a foin de faire cette opération dans l'année où ils fe repofent.

U S A G E S.

Nous avons déja dit que les Oliviers ne peuvent pas fournir dans ces pays-ci affez de fruit pour qu'on doive fe propofer d'en faire de l'huile, ni même pour en confire au fel. Ainfi leur utilité, à notre égard, fe borne à en mettre quelques pieds dans les bofquets d'hyver; ou, par fimple curiofité, en efpalier.

Dans les climats plus tempérés on cueille les Olives qui font parvenues à leur groffeur quoiqu'elles foient encore vertes avant leur maturité, pour les confire comme nous allons en détailler le procédé.

L'art de confire les Olives fe réduit à leur faire perdre une partie de leur amertume, & à les impregner d'une faumure de fel marin aromatifé, qui leur donne un goût agréable : on emploie pour cela différents moyens.

Le plus expéditif eft de mettre dans des jares, qui font de grands vafes de terre verniffée, un lit de plantes aromatiques, favoir, du Fenouil, de l'Anis, du Thin, &c. un lit d'Olives fraîchement cueillies, auxquelles on a donné deux coups de couteau en croix jufqu'au noyau, pour faciliter l'introduction de la faumure. On met fur ce lit d'Olives une couche de fel, puis un autre lit de plantes aromatiques, un lit d'Olives ; & ainfi jufqu'à ce que le vafe foit prefque rempli. Alors on verfe affez d'eau bouillante fur les Olives pour qu'elles furnagent : le lendemain on les met dans de l'eau fraîche qu'on a foin de changer tous les deux ou trois jours, jufqu'à ce que les Olives foient fuffifamment adoucies, & l'on finit par verfer deffus une faumure chargée de quelques épices. Selon cette méthode elles font en très-peu de temps en état d'être mangées; quelques perfonnes même les trouvent fort agréables, parce qu'elles ont alors plus de goût : mais la plupart ne les trouvent pas affez adoucies ; en ce cas, on aura recours aux moyens que nous allons rapporter.

Les Olives font meilleures quand elles n'ont point été échaudées ; mais auffi la préparation en eft plus longue.

Vers la fin de Septembre, ou dans les premiers jours d'Octobre, on choifit de belles Olives, les plus groffes & les plus charnues; on les met dans des jares, & l'on verfe de l'eau par-deffus pour leur faire perdre leur amertume. On change cette eau tous les deux jours, & l'on goûte les Olives de temps en temps pour s'affurer fi elles font affez adoucies ; car quand elles le font trop, elles deviennent infipides. Lorfqu'elles font fuffifamment adoucies, on les met dans une forte faumure, où elles reftent jufqu'à Pâques : alors on prépare une feconde faumure moins forte; on fépare les Olives qui peuvent avoir changé de couleur; car cet accident arrive ordinairement à celles qui fe trouvent au deffus du vafe ; & l'on jette les autres dans la nouvelle faumure. Quelques jours après, elles fe trouvent bonnes à manger.

D'autres enfin, pour les préparer à la picholine, mettent leurs Olives dans une leffive faite avec une livre de chaux vive & fix livres de cendre de bois neuf, tamifée. Au bout de fix, huit, dix ou douze heures, & fuivant la force de la leffive, fi en coupant l'Olive avec un couteau; le noyau fe fépare de la chair, alors on les retire de la leffive, on les lave bien dans de l'eau fraîche, qu'on renouvelle toutes les vingt-quatre heures pendant neuf jours, & on les met dans une nouvelle faumure que nous allons décrire. Il

Il est bon d'avertir que depuis quelque temps on n'emploie plus de cendres, mais une simple lessive de bois neuf; & l'on prétend que les Olives en sont plus agréables au goût & moins mal-faisantes.

Ce qui suit convient à toutes les différentes préparations qu'on peut donner aux Olives.

Quand les Olives ont été adoucies, n'importe par quel moyen, il faut les pénétrer de saumure pour les rendre plus agréables au goût. Afin que la saumure pénetre plus promptement, les uns écachent un peu les Olives avec un petit maillet de bois, d'autres leur font des incisions avec un couteau; & enfin d'autres ne voulant rien précipiter, les laissent entieres: en cet état elles ont moins de goût, mais elles sont plus belles.

On arrange dans les jarres, lit par lit, les Olives entieres ou entaillées, avec du sel, des herbes aromatiques & des épices: on verse de l'eau par dessus; & si l'on a soin de placer les vases dans un lieu frais & sec, & d'entretenir toujours les Olives couvertes de saumure & les jarres exactement fermées, les Olives se conservent en bon état deux ou trois années: il se forme seulement par dessus une croûte qui sert à leur conservation, mais qu'il faut jetter quand on entame les jarres. Quelques-uns, pour éviter que cette croûte ne se forme, mettent un lit d'étouppes qui baigne dans la liqueur au dessus des Olives.

Nous avons dit que la véritable saison pour confire les Olives, est à la fin de Septembre ou au commencement d'Octobre, & qu'on choisit les plus grosses Olives, les plus belles & les plus saines. Mais nous devons ajouter qu'une précaution absolument nécessaire pour que les Olives conservent leur verdeur, est de les mettre dans l'eau aussi-tôt qu'elles sont cueillies; & que toutes les fois qu'on les change de liqueur, il faut, en les tirant de l'ancienne, les plonger sur le champ dans la nouvelle, sans quoi elles noirciroient, & perdroient beaucoup de leur mérite.

Je crois qu'en Espagne on mêle un peu de vinaigre avec la saumure.

Quelques Provençaux retirent au bout d'un temps leurs Olives de la saumure; ils ôtent proprement le noyau, comme

quand on veut les employer dans les ragoûts; ils mettent à
fa place une capre, & ils confervent ces Olives dans d'excellente huile.

On prépare auffi quelquefois des Olives affez mûres pour
être noires; en ce cas, on les met fécher dans un bâtiment
les fenêtres ouvertes, afin qu'elles foient expofées au vent.
Pendant qu'elles perdent une partie de leur humidité, on fait
un mélange de miel, d'huile d'Olive, de fel marin, de jus de
Citron, qu'on affaifonne avec du Poivre, du Geroffle, de la
Coriandre, de l'Anis, &c. & l'on verfe cette liqueur fur les
Olives, après les avoir mifes dans des vafes de verre, en forte
néanmoins que la liqueur furnage le fruit.

Les Provençaux fe fervent encore de la méthode fuivante
pour préparer des Olives deftinées à leur ufage particulier.
Ils écrafent les Olives, & les jettent dans de l'eau fraîche qu'ils
renouvellent au bout de vingt-quatre heures & encore au bout
de quarante-huit heures; & le troifieme jour ils les mettent dans
une forte faumure aromatifée. Ces Olives ne fe confervent
qu'un mois; mais elles font excellentes.

Enfin, dans l'hyver, quand les Olives font parfaitement
mûres & molles, on les mange fans aucune préparation en
les affaifonnant feulement avec du poivre, du fel & de l'huile.

L'huile eft fans contredit le revenu le plus certain qu'on
puiffe fe promettre des Oliviers; fa perfection dépend de la
nature du terrein, de l'efpece d'Olives qu'on exprime, & des
précautions qu'on prend pour la récolte & pour l'expreffion
des Olives.

On fe propofe deux objets quand on s'attache à la culture
des Oliviers: ou bien on veut faire de l'huile fine pour les fa-
lades & pour les autres ufages de la cuifine; ou bien on fe
contente de faire des huiles communes pour les favonneries,
ou de l'huile à brûler dans les lampes.

A l'égard du premier cas, il faut être dans une pofition favorable; car, comme nous l'avons dit, tous les terreins ne
font pas également propres à donner des huiles fines, & il
faut prendre avec attention toutes les précautions que nous
indiquerons. Quand, au contraire, on ne fe propofe que de
faire de l'huile pour les favonneries ou pour les lampes, il faut

alors tâcher d'obtenir une grande quantité d'huile, fans trop s'embarraffer de fa qualité : prévenus de ces différentes inten-tions, nous nous difpenferons de répéter à chaque moment que telle pratique convient pour les huiles deftinées à l'apprêt des alimens; & telle autre, pour celles qui font deftinées à brûler ou à entrer dans les fabriques de favon.

Nous avons déja dit que les Oliviers qu'on cultivoit dans un terrein graveleux, maigre & fec, donnoient moins de fruit que ceux qui étoient plantés dans une terre graffe & bien fu-mée : ceux-ci donnent beaucoup d'huile, mais d'une qualité inférieure.

La nature du terrein, où font plantés les Oliviers, n'eft pas la feule chofe qui influe fur la qualité de l'huile ; l'efpece des Olives y contribue beaucoup.

Il eft d'expérience que les petites Olives que l'on trouve fur les Oliviers fauvages, qui croiffent naturellement fur les montagnes, fourniffent de l'huile très-fine; mais ces Olives font rares, & elles rendent fi peu d'huile qu'elles ne méritent aucune attention.

On cultive en Provence fept à huit efpeces d'Oliviers; les uns, parce qu'ils donnent de très-gros fruit qu'on emploie pour confire, quoique leur chair foit moins délicate, & qu'elle ait moins de goût que la petite *Aglandou*, n°. 5 ; d'autres ef-peces font cultivées, parce que les arbres fourniffent une pro-digieufe quantité de fruits qui donnent beaucoup d'huile com-mune : mais les deux efpeces qui font généralement eftimées pour fournir l'huile fine aux environs d'Aix & de Marfeille, font l'*Aglandou* ou *Caïane* & la *Laurine*.

L'Aglandou, qui eft la plus eftimée pour l'huile fine, a le fruit fort petit & le noyau fort menu; elle eft prefque ronde ; la fuperficie du fruit eft unie: enfin elle a un goût plus amer que toutes les autres; ainfi elle tient de l'Olive fauvage: l'huile qu'elle rend a l'odeur & le goût du fruit, & fe conferve bien, pourvu qu'on ait eu foin d'apporter les précautions dont nous parlerons.

La Laurine eft un peu plus groffe que l'Aglandou; fon noyau eft affez gros par proportion au fruit; la furface du fruit eft inégale & comme relevée de boffes; ce fruit eft moins amer

que l'Aglandou; il fournit de bonne huile, & est singulierement estimé pour confire.

Il est encore fort important à la qualité de l'huile, de cueillir
les Olives dans leur parfaite maturité. Elles pourroient cependant achever de mûrir après avoir été cueillies; mais l'huile
en est d'autant plus mauvaise, qu'elles restent plus long-temps
en cet état. Le degré de maturité qu'il faut qu'elles aient acquis, varie suivant la qualité des Olives, & l'on connoît principalement leur parfaite maturité à la couleur de leur peau;
car les unes doivent être noires, d'autres d'un rouge foncé,
d'autres enfin doivent être jaunes; celles-ci font trop mûres
quand elles noircissent. L'usage seul peut apprendre ces détails;
mais en général les Olives ne parviennent point à cet état de
maturité avant la fin d'Octobre, & elles font toutes trop mûres à la mi-Décembre.

Dans cet intervalle on doit veiller soigneusement à saisir la
parfaite maturité des Olives; car, pour faire d'excellente huile,
il faudroit, aussi-tôt que les Olives font bonnes à cueillir, pouvoir les mettre sous la meule & au pressoir, ou, comme disent
les Provençaux, les *détritter*. Les Olives qui ne font pas mûres
laissent à l'huile une amertume insupportable, & ces huiles se
dépurent très-difficilement. Une partie de cette amertume se
passe cependant avec le temps, & contribue à la conservation de l'huile: mais les Olives trop mûres fournissent une
huile d'un goût piquant, quelquefois même de moisi, & elles
s'engraissent promptement.

Les Olives doivent être cueillies à la main: les femmes &
les enfans qui font occupés à cette cueillette, ont de petits
paniers avec des anses assez élevées pour pouvoir les passer dans
le bras, afin d'avoir les mains libres pour monter dans les arbres en cas de besoin. Quand les paniers font pleins, on les
vuide avec précaution dans des corbeilles, quand ce font des
Olives pour confire; & dans des sacs, si elles font destinées à
faire de l'huile: sur-tout on évite de les meurtrir, parce qu'on
n'est pas toujours maître de les porter au pressoir aussi-tôt
qu'on le desireroit.

Quand les arbres font très-hauts, on est quelquefois obligé
de laisser tomber les Olives sur des draps qu'on étend au-dessous;

mais la qualité de l'huile en eſt altérée, ſi l'on ne peut pas les exprimer promptement.

Enfin je crois qu'on les abat quelquefois avec des perches, quand on ne ſe propoſe que de faire des huiles communes; ou bien on les laiſſe tomber d'elles-mêmes, ce qui n'arrive cependant que quand elles ſont trop mûres pour faire de bonne huile.

Pour faire de l'huile fine, il ſeroit à deſirer qu'on pût piler & exprimer les Olives auſſi-tôt qu'elles ſont cueillies; mais comme chaque Particulier n'a pas un moulin, & que ſouvent dans un Village il n'y en a qu'un qui eſt commun à tous les habitans, moyennant un droit que le Propriétaire leve, on eſt alors obligé d'attendre ſon tour: en ce cas, on dépoſe les Olives dans les greniers; ſi ces greniers ſont aſſez vaſtes on n'entaſſe les Olives qu'à quatre pouces d'épaiſſeur; mais ſouvent, par la néceſſité du lieu, on eſt obligé de les mettre juſqu'à neuf pouces, & l'on a grand ſoin de les remuer tous les deux ou trois jours.

Quand les pluies & les gelées blanches obligent d'interrompre la cueillette des Olives, on peut employer les Ouvrieres à trier celles qui ſont dans le grenier; car il faut ôter les feuilles, les branches & toutes les immondices qui boiroient l'huile & la ſaliroient. On met auſſi à part les Olives pourries, de crainte d'altérer la qualité de l'huile. Il n'eſt pas douteux que quand on n'a en vue que la bonne qualité de l'huile, on doit l'exprimer auſſi-tôt que les fruits ſont cueillis, & prendre toutes ſortes de précautions pour que les Olives ne fermentent pas. Mais comme pluſieurs perſonnes préferent d'avoir une grande quantité d'huile plutôt que de l'avoir très-fine, ils laiſſent les Olives parvenir à une plus grande maturité, ils les conſervent quelque temps dans les greniers; & deux ou trois jours avant de les porter au preſſoir, ils les raſſemblent en tas dans la vue d'exciter encore la fermentation: c'eſt cette cupidité d'avoir une plus grande quantité d'huile, qui fait que la fine eſt toujours très-rare.

Ceux qui ne font de l'huile que pour les fabriques de ſavon, s'embarraſſent peu du mauvais goût qu'elle peut contracter, & ils ne prennent pas grandes précautions pour conſerver leurs

Olives : ils les entaffent alors à une grande épaiffeur, ils étendent par deffus une natte fur laquelle ils marchent pour les
preffer les unes contre les autres ; enfin ils les remuent de temps
en temps avec une pelle de bois, & ils les gardent fouvent
en cet état jufqu'à Pâques, remettant à les détritter après qu'ils
ont fatisfait à des travaux qui leur paroiffent plus preffés.

Comme les Olives ainfi confervées rendent beaucoup d'eau,
on a foin de bâtir les planchers des greniers en pente, afin
qu'elle s'égoutte : il eft d'expérience que la privation de
cette eau ne diminue point la quantité de l'huile.

La pente du plancher aboutit à une gouttiere fur laquelle
on met du farment, afin que l'humidité s'égoutte plus facilement.

Ceux qui fe propofent de retirer beaucoup d'huile de leurs
Olives, ne doivent point ignorer que les Olives qui ont perdu
une partie de leur eau, & celles qui ont fermenté, donnent
beaucoup d'huile ; mais auffi celles qui font trop defféchées, de
même que celles qui font pourries, en donnent confidérablement moins.

Quand on veut retirer l'huile des Olives, on les porte fous
une meule pofée de champ, & qui tourne dans une auge autour
d'un axe, de même que celle que l'on emploie pour faire le
cidre. Voyez la Planche du Preffoir à la fin de cet article.

La Figure 1 repréfente le plan à vue d'oifeau, des meules
avec lefquelles on écrafe les Olives ; la Fig. 2 en eft le profil,
& la Fig. 3 l'élévation en perfpective.

Ainfi *A* eft une meule horizontale, arrêtée dans une auge
ou maffif de maçonnerie, élevé de deux pieds au deffus du
terrein : ce maffif eft circulaire, & il a neuf pieds fix pouces de
diametre. Il eft couvert autour de la meule *A* avec des ma-
driers *B B*, fur lefquels on jette les Olives qu'on fait enfuite
gliffer avec une pelle fur la meule *A*, afin qu'elles foient écra-
fées par la meule verticale *C*, à mefure qu'elle tourne, au moyen
de l'axe *D E* & de l'arbre vertical *F* ; car le pivot *G* de l'arbre
vertical, qui eft de fer, tourne fur une crapaudine de fonte *H*,
fcellée dans la meule horizontale *A*.

Le maffif de maçonnerie qui reçoit la meule horizontale *A*,
eft en pente depuis le bord *I* jufqu'au centre de la meule ; de

forte qu'il a la figure d'un entonnoir extrêmement plat.

A force de faire tourner la meule verticale, les Olives &
les noyaux étant écrafés, forment une pâte dont on tire l'huile
comme nous allons l'expliquer.

La Figure 4 eſt le plan d'une niche de ſix pieds de largeur ſur quatre de profondeur, adoſſée au mur du moulin.
Le bas de cette niche, qui eſt en pierre de taille très-dure,
forme une cuvette qui a une petite pente de *A* en *B*, afin que
l'huile coule dans les ſeaux *CC* par les tuyaux *DD*, lorſque
l'on fait agir les vis de la preſſe.

A cinq pieds au deſſus du bord de la cuvette, eſt ſcellée
dans les pieds droits une forte poutre *FF*, percée de deux écrous
pour recevoir les vis *EE*, & fortifiée par des liens de fer *FF*:
cette poutre eſt encore aſſujettie dans ſon milieu par le mon-
tant *G*, & aux deux bouts par les montants *HH*, qui ſont
placés ſur les parois intérieures des pieds droits de la niche,
le long deſquels gliſſe le plateau *II*, quand on fait agir les
vis pour preſſer la pâte, qui eſt renfermée dans des ſcourtins *KK*.

Lorſque, par le moyen des meules *AC* (Fig. 1, 2, 3),
on a écrafé les Olives, & qu'elles ſont réduites en pâte, on
remplit de cette pâte les ſcourtins, qui ſont des eſpeces de
facs ou bourfes faites de joncs qu'on nomme *Aufe.* Ces ſcourtins ſont ronds ; ils ont deux pieds de diametre, & ſont formés
de deux plateaux couſus l'un à l'autre par les bords, en ſorte
que les deux enſemble font comme deux panneaux de ſoufflets
d'Orfevre. Le plateau ſupérieur eſt ouvert d'un trou rond qui
a neuf pouces de diametre : ces ſcourtins ſont tiſſus avec un
fil de jonc de la groſſeur d'un fil de carret, ou de ſix à ſept
lignes de circonférence.

On met dans la cuvette, aux places convenables, une douzaine de ces ſcourtins, remplis de pâte d'Olive ; on les poſe
les uns ſur les autres, comme on voit à la Figure 5 : alors,
en preſſant un peu avec les vis *EE*, on en fait ſortir la premiere huile ; c'eſt celle que l'on nomme *huile-vierge* ; elle eſt
beaucoup plus fine que celle qu'on extrait enſuite, & elle ſe
conſerve plus long-temps.

Quand on a exprimé l'huile-vierge, on continue de preſſer

beaucoup plus fort les fcourtins, en faifant mouvoir les vis avec des léviers de huit à neuf pieds de longueur, jufqu'à ce que la pâte ne rende plus rien : cette feconde huile eft encore fort bonne, & peut auffi être appellée *huile-vierge.*

Lorfque les fcourtins ne rendent plus rien, on les tire du preffoir : on remue le marc avec la main ; & quand la pâte contenue dans un fcourtin eft bien maniée, on le remet fur la cuvette du preffoir, & l'on arrofe le marc avec un feau d'eau bouillante : la pâte d'un autre fcourtin étant auffi maniée, on pofe le fecond fcourtin fur le premier ; & on l'arrofe auffi d'une pareille quantité d'eau bouillante. Quand tous les fcourtins font remis en place, on les preffe de nouveau, & il en découle beaucoup d'eau chargée d'huile. On verfe cette eau dans un baquet ou dans une cuve : on répete cette opération deux fois ; après quoi on jette le marc qu'on nomme alors *Grignon*, & qui ne peut plus fervir qu'à faire des mottes à brûler.

Quelques-uns cependant repaffent encore tout de fuite le marc fous les meules, où après l'avoir laiffé fermenter, & à force d'eau bouillante, ils en retirent une huile qui ne peut fervir qu'à brûler, ou à faire du favon : on appelle cette huile *Gorgon.*

L'huile qu'on a extraite avec l'eau bouillante, fe porte peu à peu à la fuperficie ; & quand, après quelque temps, elle eft féparée de l'eau, on la tranfvafe dans des jarres en la ramaffant avec une cuilliere de cuivre ou de fer blanc, peu creufe, & large comme un moyen plat.

Cette huile dépofe dans les jarres un peu d'eau & beaucoup de lie qui provient de quelques petites parties de la chair des Olives qui ont paffé avec l'eau au travers des mailles des fcourtins : vingt-quatre heures après, on tranfvafe cette même huile dans d'autres jarres, & on répete cette même opération plufieurs fois, en obfervant de laiffer, entre chacune, trois jours en premier lieu ; enfuite quatre ou cinq jours d'intervalle pour que l'huile foit bien dépurée de cette lie qui la gâteroit infailliblement.

Plufieurs perfonnes mêlent cette huile bien dépurée avec l'huile-vierge, & ce mêlange fe nomme encore bonne huile ; elle eft cependant bien inférieure à l'huile vierge, qu'on pourroit

nommer

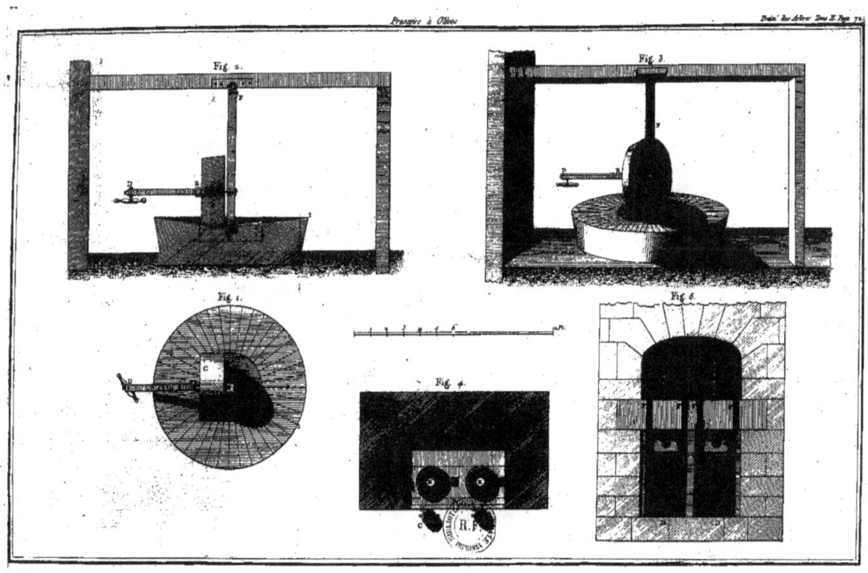

Fig. 2.

Fig. 3.

Fig. 1.

Fig. 4.

Fig. 6.

nommer excellente. Mais l'huile extraite avec l'eau bouillante toute feule, ne pourroit fervir qu'à faire du favon.

L'huile-vierge a befoin d'être foutirée trois jours après qu'elle eft fortie de deffous la preffe, & encore huit ou dix jours après: on répete cette même opération dans le mois de Mai; & même dans le mois de Septembre, fi l'on eft obligé de la conferver plus d'une année.

On doit prendre garde que l'huile ne gele jufqu'à ce qu'elle foit bien dépurée: car la lie qui refte mêlée avec l'huile congelée, lui caufe de l'altération; & un froid qui fait defcendre la liqueur du thermometre deux degrés au deffous du terme de la glace du thermometre de M. de Reaumur fuffit pour produire cette congélation dangereufe.

Nous avons dit qu'il falloit paffer plufieurs fois l'huile d'une jarre dans l'autre pour qu'elle foit bien dépurée; cependant comme les fréquents tranfvafements épaiffiffent & engraiffent l'huile, il ne faut pas les répéter fans néceffité.

Quand on eft affuré que l'huile eft bien dépurée, on n'a plus d'autres précautions à prendre pour la conferver, que celle de tenir les jarres dans un lieu frais & point trop humide: on ferme l'ouverture des jarres avec un couvercle de planches bien jointes, que l'on recouvre d'un linge en plufieurs doubles: on ne fe propofe pas en faifant cela d'empêcher le paffage de l'air; car on ne connoît pas de liquide qui perde moins par l'évaporation, que l'huile d'Olives.

Quelques perfonnes jettent dans chaque jarre une Pomme de Reinette piquée de clous de Gérofle; d'autres frottent l'intérieur des jarres avec un linge imbibé de fort vinaigre; mais des gens expérimentés regardent ces précautions comme abfolument inutiles.

L'huile fine eft uniquement déftinée pour les alimens ou pour les préparations médicinales.

L'huile d'Olives entre dans quantité de baumes, d'onguents, d'emplâtres & de liniments adouciffants & relâchants. On la fubftitue à celle d'Amandes douces, & on l'emploie avec quelque firop pour calmer la toux & les douleurs de colique: dans les grandes conftipations, on la fait prendre en lavements. Cette huile ne vaut rien pour la Peinture, parce qu'elle ne feche jamais parfaitement.

Les huiles communes fervent, comme nous l'avons dit ; pour brûler, & pour faire le favon : nous allons détailler le procédé de cette fabrique à la fuite de cet article.

Le bois des gros Oliviers eft d'une dureté fort inégale : mais il eft très-bien veiné, & il prend un beau poli ; c'eft ce qui le fait rechercher par les Ebéniftes & les Tablettiers. On pourroit auffi en faire des ouvrages de Menuiferie ; mais comme les couches ligneufes font fi peu adhérentes les unes aux autres, qu'elles femblent n'être que collées par une fubftance réfineufe, ou que du moins elles fe féparent quelquefois comme fi elles l'étoient, on ne peut faire de bons affemblages avec ce bois.

De ce que le bois d'Olivier eft très-chargé de réfine, il s'enfuit qu'il eft fort bon à brûler. Après les defordres du grand hyver de 1709, on s'eft long-temps chauffé en Provence du bois de ces arbres, que la gelée avoit fait périr. Ce malheur a donné occafion de remarquer que cet arbre pouffe quantité de racines ; & qu'elles fubfiftent en terre pendant des fiecles entiers : en 1709 on a tiré plus de bois de ces racines que des tiges & des branches des arbres ; & plufieurs Particuliers en vendirent alors pour plus que ne valoit leur fond.

DU SAVON.

Comme les fels alkalis font abfolument néceffaires pour faire le favon, nous eftimons qu'il eft à propos, avant que d'entrer dans aucun détail fur cette fabrique, de commencer par dire quelque chofe de la façon d'extraire ces fels.

On ne doit diftinguer en général que deux efpeces de fels alkalis : 1°. Celui qui eft de la nature du fel de tartre ; & dans cette claffe font compris le fel de Tartre, la Cendre gravelée, la Potaffe & prefque tous les fels lixiviels qu'on retire des plantes. 2°. Celui qui eft de la nature de la bafe du fel marin ; & dans cette claffe font compris le *Natrum*, le Bórax, le fel de Soude.

Ces deux efpeces de fels alkalis different l'un de l'autre en ce que ceux qui font de la nature du fel de Tartre, attirent l'humidité de l'air, & tombent en *deliquium* ; ils ne fe cryftallifent qu'imparfaitement ; ils font avec l'acide du Nitre, un vrai Salpêtre qui se crystallise en aiguilles ; avec l'acide du Vitriol, un Tartre vitriolé ; avec l'acide du sel marin, un sel que l'on appelle le *digestif de Sylvius*, un peu différent du sel marin par la forme de ses crystaux ; enfin ces sels alkalis sont très-souvent alliés de Tartre vitriolé. Les sels alkalis qui sont de la nature de la base du sel marin, se crystallisent en gros crystaux assez semblables au sel de Glauber ; ils ne tombent point en *deliquium* exposés à l'air ; au contraire, quand l'air est sec, ils se réduisent en farine : ils font avec l'acide nitreux, un salpêtre qui se crystallise en cubes ; avec l'acide vitriolique, du sel de Glauber ; avec l'acide du sel marin, un vrai sel marin : ces sels sont ordinairement alliés de sel marin.

Voilà des indices suffisants pour distinguer ces deux especes de sels, & il est bon de ne pas les confondre : car avec les sels alkalis qui sont de la nature de la base du sel marin, on peut faire du savon fort sec ; mais avec ceux qui sont de la nature du sel de Tartre, on ne peut faire que du savon liquide, ou peu solide.

Les plantes qui fournissent le sel alkali qu'on nomme *Soude*, & qui est de la nature de la base du sel marin, sont le Kali & quelques autres plantes maritimes. Les plantes marines connues sous le nom de *Varech*, fournissent aussi une espece de Soude d'une qualité médiocre, & qui est fort alliée de sel marin. Les plantes éloignées de la mer, & tous les bois, fournissent plus ou moins de sel de la nature du sel de Tartre ; & ces sels sont connus sous le nom général de *Potasse*. Le sel de Tartre se retire du Tartre brûlé ; & la Cendre gravelée, des lies de vin desséchées, brûlées & calcinées : c'est ce que nous allons encore expliquer plus en détail.

DU SEL DE TARTRE.

On trouve sur les parois intérieures des cuves, des tonnes ou des tonneaux, une croûte saline qui s'y forme, quelquefois de l'épaisseur d'un demi-pouce : on la ramasse, & l'on met ce sel, que l'on appelle *Tartre crud*, dans de grands sacs de papier gris, qu'on a soin de lier avec une ficelle. On arrange ces sacs dans un fourneau *AB* (*Fig.* 1. *de la Planche des Fourneaux à la fin de cet article,*)

pêle-mêle avec du charbon , & fur un lit de farment qu'on a
auparavant préparé fur la grille ; on met le feu au farment , qui
allume le charbon ; le Tartre brûle & fe calcine. Quand le feu eft
éteint, on trouve fur la grille des maffes falines qu'on fait fondre
dans l'eau ; on filtre la leffive par le papier gris ; on l'évapore à
grand feu & jufqu'à ficcité , dans des marmites de fer ; & l'on
trouve au fond le fel de Tartre , qu'il faut conferver dans des bouteilles bien bouchées, fi on ne veut pas qu'il tombe en liqueur.

Des Cendres gravelées.

Les Vinaigriers achetent les lies de vin ; ils les mettent dans
des facs de toile , où une partie de ce qui y refte de vin s'é-
goutte ; ils mettent enfuite ces facs fous des preffes pour achever de retirer tout le vin qui eft contenu dans les lies : ce vin
eft meilleur que tout autre pour faire de bon vinaigre. Le marc
qui refte dans les facs après ces opérations, n'eft plus qu'une
lie feche & affez dure pour fe tenir en mottes comme des gazons. On laiffe fécher ces mottes pendant quelque temps , &
enfuite on les brûle dans un fourneau, comme nous venons
de dire que l'on brûloit le Tartre ; alors ce qui refte dans le fourneau fe nomme *Cendres gravelées* : ces Cendres contiennent
une affez grande quantité de fel de Tartre , mêlé de beaucoup
de parties terreufes, dont la lie du vin fe trouve plus chargée
que le Tartre crud.
　Si on leffive enfuite ces cendres, on en retirera, par l'évaporation, un fel femblable à celui qu'on retire du Tartre crud.

De la Potasse.

Voici comme on fait la Potaffe aux environs de Sar-Louis,
dans les grandes forêts qui s'étendent depuis la Mofelle jufqu'au Rhin. (*V. Hift. de l'Académie*, page 34 , *année* 1727.)
　On choifit de gros & de vieux arbres ; le Hêtre eft le meilleur. On les coupe en tronçons de dix ou douze pieces de
long ; on les arrange l'un fur l'autre, & l'on y met le feu. On
en ramaffe les cendres ; dont on fait une leffive très-forte. On
prend enfuite des morceaux pourris & fpongieux du même

bois, que l'on fait tremper dans la leſſive, & on ne les en retire que lorſqu'ils ſont bien imbibés de cette leſſive; enſuite on y en remet d'autres juſqu'à ce que toute la leſſive ſoit épuiſée & enlevée.

On pratique en terre une foſſe de trois pieds en quarré, ſur l'ouverture de laquelle on poſe quelques barres de fer en forme de gril, pour ſoutenir des morceaux de bois bien ſec, par deſſus leſquels on arrange les pieces de Hêtre qui ont été imbibées de leſſive. On met le feu au bois ſec; & lorſque le tout eſt bien allumé, on voit tomber dans le trou une pluie de Potaſſe fondue: on a ſoin de remettre de nouveau bois imbibé de leſſive, à meſure que les premiers ſe conſument, & juſqu'à ce que la foſſe ſoit remplie de Potaſſe. Lorſqu'elle eſt pleine, & avant que la Potaſſe ſoit refroidie, on en nettoie la ſuperficie le mieux qu'il eſt poſſible, en l'écumant avec un rateau de fer. Il y reſte cependant encore beaucoup de charbon & d'autres impuretés; ce qui fait qu'on ne ſe ſert de cette Potaſſe que pour le ſavon gras. Dès que cette matiere eſt refroidie, elle forme un ſeul pain que l'on briſe pour l'enfermer, ſans perte de temps, dans des tonneaux, de peur que l'air ne l'humecte; car elle eſt fort avide d'humidité. On appelle cette potaſſe *Potaſſe en terre*.

On fait une autre ſorte de Potaſſe plus pure & qui eſt meilleure. On en commence le procédé comme l'autre; enſuite la forte leſſive de cendres étant faite, on repaſſe de l'eau deux ou trois fois, juſqu'à ce qu'on ne ſente plus l'eau graſſe ſous les doigts. On met alors ces leſſives dans une chaudiere de fer de la capacité d'un demi-muid, & montée ſur un fourneau: on les fait bouillir; & à meſure que l'évaporation ſe fait, on y remet de nouvelle leſſive, juſqu'à ce qu'on la voie s'épaiſſir conſidérablement, & monter en forme de mouſſe. Alors on diminue le feu par degrés; après quoi on trouve au fond de la chaudiere un ſel très-dur que l'on caſſe en morceaux à l'aide d'un ciſeau ou d'un maillet. On porte enſuite ce ſel dans un fourneau diſpoſé de maniere que la flamme du feu qu'on fait des deux côtés, ſe répande dans une eſpece d'arche qui eſt au milieu, & aille calciner la Potaſſe. On juge qu'elle eſt ſuffiſamment calcinée, quand elle paroît bien blanche. Elle

.conferve cependant toujours un peu de la couleur qu'elle avoit
avant la calcination ; cela vient , à ce que difent les Ouvriers ,
des bois qu'on y emploie. Ils ont remarqué que les arbres ,
qui font au haut des montagnes, font la Potaffe d'un bleu pâle ;
que ceux qui font dans les endroits marécageux, la font rouge
& en donnent une moindre quantité ; & que les autres la font
blanche, mais qu'ils n'en donnent pas tant que ceux du haut
des montagnes. Après le Hêtre, il n'y a guere que le Charme
qui foit propre à cette opération ; les autres efpeces d'arbres
récompenferoient à peine le travail. La Potaffe calcinée s'appelle *Potaffe en chauderon* , ou *Salin.*

Toutes fortes de bois fourniffent du fel alkali ; ainfi il n'y
en a aucun qui ne foit propre à faire de la Potaffe. Tout l'art
confifte à brûler le bois, à calciner & leffiver les cendres,
& à évaporer le fel d'une façon peu embarraffante & expéditive.
Le fourneau dont nous allons donner la defcription paroît propre à remplir toutes ces vues.

La feconde Figure de la Planche des Fourneaux repréfente le
devant du fourneau fur les proportions à peu près de fix lignes
pour pied. *A* eft la porte d'un grand cendrier : *B* eft la porte de la
fournaife , qui répond fous une premiere voûte , où l'on met le
bois qu'on veut brûler : *C* eft la porte de la voûte à calciner : *D* eft
une ouverture pratiquée au plus haut du fourneau, par laquelle
la fumée doit s'échapper : *E* eft une chaudiere pour l'évaporation des leffives.

La troifieme Figure repréfente la coupe tranfverfale de ce même fourneau : *F* eft le grand cendrier : *G* , barreaux de fer qui
fupportent le bois qu'on veut brûler : *H* , premiere voûte fous laquelle on brûle le bois : *I* , feconde voûte fous laquelle on met
les cendres ou le fel qu'on veut calciner : *K* , partie de la cuve à
évaporer la leffive qui eft dans le fourneau : *L* , partie qui excede le fourneau.

La Figure 4 repréfente la coupe longitudinale du même fourneau : *A* , porte du cendrier : *F* , capacité du cendrier : *G* , grille
de fer qui porte le bois : *B* , porte de la fournaife : *H* , fournaife
où l'on brûle le bois : *M* , épaiffeur de la premiere voûte qui
ne doit pas s'étendre jufqu'au fond du fourneau ; mais qui doit
laiffer en *N* un pied ou environ de diftance, afin que la flamme

& la fumée passent dans le réverbere qui est au-dessus : *C*, porte du réverbere : *I*, capacité du réverbere, où l'on met les cendres ou le sel qu'on veut calciner : *D*, ouverture par où doit s'échapper la fumée : on peut y pratiquer un tuyau de cheminée, tel que celui qui est représenté dans la même Figure par des lignes ponctuées *D Q* : *L K*, chaudieres qui doivent servir à évaporer la lessive. *P* ouverture que l'on ferme exactement quand on veut chauffer les chaudieres ou calciner les matieres qui sont dans le réverbere ; mais aussi que l'on peut ouvrir quand on veut diminuer en cet endroit l'action du feu.

Quand le feu est bien allumé dans la fournaise *H*, on ferme exactement les ouvertures *P C B* ; alors l'air qui entre par l'ouverture *A*, animant le feu de la fournaise, est contraint de passer avec la flamme & la fumée par l'ouverture *N*, & de suivre toute la longueur du réverbere *I* pour s'échapper par l'ouverture *D*, ce qui produit une très-grande chaleur dans le réverbere.

Quand il s'est amassé une suffisante quantité de cendres dans la capacité *F*, on en met par l'ouverture *C* dans le réverbere *I*, où l'on a soin de les remuer de temps en temps avec un rouable de fer ; ces cendres y reçoivent le degré de calcination nécessaire pour donner tout leur sel ; on retire ensuite ces cendres pour en mettre de nouvelles.

On transporte les cendres calcinées dans un cuvier, & l'on y met, d'espace en espace, des lits de fascines, afin que l'eau les penetre mieux : on verse de l'eau bouillante sur ces cendres, que l'on coule dans une chaudiere, sous laquelle on entretient du feu, comme on fait pour les lessives ordinaires.

Quand la lessive est bien chargée de sel, on peut la mettre évaporer dans les chaudieres. Pour calciner le sel qui sort des chaudieres, il faut avoir un petit four semblable à celui que nous venons de décrire dans l'article du sel de Tartre ; & l'on prendra garde de ne point pousser trop fort la calcination, de peur de vitrifier le sel, qui deviendroit alors inutile pour la fabrique du savon.

Si les cendres qui sortent du réverbere *I* ne paroissent pas assez chargées de sel, on peut les mettre avec de l'eau dans un bassin de ciment, & jetter sur cette boue des buches de bois pourri : après les y avoir laiffées tremper pendant quelque temps, on les brûle dans la fournaife *H*, & elles fourniffent des cendres plus chargées de fel que les premieres.

Il eft bon de remarquer que quand l'eau qu'on paffe fur le cuvier chargé de cendres, n'eft plus affez falée pour être évaporée dans les cuves *L*, on peut cependant conferver ces foibles leffives pour les paffer enfuite fur de nouvelles cendres.

Il eft encore bon d'obferver que fi une fabrique de Savon étoit dans le même lieu que celle de la Potaffe, il feroit inutile d'évaporer les fels jufqu'à ficcité, parce qu'on pourroit tout de fuite mettre les leffives dans les chaudieres de la favonnerie.

De la Soude de Varech.

Le fourneau propre à faire cette Soude, eft fimplement une foffe pratiquée dans la terre en forme de pyramide ou de cône tronqué & renverfé. On pave le fond de cette foffe avec de la pierre ou de la brique, & l'on en maçonne les parois, afin d'empêcher l'éboulement des terres. La forme pyramidale ou cônoïde, que l'on donne à cette foffe, eft néceffaire pour pouvoir remuer facilement la Soude, & la retirer plus aifément. Ces foffes font de grandeur à pouvoir contenir depuis deux cens jufqu'à cinq cens pefant de Soude ; & elles font plus ou moins larges & profondes, fuivant les dimenfions qu'on veut donner à la maffe de Soude, qu'on retire toute entiere avec des léviers, lorfqu'elle eft refroidie, pour la mettre en magafin.

On conftruit plufieurs de ces fourneaux les uns auprès des autres pour épargner le trop grand nombre d'Ouvriers, & auffi afin que ceux que l'on employe à ce travail, puiffent vaquer en même temps à plufieurs fourneaux.

On fait encore quelquefois de pareils fourneaux dans le roc, lorfqu'il fe trouve être de pierre tendre & facile à tailler. On en voit de cette efpece aux Ifles de Chanfey, à trois lieues de Granville. Toute la maffe de ces Ifles eft formée de différentes efpeces de granit, dans plufieurs defquels on peut tailler de pareils baffins.

Pour préparer le Varech, on le coupe avec des faucilles ;

& pour

Traité des Arts Tome II.Pag.94.
Fourneaux pour les sels que l'on employe à la fabrique du Savon.
Fig.1.
Fig.3.
Fig.2.
Fig.4.

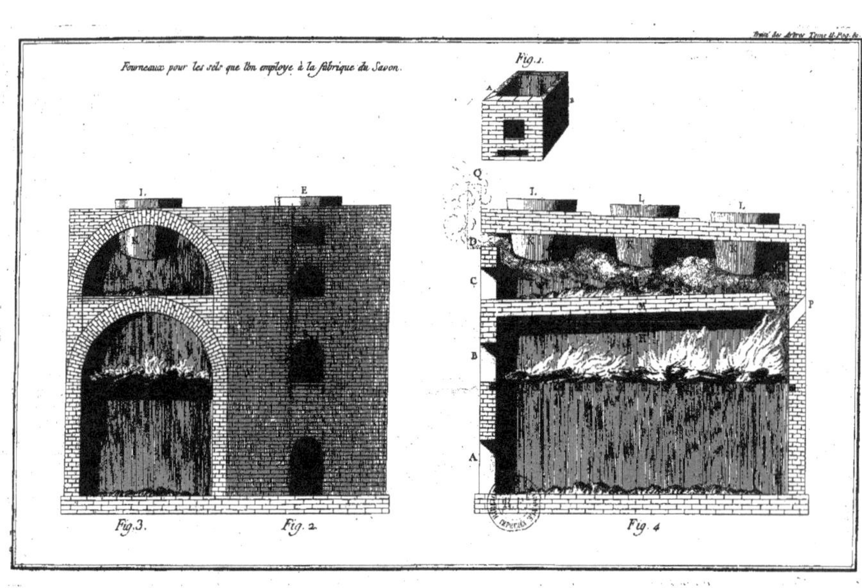

& pour le faire fécher, on l'étend fur des rochers que la mer ne couvre point, ou dans des places nettes. On le travaille comme le foin, en le mettant tous les foirs en petit tas; & lorfqu'il eft fec, on le met en mulons pour le laiffer échauffer, ou, comme difent les Ouvriers, pour le faire reffuer, jufqu'à ce qu'une efpece d'humidité mucilagineufe paroiffe fur la fuperficie de cette herbe, & que de très-caffante qu'elle étoit, elle foit devenue flexible, mais cependant feche au point de pouvoir brûler aifément.

Toutes les efpeces de *Fucus* font bonnes, mais les *Fucus* veficulaires donnent plus de Soude, & par cette raifon ils font préférés.

On brûle le Varech en mettant une couche de paille ou d'autre matiere très-combuftible au fond du fourneau, & par deffus une couche de Varech bien fec; on y met le feu; & lorfqu'il commence à pénétrer cette premiere couche, on y jette peu à peu, avec une fourche, d'autre Varech préparé: l'on continue ainfi jufqu'à la fin de l'opération, en obfervant de ne jamais laiffer percer la flamme au dehors, afin que la réverbération ne foit pas interrompue: on empêche la flamme de pénétrer en couvrant promptement avec du Varech les endroits où elle commence à paroître.

Lorfque la foffe eft remplie de Soude fondue & bien cuite, on ôte promptement avec un rateau le charbon & la cendre qui nagent fur la matiere; & auffi-tôt que cette écume eft enlevée, plufieurs Ouvriers armés de perches de fix à fept pieds de longueur, remuent fortement cette Soude, & l'agitent avec vivacité, afin de lui faire prendre corps, & de la bien affimiler; autrement cette Soude, dépouillée de cette écume & expofée à l'action de l'air, éprouveroit une forte ébullition, qui la rendroit grumeleufe, & l'on rifqueroit encore d'en perdre une grande partie.

On reconnoît que la Soude eft bien cuite, lorfqu'elle eft fondue également, & que cette matiere reffemble au verre fondu des Verreries.

Lorfque cette Soude eft bien faite, elle doit être d'un brun clair, tranfparent, & caffante à peu près comme du gros verre.

On ne fait point de Soude fur la côte de Granville; tout le Varech y eft employé à engraiffer les terres.

Le temps propre à faire les Soudes, eft depuis le premier

d'Avril jusqu'au premier d'Octobre. Comme les pluies sont contraires à cette opération, il faut choisir un temps sec pour y travailler.

On fait une grande quantité de Soude de Varech du côté de Cherbourg ; elle ne peut être que de très-mauvaise qualité, puisqu'on y emploie pêle-mêle le Varech détaché & roulé au plein de la mer, avec toutes les matieres qui s'y attachent, fange, sable, &c. elles ne s'en peuvent détacher à cause de la viscosité glutineuse dont cette plante est enduite ; & encore ne se donne-t-on pas la peine de préparer ce Varech comme il conviendroit : c'est probablement cela qui a donné lieu à Pomet de décrier cette Soude dans son Histoire des Drogues.

Les dimensions du fourneau ne font point fixes ; on en fait de plus ou moins grands, suivant la quantité de Varech qu'on veut brûler. Dans un fourneau qui pourroit contenir deux cens livres de Soude, on entretient le feu douze heures au moins, & à proportion dans les plus grands ; car on doit continuer le feu jusqu'à ce que le fourneau soit rempli de cendres.

DE LA SOUDE D'ALICANTE.

La meilleure Soude vient d'Alicante : elle se fait avec différentes especes de plantes, la plupart du genre des Kali, qui croissent naturellement au bord de la mer, ou que les habitants cultivent pour en avoir plus abondamment. On fait sécher ce Kali, & on le fait brûler dans des fourneaux à peu près semblables à ceux qui servent pour le Varech. Les cendres se calcinent de la même façon, & elles entrent dans une sorte de fusion, de maniere que la Soude étant refroidie, devient fort dure, & que l'on est obligé de la rompre à coups de masse pour la mettre en balle. On ne craint point que cette Soude se fonde, parce que ce sel n'attire point l'humidité de l'air.

La meilleure Soude est celle qui se met en pierre dure & sonnante, de couleur grise, tirant sur le bleu, parsemée de petits trous : celle de Carthagene est plus noire & moins estimée.

Quand on mouille avec de la salive un morceau de bonne Soude, on doit sentir une odeur de violette mêlée de volatil urineux.

MANIERE DE FAIRE LE SAVON.

On peut faire du Savon avec toutes fortes d'huiles, même avec des graiffes ; car le Savon n'eft autre chofe qu'une union d'un fel alkali avec un corps huileux ou graiffeux, tel qu'il puiffe être. Mais de même que les différents fels alkalis font différentes efpeces de favon, les huiles & les graiffes fourniffent auffi des Savons de différente qualité.

L'huile d'Olive eft fans contredit préférable à toutes les autres pour faire de bon Savon ; & c'eft avec l'huile de cette efpece & la Soude d'Alicante qu'on fait à Marfeille le Savon blanc & le Savon marbré.

On fabrique en Flandre des Savons affez paffablement bons, avec les huiles de Chenevis, de Navette, de *Colza*, &c.

Enfin on peut faire auffi du Savon avec des graiffes & de l'huile de poiffon : celui qu'on fait avec cette huile, blanchit bien le linge ; mais il lui donne une mauvaife odeur, qu'on ne peut diffiper qu'en étendant le linge blanchi fur le pré, comme on fait la toile écrue ; moyennant cette précaution, le linge eft parfaitement blanc, & perd prefque toute fa mauvaife odeur.

Comme la fabrique du Savon eft la même, quelque huile qu'on y emploie, il fuffira de détailler la maniere de le faire avec de bonne huile d'Olive.

La Soude d'Alicante, la chaux vive & l'huile d'Olive font les ingrédients qui fervent à faire le meilleur Savon.

On fait piler la Soude, non en poudre fine, mais groffierement, comme de très-gros fable : on la pile dans les favonneries avec des maillets de bois armés de fer, fur une efpece de pierre de grès, de la même maniere que l'on bat le ciment.

D'une autre part, fur une plate-forme bien nette, on éteint, ou, comme on dit, on *fraife* la chaux vive : pour cela on arrofe cette chaux en la remuant continuéllement avec une pelle, à mefure qu'une autre perfonne jette de l'eau deffus ; il faut bien prendre garde de noyer cette chaux & d'en faire du mortier : il faut, quand elle eft bien fraifée, qu'on en puiffe faire une pelotte dans la main, fans qu'elle s'y attache. Quand la chaux eft dans cet état, on en prend trois mefures, & deux

mefures de Soude pilée; on mêle bien le tout fur la plate-
forme avec des pelles. Il faut avoir un ou plufieurs bons cuviers ou baquets pofés fur des chantiers, à une telle hauteur
qu'on puiffe mettre deffous d'autres cuviers ou *tines* pour recevoir la leffive qui s'écoulera; on fait au bas des cuviers en
chantier, des trous pour y mettre des *vertots* ou robinets de
bois fermans avec leur bouchon, pour pouvoir les fermer ou
les ouvrir au befoin: on a foin de garnir le tour de ce trou
de tuiles & de quelques poignées de paille; il eft bon encore
de mettre un peu de tuileaux au fond pour donner lieu à la
leffive de s'écouler par deffous. Cela fait, on charge ces cuves de
la matiere jufqu'au haut; on l'enfonce legérement pardeffus avec
une truelle, en preffant également pour former une efpece de
terraffe ferme, & l'on obferve de laiffer trois pouces environ de
rebord à vuide aux cuves: on met enfuite quelques tuileaux
fur cette terraffe pour empêcher que l'eau qu'on doit verfer
par deffus ne faffe des trous à cette fuperficie, ce qui nuiroit
à l'opération: puis on verfe doucement de l'eau froide par
deffus cette cuve; & quand on voit que cette eau eft imbi-
bée dans la matiere, on en verfe d'autre fucceffivement,
mais peu à peu, & à diverfes reprifes, en obfervant toujours
de ne la répandre que fur les tuiles. Au bout de cinq ou fix
heures, on ouvre le bouchon du vertot pour laiffer écouler la
leffive; après quoi l'on répand de nouveau de l'eau froide par
deffus, comme auparavant; & au bout de quelques heures,
on laiffe encore écouler la leffive: tant que cette leffive peut
foutenir un œuf au quart de la hauteur de fa coquille, on la
conferve à part; car c'eft alors une leffive forte qui eft la plus
précieufe: en place d'un œuf, on peut employer pour cette
épreuve une petite boule d'ambre. Il n'eft pas aifé de déterminer la quantité qu'on peut tirer de cette premiere leffive; il
n'y a que l'ufage & la pratique qui puiffent l'apprendre. Il y
a des Fabriquants qui mettent à part la feconde leffive qui a
pu foutenir l'œuf ou la boule dans fon milieu. On peut fe
contenter de faire deux fortes de leffives, une forte & une autre foible. De cette foible leffive on en tire tant qu'on veut;
car il faut, pendant plus d'une femaine au moins, verfer de
l'eau fur les cuviers, ayant que toute la falure foit entraînée,

On a grand foin de ne point laiffer éventer les leffives; & pour les bien conferver, on a, dans chaque fabrique de Savon, des cîternes enduites de ciment, exactement fermées avec de bonnes trappes: ces leffives, mais fur-tout la premiere, font auffi précieufes pour le Fabriquant que le Savon même. Quand on a une fuffifante quantité de leffives prêtes, on procede à la cuite.

Dans les grandes fabriques on voit de très-grandes chaudieres, dans lefquelles on peut cuire jufqu'à deux milliers de Savon: on peut proportionner la capacité de ces chaudieres à la quantité de Savon qu'on veut faire à la fois.

Les meilleures chaudieres font celles dont le fond eft de tôle de Suéde. Ces feuilles de tôle font clouées & travaillées de maniere qu'elles forment une portion de fphere, qui n'a cependant qu'un demi-pied, ou tout au plus dix pouces de profondeur depuis fon centre jufqu'à fes bords, fur un fond de quatre ou cinq pieds de diametre. Les bords des chaudieres font un peu rabattus en bourrelet: on enchaffe ce fond de tôle fur un bon foyer de tuileau, bien lié avec un ciment de tuiles pilées & de chaux, en forte que le fond porte d'un bon demi-pied par fon bord, qui eft tout plat, fur les murs du foyer, où il eft *à bouin* de bon ciment, pour me fervir d'un terme de maçonnerie. On éleve fur ce rebord les côtés de la cuve, qui ont environ un bon demi-pied d'épaiffeur; ainfi les côtés de la cuve font élevés fur la fondation du foyer, & faits avec du ciment & de la brique. On conçoit qu'une pareille chaudiere ne peut chauffer que par fon fond, & que les côtés ne font qu'une muraille de tuile & de ciment; il faut néanmoins que cette muraille, & que le fond de tôle, qui y eft attaché, foient exactement bien travaillés, afin que la leffive & l'huile qu'on mettra dedans, ne puiffe tranfpirer & fe perdre: on donne quatre ou cinq pieds de hauteur à cette chaudiere de ciment; on la fait même quelquefois un peu plus large vers fon milieu que dans le haut: les chaudieres des favonneries de Rouen font toutes conftruites de cette façon; & l'on y peut faire, dans l'efpace de deux jours, environ deux milliers de Savon, fuivant qu'elles font plus ou moins grandes. Je ne me reffouviens pas fi, à Marfeille, les chaudieres à cuire le Savon font bâties de cette façon, ou fi elles font de cuivre comme celles des Braſſeurs ou des Teinturiers: elles coûteroient plus cher à la vérité; mais auſſi on y conſumeroit moins de bois.

Lors donc qu'un Fabriquant eſt équipé de chaudieres convenables, & proportionnées au travail qu'il veut faire, on y verſe de l'huile; celle qui eſt graſſe eſt préférable. Sur deux cens livres d'huile, on jette quatre ou cinq ſeaux de la plus foible leſſive que l'on aura; par exemple, de celle qui ne pourroit pas ſoutenir un œuf même entre deux eaux: c'eſt pour cela qu'il ſeroit bon de faire de trois ſortes de leſſives, de maniere que de la troiſieme ſorte on en tirât tant qu'on voudroit; car c'eſt de cette troiſieme que l'on prend pour mettre d'abord avec l'huile, afin de la nourrir peu à peu, & ne la pas ſurprendre. On fait enſuite un bon feu ſous la chaudiere pour faire bouillir la matiere qui y eſt contenue : il eſt bon que la chaudiere reſte vuide d'un bon tiers, parce que la matiere s'éleve lorſqu'elle commence à s'échauffer; & à meſure que l'huile ſe cuit avec la leſſive, elle exhale une fumée épaiſſe qui eſt l'humidité de la leſſive, pendant que ſon ſel ſe lie & s'unit avec l'huile; c'eſt pourquoi il faut de temps en temps y jetter quelques ſeaux de leſſive. Quand cette matiere a bouilli quelques heures, elle devient liée, blanche, & ſemblable au diapalme diſſous, ou à la pâte de Guimauve: pendant tout le temps de cette cuiſſon, on a bien ſoin d'entretenir ſous les chaudieres, un feu qui la faſſe bouillir ſans ceſſe; & pendant cinq ou ſix heures, on verſe de temps à autre de cette petite leſſive dans les chaudieres, & enſuite, durant quatre ou cinq heures, quelques ſeaux de la ſeconde qui eſt plus forte : en un mot on fait entrer le plus qu'on peut de leſſives, de celles cependant qui ſont plus foibles que la premiere, parce que l'on réſerve celle-ci pour la fin de l'opération. Quand le Savon eſt bien lié, & qu'il ſe trouve cuit juſqu'à la conſiſtance d'une forte bouillie, on y jette promptement deux ou trois ſeaux de la premiere leſſive, c'eſt-à-dire la plus forte; on continue d'entretenir un bon feu: l'on prend de temps en temps avec une eſpatule un peu de la matiere; on la poſe ſur un morceau de verre pour voir ſi elle ſe caille, & ſi elle laiſſe partager ſa leſſive : ſi la matiere ne ſe coagule pas vîte, & que l'eſpatule qu'on plonge dans la matiere ne fe dépouille pas net, ou que cette matiere étant mife fur le verre, elle ne s'en fépare pas comme du lait caillé, on y jette encore quelques feaux de forte leffive; au bout de quelque temps, on voit le Savon fe détacher net de deffus le verre; on ceffe alors le feu, & le Savon fe fépare de la leffive qui fe précipite au fond de la chaudiere. On laiffe refroidir un peu cette matiere; on la tire enfuite des chaudieres avec une cuilliere de fer percée; on la met dans des feaux, & on la porte dans de grandes & fortes caiffes faites de planches ajuftées dans des membrures affermies par des clefs de bois: ces caiffes font enfuite portées fur de fortes plate-formes, de maniere que la leffive qui s'en écoule encore, puiffe être recueillie dans un réfervoir: les Savonniers nomment ces grandes caiffes des *mifes*; ils y placent fouvent une cuite entiere de Savon, qui eft ordinairement de deux milliers pefant: on peut cependant, fi l'on veut, mettre cette matiere dans de plus petits quarrés de bois. Au bout de deux ou trois jours, quand le favon eft durci & la leffive écoulée, on défait les clefs qui tiennent les planches de la *mife*, & l'on coupe le Savon par tables de trois à quatre pouces d'épaiffeur, avec un fil de laiton, de même que l'on coupe le beurre dans les marchés; enfin on acheve d'en faire des tables telles qu'on les voit dans les caiffes de Savon chez les Epiciers. Avant d'encaiffer ces tables, on les pofe fur un plancher par la tranche pour les y laiffer effuyer pendant quelques jours, & les affermir au point de pouvoir être encaiffées. L'hyver eft le temps le plus propre pour travailler au Savon.

Nota. A l'égard des leffives; il eft bon d'avoir toujours en réferve plufieurs cuves chargées du mélange de foude & de chaux, qui filtre continuellement, & qui puiffe fournir des leffives fans interruption. Les cuves qui ne donnent plus de bonnes leffives, peuvent alors fervir à recevoir celles qui reftent au fond de la chaudiere quand le Savon eft cuit, ou celles qui s'écoulent des leffives graffes: ces leffives mifes & purifiées fur l'écouloir ou cuve inutile, peuvent encore fervir à faire du Savon, finon on peut les vendre aux Blanchiffeufes & aux Lavandieres.

Une autre obfervation à faire fur le Savon; c'eft que les bons

Fabriquants font pratiquer au bas de leur chaudiere un gros tuyau de fer, dans lequel passe une broche de fer, à un bout de laquelle est ajustée une autre piece de fer, presque en forme de cône, que l'on garnit d'étoupes : lorsque l'on pousse cette broche vers l'intérieur de la chaudiere, elle ouvre le tuyau ; quand on la tire à soi, elle le ferme exactement : ce tuyau fert à retirer la lessive qui reste sous le Savon après sa cuisson, & lorsqu'il est un peu refroidi. D'autres Fabriquants emploient pour retirer cette lessive, un gros siphon de cuivre qu'ils plongent dans le milieu de la chaudiere où est le Savon (ils appellent cela *épiner*) ; puis ils ferment leur tuyau, & jettent quelques seaux de nouvelle lessive forte sur leur Savon, à qui ils donnent de nouveau un peu de cuite : cette derniere opération rend le Savon plus beau & plus ferme.

Tout l'art du Savonnier consiste à bien conduire & à ménager les lessives à propos : un peu d'exercice & de pratique rend l'Ouvrier habile à conduire ce travail.

Quelques Manufacturiers de Savon, au lieu de cuves pour leurs lessives, font construire une douzaine de grandes auges de pierre quarrées, liées avec du ciment, côte à côte l'une de l'autre, dans lesquelles ils mettent leur mélange de soude & de chaux. Ces lessives s'égouttent dans d'autres cuves placées au dessous des premieres. Les lessives deviennent plus belles dans ces auges de pierre que dans les cuves de bois ; & ces auges durent long-temps. Quand une auge ou couloir est épuifée, ou qu'elle ne donne plus de bonnes lessives, ils en retirent la matiere & la rechargent successivement ainsi de nouvelles. Deux cens livres pesant d'huile rapportent presque le double de Savon. On comprend bien que l'on est plus long-temps à cuire une grande quantité de Savon qu'une petite : il faut un jour entier pour cuire une cuve de sept cens pesant.

Pour ce qui est de la couleur marbrée que l'on donne au Savon, tout le mystere de ce procédé consiste à dissoudre une suffisante quantité d'orpiment dans la lessive, & la jetter ensuite dans le Savon.

J'ajoute encore que lorsque le Savon est cuit, il faut le remuer continuellement avec un rouable, avant de le tirer pour le mettre dans les *mises.*

O P U L U S,

Tome II. Pl. 14.

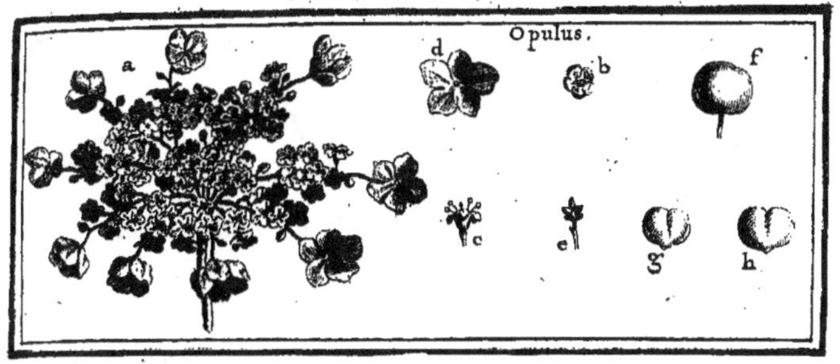

OPULUS, Tournef. & Linn. OBIER.

DESCRIPTION.

LES fleurs (*a*) de l'Obier font difpofées en ombelles fauffes, c'eft-à-dire, que les rayons font irrégulierement fourchus, & ne partent pas d'un même point. Ces ombelles font plates, & même concaves, excepté dans les efpeces n°. 4 & 5, où elles font de forme fphérique. Toutes les fleurs de ces efpeces font ftériles; mais aux efpeces ordinaires on trouve dans la même ombelle des fleurs hermaphrodites & des fleurs ftériles (*d*).

Les ombelles de toutes les efpeces fortent d'une enveloppe qui eft compofée de plufieurs feuilles; chaque fleur a un calyce particulier, petit, d'une feule piece divifée en cinq; il fubfifte jufqu'à la maturité du fruit.

Ce calyce fupporte un pétale (*b*) en rofette, divifé en cinq, & cinq étamines (*c*) chargées de fommets arrondis.

Le piftil (*e*) fort du milieu de la fleur; il eft compofé d'un embryon ovale, obtus, & qui fait partie du calyce : au lieu de ftyle on apperçoit un corps glanduleux chargé de trois ftigmates obtus.

L'embryon devient une baie fucculente (*f*), prefque ronde;

Tome II. M

dans laquelle on trouve une femence (*g h*) dure, applatie & figurée en cœur.

Les fleurs qui forment la circonférence de l'ombelle font ftériles & beaucoup plus grandes que les autres; il y a, comme nous l'avons dit, une efpece, c'eft celle du n°. 3, dont toutes les fleurs font de ce genre.

Quand les fruits font en maturité, ils forment des grappes de baies rouges, affez grandes, fur-tout dans l'efpece n°. 5, qui nous vient de Canada.

Les feuilles des Obiers font fimples, découpées comme celles du Grofeillier à grappes, relevées de nervures en deffous, creufées en deffus de fillons affez profonds, & oppofées fur les branches.

E S P E C E S.

1. *OPULUS.* Ruellii.
   O B I E R des bois.

2. *OPULUS folio variegato.* M. C.
   O B I E R des bois à feuilles panachées.

3. *OPULUS flore globofo.* Inft.
   O B I E R dont les fleurs font difpofées en boule; ou ROSE-GUELDRE, ou PELOTE DE NEIGE, ou OBIER STÉRILE, ou PAIN BLANC, ou CAILLEBOTTE.

4. *OPULUS flore globofo, folio variegato.*
   O B I E R dont les fleurs font difpofées en boule, & dont les feuilles font panachées. Cette efpece eft à Trianon.

5. *OPULUS Canadenfis præcox, magno flore.*
   O B I E R précoce de Canada, à grandes fleurs; ou PIMINA des Canadiens.

C U L T U R E.

Les Obiers, n°. 1, 2 & 4, peuvent s'élever de femences; mais on a coutume de les multiplier, ainfi que le n°. 3, par des marcottes ou des drageons enracinés qui fe trouvent auprès des gros pieds. C'eft en général un arbriffeau peu délicat; il s'accommode de toutes fortes de terreins : néanmoins quand il est planté dans une terre seche & trop exposée au soleil, il perd ses feuilles de bonne heure.

USAGES.

Tous les Obiers portent de belles fleurs, sur-tout le stérile, n°. 3 ; ainsi ces arbrisseaux, qui fleurissent dans le mois de Mai, doivent servir à la décoration des bosquets du printemps. Le *Pimina* fleurit avant les autres, & ses fleurs stériles sont plus grandes.

Les baies des Obiers sont d'un fort beau rouge lorsqu'elles sont mûres, & les oiseaux en sont friands ; ainsi l'on fera bien d'en placer dans les remises.

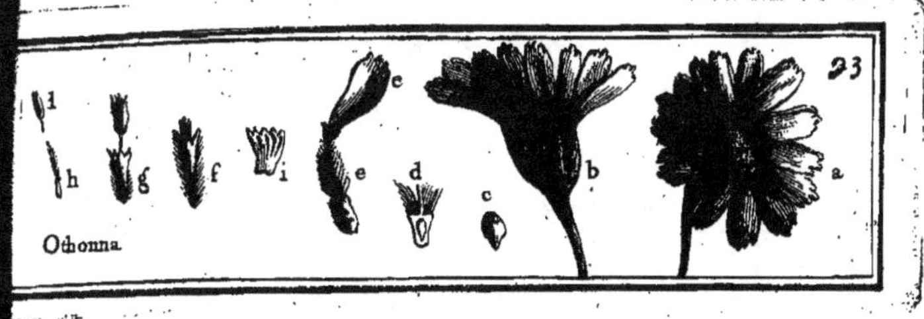

OTHONNA, Linn. JACOBÆASTRUM, Vaill.
Act. Ac. *ou* CALTHOIDES.

DESCRIPTION.

LA fleur (*a*) de cet arbufte eft radiée, c'eft-à-dire, com= pofée d'une couronne de demi-fleurons (*e*); le difque eft occupé par des fleurons (*fg*) raffemblés en forme de tête.

Les fleurons entiers & les demi-fleurons font contenus dans un calyce charnu (*b*) d'une feule piece, point écailleux, mais découpé en fept, huit ou neuf parties.

Les demi-fleurons (*e*) qui font femelles, font formés par un pétale en forme de tuyau qui fe termine par une langue affez large, échancrée par le bout. Le tuyau s'évafe par le bas pour envelopper la femence (*c*) dont nous allons parler. De la partie fupérieure de ce renflement, partent quantité de poils. Dans l'intérieur de ce tuyau on trouve le piftil qui eft formé d'un embryon renfermé dans l'évafement du calyce, & d'un ftyle fourchu qui excede le pétale & qui s'éleve perpen= diculairement.

Les fleurons (*f*) font auffi en forme de tuyaux affez menus; découpés en cinq par les bords. De l'intérieur de chaque tuyau s'éleve un fecond tuyau divifé en cinq dents qui fe tiennent droites; c'eft ce fecond tuyau qui renferme les cinq étami= nes (*i*). On peut fe repréfenter un cornet, à l'intérieur du= quel font immédiatement attachés les fommets des étamines (*l*) qui font longues.

Entre ces étamines eft caché le piftil (*h*) qui eft formé d'un ftyle court, terminé par un ftigmate obtus & un embryon allongé : ces fleurs font hermaphrodites ; & l'embryon (*g*) ; qui fupporte l'extrêmité du pétale, eft chargé de poils. Ces fortes de fleurons ne donnent jamais de femences ; elles viennent des fleurons femelles : ces femences font longues, menues, pointues, aigretées (*d*) ; elles font contenues dans le renflement du pétale.

Les feuilles de cet arbufte font oblongues, ovales, unies, épaiffes, fucculentes, d'un verd blanchâtre, point velues ni dentelées ; elles font pofées alternativement fur leurs branches.

L'efpeçe dont nous parlons forme un arbufte de deux pieds de haut ; les tiges en font vertes, & quelquefois un peu teintes de violet : cet arbriffeau ne perd point fes feuilles pendant l'hyver.

<h3 style="text-align:center">E S P E C E.</h3>

OTHONNA foliis lanceolatis, integerrimis. Hort. Cliff. *vel* **ASTER** *fruticofus Africanus, luteus, foliis Thymeleæ.* Raii. Suppl. *vel* **JACOBÆA** *Africana frutefcens, craffis & fucculentis foliis.* Comm. Hort. *vel* **CALTHOIDES** *Africana procumbens, folio integro, glauco, perenni.* Catal. Plant. Hor. R. P.

<h3 style="text-align:center">C U L T U R E.</h3>

Cette plante fupporte fort bien les gelées ; elle n'eft point délicate fur la nature du terrein : on peut la multiplier par les femences & les marcottes.

<h3 style="text-align:center">U S A G E S.</h3>

Comme l'Othonna ne quitte point fes feuilles, on peut le mettre dans les bofquets d'hyver : il peut encore fervir à la décoration des bofquets du printemps, car il porte à la fin de Mai de fort belles fleurs.

Cet arbufte que M. Vaillant a nommé *JACOBÆASTRUM*, ne differe prefque du *JACOBÆA* que par le calyce. On le démontre au Jardin Royal fous le nom de *CALTHOIDES*.

PALIURUS, Tournef. *RHAMNUS*, Linn.
PORTE-CHAPEAU.

DESCRIPTION.

LA fleur (*a*) du Porte-chapeau eſt compoſée d'un calyce (*d*) en forme de poire, diviſé par les bords en cinq parties fort évaſées. Dans les échancrures on apperçoit cinq petits pétales (*b*) en forme d'écailles, au deſſous deſquels ſortent cinq étamines chargées de ſommets aſſez gros.

Le piſtil (*d e*) eſt compoſé d'un embryon applati, de la forme d'un dôme orné de godrons, du milieu du quel s'élevent trois ſtyles couronnés de ſtigmates obtus.

L'embryon devient un fruit applati (*g*), qui contient trois ſemences (*i*) renfermées dans autant de loges (*h*); il eſt bordé d'une membrane (*f*) aſſez étendue, qui donne à ce fruit la forme d'un chapeau déganſé ou abattu.

Les feuilles de cet arbuſte ſont d'un verd brillant; elles ſont entieres, ovales, un peu élargies vers la queue, relevées en deſſous de trois nervures qui partent de la queue, & poſées alternativement ſur les branches; à chaque inſertion il y a deux épines, dont l'une eſt crochue & l'autre droite.

La forme du fruit du Porte-chapeau, qui eſt très-différente des baies du Nerprun, nous a déterminés à conſerver la diſtinction qu'en a faite M. de Tournefort.

E S P E C E.

PALIURUS. Dod. Pempt.
PORTE-CHAPEAU; en Provence D'ARNAVEOU.

Le *Paliurus Athenæi*, &c. ne vient point en pleine terre.

C U L T U R E.

Le Porte-chapeau s'éleve de femences qu'on tire de Provence, de Languedoc, d'Italie & d'Efpagne. En Provence il trace beaucoup; mais ceux que nous avons élevés de femences n'ont point ce défaut.

Quoique cet arbriffeau nous vienne des Provinces plus tempérées que la nôtre, il fupporte très-bien nos hyvers, & nous en avons qui font parvenus à quinze pieds de hauteur. Il eft vrai qu'ils font plantés dans une bonne terre, mais qui eft cependant affez feche : ils n'ont pas réuffi dans une vallée où nous en avions planté plufieurs pieds.

U S A G E S.

Le Porte-chapeau fait un joli arbriffeau : fon feuillage eft gai; il eft fur-tout affez agréable à la fin de Juin, temps où il eft chargé de quantité de petites fleurs jaunes.

Si cet arbriffeau devenoit plus commun, on pourroit en faire de très-bonnes haies; car fes épines incommodent beaucoup ceux qui en approchent de trop près. Son fruit paffe pour être très-diurétique ; les oifeaux s'en nourriffent. Son bois paroît dur; mais cet arbufte ne devient jamais affez gros pour qu'on puiffe efpérer d'en tirer de grands avantages.

PAVIA;

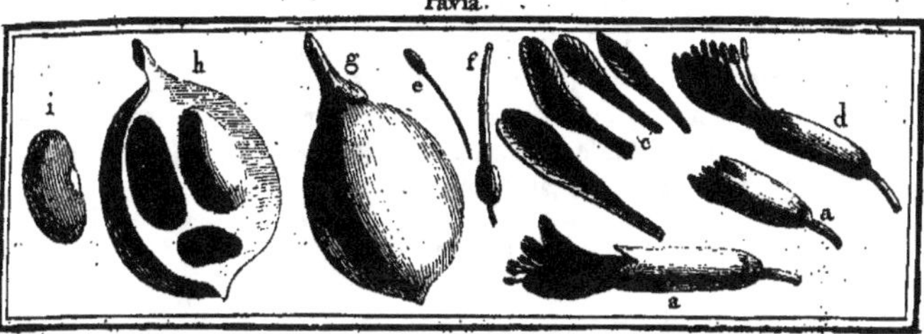

PAVIA, Boerh. & Linn. *Gen. Plant.* Æ*SCULUS;* Linn. *Spec. Plant.*

MARONNIER d'Inde à fleurs rouges.

DESCRIPTION.

LE calyce (*a*) de la fleur du Pavia eſt d'une ſeule piece ; diviſé en quatre : il eſt d'un beau rouge.

Ce calyce porte cinq longs pétales (*c*) ovales par le haut, & attachés au calyce par un long appendice. La fleur eſt un peu inclinée ; & le pétale ſupéreur étant plus long que les autres, fait prendre à la fleur une figure irréguliere qui approche des fleurs en gueules.

On apperçoit dans l'intérieur des fleurs huit longues étamines (*d*) chargées de ſommets arrondis (*e*).

Du milieu des étamines ſort un piſtil (*f*) compoſé d'un embryon ovale, d'un ſtyle aſſez long, & d'un ſtigmate pointu.

Cet embryon devient un fruit (*g*) en forme de Poire, quelquefois relevé de quatre côtes, & diviſé intérieurement en quatre loges (*h*), dans chacune deſquelles eſt une ſemence qui reſſemble à une très-petite Châtaigne. Quelquefois, comme dans le Maronnier d'Inde ordinaire, quelques ſemences avortent, & l'on n'en trouve qu'une dans le fruit.

Ce fruit (*i*) eſt formé d'une chair ſeche ou brou, & d'une

peau affez forte qui recouvre l'amande.

Les feuilles du Pavia reffemblent entierement à celles du Maronnier d'Inde ; elles font plus étroites & ne deviennent jamais fi grandes ; elles font oppofées fur les branches , compofées de cinq grandes folioles qui partent d'une même queue, & font difpofées en main ouverte.

ESPECE.

PAVIA. Boerh.
MARONNIER D'INDE à fleurs rouges.

CULTURE.

Cet arbriffeau fe multiplie par femences & par marcottes ; on le greffe auffi fur les Maronniers d'Inde ordinaires : il réuffit fort bien dans les terres un peu feches.

USAGES.

Le Pavia eft un grand arbriffeau fort joli , fur-tout à la fin de Mai , lorfqu'il eft chargé de fes fleurs , qui font d'un beau rouge , & raffemblées par bouquets.

Comme le Pavia ne fait qu'un arbriffeau , fon bois qui d'ailleurs eft fort tendre , ne peut être d'une grande utilité.

Cet arbriffeau reffemble fi fort au Maronnier d'Inde , que M. Linneus n'en a fait qu'un même genre , dans fon Livre des *Species, &c.* La forme de fes pétales qui approche de celle des fleurs en gueule, & fon fruit qui eft allongé & fans épines , nous a déterminés à conferver le genre de *Pavia.*

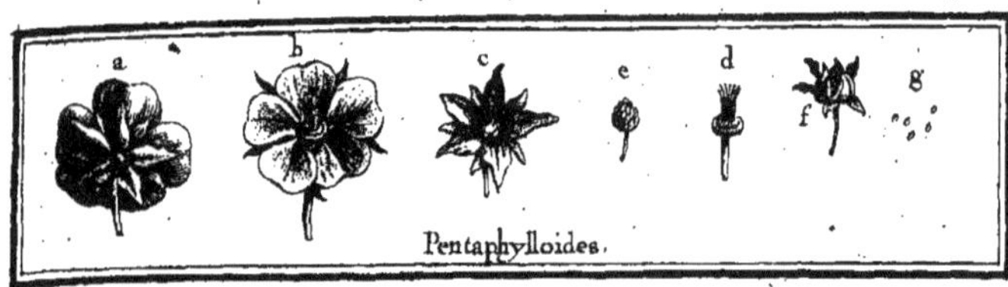

PENTAPHYLLOIDES, Tournef.
POTENTILLA, Linn.

DESCRIPTION.

LE calyce (*a*) de la fleur du Pentaphylloides eft d'une feule piece, fort évafé, divifé en dix parties, dont cinq font plus grandes que les cinq autres : lorfque la fleur eft paffée, les cinq grandes échancrures fe rabattent en dedans fur les femences, & les cinq échancrures étroites fe renverfent en dehors.

Ce calyce porte cinq pétales difpofés en rofe (*b*).

On apperçoit dans l'intérieur (*c d*) environ vingt étamines affez courtes, attachées au calyce, & terminées par des fom-mets coniques.

Le piftil (*e*) eft formé d'un nombre d'embryons difpofés en forme de tête ; du côté de chaque embryon part un ftyle affez court, terminé par un ftigmate obtus : tous ces ftyles for-ment enfemble une efpece de houppe.

Chaque embryon devient une femence pointue ; & toutes ces femences (*f*) font renfermées dans le calyce.

Les feuilles du Pentaphylloides font formées par cinq digi-tations, ou cinq efpeces de folioles longues & étroites, qui partent deux à deux d'une même nervure terminée par une feule : ces feuilles font pofées alternativement fur les bran-ches.

ESPECE.

PENTAPHYLLOIDES rectum, fruticosum Eboracense. Mor. Hist.
PENTAPHYLLOIDES d'Angleterre, en arbuste.

CULTURE.

Cet arbuste peut se multiplier par les semences ; mais ordinairement on y emploie les drageons enracinés, dont on trouve quantité autour des gros pieds.

USAGES.

Ce petit arbuste ne s'éleve qu'à deux ou trois pieds de hauteur : il est fort joli dans le mois de Mai, quand il est chargé de ses fleurs qui sont d'un beau jaune: on doit l'employer à la décoration des bosquets du printemps.

En Médecine on lui attribue une vertu astringente.

M. Bernard de Jussieu m'a fait remarquer une singularité de cet arbuste, qui mérite attention ; c'est qu'il quitte tous les ans son écorce.

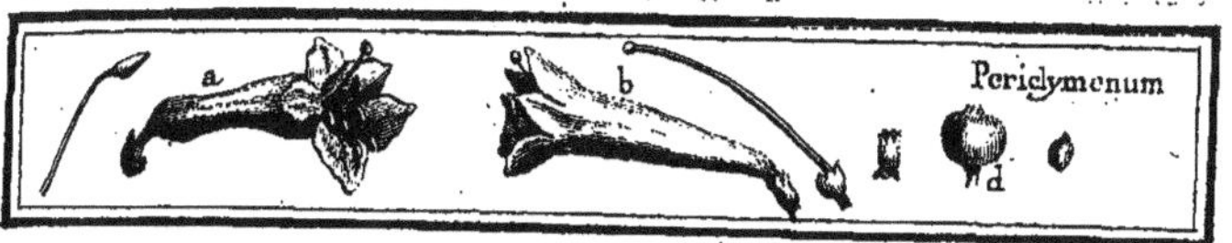

PERICLYMENUM, Tourner. *LONICERA*, Linn.

DESCRIPTION.

LE *Periclymenum* reffemble beaucoup au Chevre-feuille per-folié : il n'en differe qu'en ce que le pétale (*a b*) eft divifé en cinq parties égales ; au lieu que celui du Chevre-feuille eft divifé inégalement, la découpure d'en bas étant beaucoup plus grande que les autres. On le diftingue encore du *Xylofteon*, en ce que les baies (*d*) viennent feules comme au Chevre-feuille, au lieu d'être deux à deux.

ESPECE.

PERICLYMENUM perfoliatum Virginianum, femper virens & florens. H. L. B.

Periclymenum de Virginie, perfolié, qui fleurit toute l'année.

Pour la defcription, la culture & les ufages de cet arbriffeau, voyez au *CAPRIFOLIUM*. Nous nous contenterons feulement ici d'avertir que le *Periclymenum* frappe les yeux par la belle couleur de fes fleurs.

PERIPLOCA, Tournef. & Linn.

DESCRIPTION.

LE calyce (*c*) des fleurs (*a*) du *Periploca* eſt fort petit, diviſé en cinq parties ovales : il ſubſiſte juſqu'à la maturité
du fruit.

Ce calyce porte un pétale (*b*) diviſé preſque juſqu'à ſa baſe
en cinq parties longues, étroites, tronquées & échancrées par
le bout ; le bord eſt garni de duvet ; & il part de la baſe de
ce pétale (*nectarium*) des filets qui ſe recourbent les uns vers
les autres, & qui forment une eſpece de tête, comme on peut
le voir en (*a*).

On apperçoit dans le diſque cinq étamines velues (*f*), fort
courtes, terminées par des ſommets aſſez gros ; on y voit encore le piſtil (*d*) formé par un embryon qui eſt diviſé en deux,
& deux très-petits ſtyles terminés par des ſtigmates.

L'embryon ſe change en deux gaînes (*e*) aſſez longues, ren-
flées, & qui ſe terminent en pointe.

On trouve dans l'intérieur de ces gaînes un nombre de ſemences applaties, poſées les unes ſur les autres comme des
écailles, & couronnées chacune d'une aigrette : elles ſont attachées à un placenta ou filet commun, qui eſt dans l'axe de
la gaîne.

Le *Periploca* eſt une plante ſarmenteuſe, qui s'attache, quoique ſans mains, à ce qu'elle rencontre : il eſt chargé de feuilles
plus ou moins longues, qui approchent quelquefois de la figure
d'un fer de lance ; ces feuilles ſont oppoſées ſur les branches.
Cet arbriſſeau fleurit dans le mois de Juin.

ESPECES.

1. *PERIPLOCA foliis oblongis.* Inſt.
Periploca à feuilles longues.

2. *PERIPLOCA Monſpeliaca, foliis rotundioribus.* Inſt. Cynanchum, Linn.
Periploca de Montpellier à feuilles rondes.

3. *PERIPLOCA Monſpeliaca, foliis acutioribus,* Inſt. Cynanchum, Linn.
Periploca de Montpellier à feuilles étroites.

4. *PERIPLOCA ſcandens, folio Citrei, fructu maximo.* Plum. Cynanchum, Linn.
Periploca de Virginie à feuilles d'Oranger & à gros fruit,

CULTURE.

Le *Periploca* n'eſt point délicat; il vient bien dans toutes ſortes de terreins, & il ſe multiplie aiſément par des drageons enracinés qui pouſſent auprès des gros pieds.

La plupart des *Periploca* perdent l'hyver preſque toutes leurs branches; mais l'eſpece n°. 1 pouſſe avec tant de vigueur, qu'elle fait dans le mois de Juin plus d'effet qu'un Chevre-feuille,

USAGES.

Le *Periploca*, n°. 1, pouſſe de longues branches fort chargées de grandes feuilles & de quantité de fleurs aſſez jolies. Il peut ſervir à couvrir les murailles & à former des tonnelles. Les eſpeces, n° 2. & 3, ne parviennent pas, à beaucoup près, à la même hauteur.

Cette plante, qui eſt laiteuſe, n'entre en Médecine dans aucune potion; on la regarde même comme un poiſon pour les chiens, les loups, &c. mais on dit qu'étant appliquée extérieurement, elle eſt réſolutive,

PERSICA,

Tome II. Pl. 21.

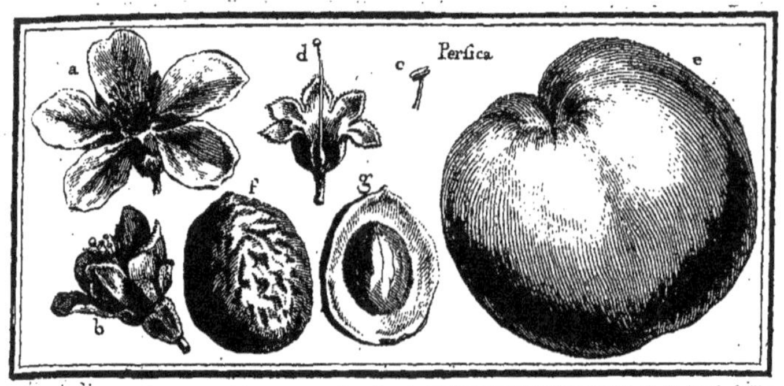

PERSICA, Tournef. *AMYGDALUS*, Linn.

PESCHER.

***

DESCRIPTION.

LES fleurs (*a*) des Pêchers font compofées d'un calyce (*b*) qui eft d'une feule piece, formé en godet, divifé par les bords en cinq parties arrondies. Ce calyce tombe avant la maturité du fruit ; il porte cinq pétales ovales, un peu creu-fés en cuilleron, & difpofés en rofe.

On apperçoit au milieu de la fleur une trentaine d'étami-nes (*c*) affez longues, qui partent du calyce, & qui font chargées de fommets en Olive.

Au milieu de ces étamines, on voit un piftil (*d*) compofé d'un embryon arrondi, & d'un ftyle affez long, terminé par un ftigmate en forme de trompe.

L'embryon devient un fruit charnu (*e*), fucculent, divifé fuivant fa longueur par une gouttiere.

On trouve dans l'intérieur de ce fruit un noyau (*f*) ruftiqué ou gravé de profonds fillons ; ce noyau contient une amande (*g*) qui eft compofée de deux lobes.

Tome II.   O

Les feuilles du Pêcher fe terminent en pointe ; elles font placées alternativement fur les branches; elles font fimples, entieres, longues & dentelées plus ou moins profondément par les bords; la plupart font pliffées vers l'arrête du milieu.

Il y a des Pêchers dont les fleurs portent de grands pétales, & d'autres qui en ont d'affez petits.

Il ne faut pas être furpris fi M. Linneus ne fait qu'un feul genre du Pêcher & de l'Amandier; car nous en avons une efpece qui a les feuilles unies, d'un verd blanchâtre & prefque femblables à celles de l'Amandier; outre cela fes fleurs font auffi grandes que celles de l'Amandier, & d'un rouge très-pâle; le noyau du fruit n'eft point fillonné, mais uni & percé de plufieurs trous ; enfin les amandes en font douces, au contraire de celles des Pêchers qui font ameres : les fruits font quelquefois prefque fecs, peu charnus; & d'autres fois ils deviennent gros, fucculents, d'un goût amer & defagréable, mais bons à faire des compotes; en un mot ces fruits qu'on nomme *Pêches-amandes*, font un compofé des qualités des fruits de ces deux genres. Il y a toute apparence que ce genre vient originairement d'une Amande fécondée par un Pêcher, d'autant plus que nous en avons cultivé un qui provenoit d'un noyau qui étoit levé de lui-même dans un petit jardin où il n'y avoit que des Pêchers & des Amandiers. Nonobftant cette obfervation, nous avons cru devoir conferver la diftinction qu'on fait de ces deux genres : il fuffit d'être prévenu qu'ils confinent beaucoup.

La plupart des Pêches ont leur peau velue; mais plufieurs efpeces, qu'on nomme *Pêches violettes*, l'ont très-liffe. Il y a des Pêches velues qui quittent le noyau, & d'autres dont le noyau eft adhérent à la chair : celles-ci fe nomment *Pavies*. Il y a auffi des Pêches violettes ou liffes, qui quittent le noyau, & d'autres qu'on nomme *Brugnons*, dont la chair eft adhérente au noyau.

ESPECES.

1. *PERSICA molli carne & vulgaris, viridis & alba.* C. B. P.

Pescher ordinaire dont le fruit & la chair font d'un verd blanchâtre; ou Pesche de Vigne, ou, comme on les nomme à Paris, Pesche de Corbeil.

2. *PERSICA vulgaris flore pleno.* Inft.
Pescher ordinaire à fleurs doubles.

3. *PERSICA flore, cortice & carne albis.*
Pescher dont les fleurs, le fruit & la chair font blanches.

4. *PERSICA Africana, nana, flore incarnato fimplici.* Inft.
Pescher nain d'Afrique à fleurs fimples & incarnates.

5. *PERSICA Africana, nana, flore incarnato pleno.* H. L.
Pescher nain d'Afrique, à fleurs incarnates & doubles.

> *Nota.* Il femble que cette efpece devroit être mife avec les Pruniers; ce qui pourroit le faire croire, c'eft que les feuilles fortent du bouton, pliées l'une dans l'autre, au lieu d'être pliées à côté l'une de l'autre, ainfi que celles du Pêcher.

6. *PERSICA præcoci fructu, præcoqua dicta.* Inft.
Avant-Pesche blanche.

7. *PERSICA fructu duro.* Inft.
Pescher dont le fruit ne quitte point le noyau; ou Payie, ou Presse.

8. *PERSICA fructu globofo, compreffo, rubro, carne rubente.* Inft.
Pesche sanguinolle; ou betterave; ou cardinale.

9. *PERSICA fructu odoro, lævi cortice tecto.* Inft.
Pesche, ou Brugnon mufqué, qui n'eft point velu.

10. *PERSICA fructu magno, globofo, flavefcente, ferotino.* Inft.
Pesche jaune tardive; ou Admirable jaune.

Nous ne croyons pas devoir rapporter ici toutes les excellentes Pêches qu'on cultive dans les Jardins fruitiers: la plupart de celles que nous venons de nommer font des variétés.

CULTURE.

On peut élever de noyau les Pêchers, comme les Amandiers: voyez ce que nous avons dit à ce fujet à l'article *Amygdalus*: mais on n'eft pas fûr d'avoir par ce moyen l'efpece qu'on a femée; & comme il y a quinze ou vingt efpeces ou variétés de Pêches, qui font les meilleurs fruits qu'on puiffe manger, on eft dans l'ufage de les greffer fur des Pê-chers levés de noyau, ou fur des Amandiers, ou fur des Pru-niers.

Il eft certain que les Pêches qui viennent fur les arbres en plein vent, font d'un goût exquis; mais ce moyen n'eft pra-tiquable que dans les pays tempérés, comme en Provence, en Dauphiné & dans le Languedoc : aux environs de Paris les gelées du printemps font prefque toujours périr les fleurs; c'eft ce qui oblige de mettre les Pêchers en efpalier.

Les Pêchers pouffent quantité de gourmands ; & fi on ne les tailloit pas, les branches qui devroient donner du fruit fe trouvant épuifées par ces branches gourmandes, périroient im-manquablement : c'eft pour cela que les Pêchers ont un plus grand befoin d'être attentivement taillés, que tous les autres arbres : mais comme ce n'eft point ici le lieu d'entrer fur cela dans aucun détail, nous nous contenterons de dire que les Pêchers fe plaïfent fingulierement dans les terres douces, & que leur fruit eft bien plus agréable dans les terreins un peu fecs, que dans les terres argilleufes, fortes & humides.

Le Pêcher peut reprendre de marcottes ; mais comme il croît très-vîte étant écuffonné fur Prunier ou fur Amandier, on fera bien de s'en tenir à ces méthodes qui font prati-quées dans toutes les pépinieres.

USAGES.

La plupart des efpeces de Pêchers fe cultivent en efpalier à caufe que leurs fruits font exquis.

Le Pêcher de l'efpece n°. 2 fe charge, vers la fin d'Avril, de fleurs doubles qui font auffi belles que de petites rofes.

L'efpece, n°. 5, porte des fleurs fi confidérablement dou-bles, qu'elle ne donne jamais de fruit ; c'eft cependant un ar-bufte charmant qu'on doit mettre dans les bofquets du prin-temps. Comme cet arbre ne produit point de fruit, on doute encore s'il eft du genre des Pêchers, ou de celui des Pruniers. Ses fleurs rouges & garnies de grands pétales, nous ont dé-terminés à le mettre au rang des Pêchers ; néanmoins quoique

ſes feuilles ſoient longues comme celles des Pêchers , elles
ſont ſillonnées en deſſus , & relevées d'arêtes en deſſous ,
comme les feuilles des Pruniers : d'ailleurs , dans le dévelop-
pement de ſes boutons , on remárque que les feuilles ſont
pliées l'une dans l'autre comme celles des Pruniers , au lieu
qu'aux Pêchers & aux Amandiers , elles ſont placées à côté
l'une de l'autre : ces raiſons font ſoupçonner à M. Bernard de
Juſſieu , que cet arbre eſt un véritable Prunier. La queſtion
ſera décidée par la ſuite ; car la même eſpece à fleurs ſimples
eſt au Jardin du Roi , & l'on eſpere qu'elle donnera inceſſam-
ment des fruits.

Le Pêcher , n°. *6* , ne devient pas plus gros qu'un chou ;
& dans le temps de ſa fleur , il fait un très-joli bouquet : il
ſe charge enſuite de quantité de fruits qui ſont malheureuſement d'un goût médiocre.

Le n°. *3* eſt ſingulier , en ce que ſon bois , ſes feuilles , ſes
fleurs & ſon fruit , tant extérieurement qu'intérieurement , ſont
tout-à-fait blancs.

L'eſpece qui donne des Pêches-amandes eſt curieuſe , parce
qu'elle eſt , comme nous l'avons dit , un mêlange de ces deux
fruits.

La Sanguinolle eſt encore ſinguliere à cauſe de la couleur
de ſa chair qui eſt rouge comme la racine de Betterave.

Les autres eſpeces ſont eſtimables par la ſaveur de leur
fruit , que l'on mange crud , en compotes & en confitures.
Les fleurs du Pêcher ſont très-purgatives.

On cultive les Pavies à la Louyſiane : on dit qu'elles y ſont
très-ſucculentes & de fort bon goût.

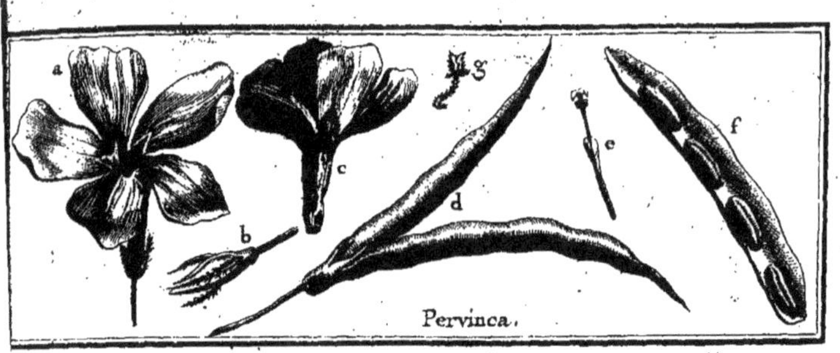

Pervinca.

PERVINCA, Tournef. *VINCA*, Linn.
PERVENCHE.

DESCRIPTION.

LE calyce (*b*) de la fleur (*a*) de la Pervenche, eſt d'une
ſeule piece, diviſé très-profondément en cinq ; les découpures en ſont étroites, preſque filamenteuſes, & elles accompagnent le pétale : ce calyce ſubſiſte juſqu'à la maturité
du fruit.

Le pétale (*c*) eſt en forme d'entonnoir; le pavillon eſt fort
ouvert ; il eſt diviſé en cinq grandes parties : au milieu de chaque diviſion, il y a une profonde gouttiere qui découpe le diſque comme une étoile à cinq pointes ; ces gouttieres paroiſſent en relief ſur le deſſous de chaque échancrure, & y forment une eſpece de godron relevé en boſſe, & qui eſt aſſez
obtus.

On trouve dans l'intérieur de la fleur cinq petites étamines (*g*),
qui prennent naiſſance du pétale ; elles ſont terminées par des
ſommets obtus.

Le piſtil (*e*) eſt formé de deux embryons arrondis accom-
pagnés de deux corps glanduleux auſſi arrondis, & d'un ſtyle
aſſez long, terminé par un ſtigmate d'une figure particuliere:

pour s'en former une idée, il faut fe repréfenter un anneau faillant, d'où partent deux cornes qui laiffent un vuide entre elles.

Ces embryons deviennent deux filiques (*d*) longues, un peu recourbées en fens contraire, & qui renferment des femences longues (*f*), ovales, & creufées d'un fillon fuivant leur longueur.

La Pervenche eft une plante farmenteufe : elle pouffe des branches menues, rondes, vertes, chargées de feuilles plus ou moins longues, d'un verd foncé par deffus, & plus jaune en deffous, unies, luifantes, fans dentelures; ces feuilles ont une nervure au milieu, & font fermes comme celles du Lierre : elles font oppofées deux à deux fur les branches, & ne tombent point pendant l'hyver.

ESPECES.

1. *PERVINCA vulgaris latifolia.* Inft.
   PERVENCHE ordinaire à feuille large; ou GRANDE PERVENCHE.

2. *PERVINCA vulgaris latifolia, foliis variegatis ; vel PERVINCA variegata.* Inft.
   PERVENCHE à larges feuilles panachées.

3. *PERVINCA vulgaris latifolia, flore albo.* Inft.
   PERVENCHE ordinaire à grandes feuilles & à fleurs blanches.

4. *PERVINCA vulgaris anguftifolia.* Inft.
   PERVENCHE ordinaire à petites feuilles; ou PETITE PERVENCHE.

5. *PERVINCA vulgaris anguftifolia, foliis variegatis ; vel PERVINCA variegata.* Inft.
   PERVENCHE ordinaire à petites feuilles panachées.

6. *PERVINCA vulgaris tenuifolia, flore albo.* Inft.
   PERVENCHE ordinaire à petites feuilles & à fleurs blanches.

7. *PERVINCA vulgaris anguftifolia, flore pleno cæruleo, aut faturatè purpureo, aut variegato.* Inft.
   PERVENCHE à fleurs doubles.

CULTURE.

CULTURE.

Les Pervenches fe plaifent fort à l'ombre fous les arbres ; & le long des murs expofés au Nord ; néanmoins l'efpece à feuilles panachées devient plus belle lorfqu'elle eft expofée au foleil.

Toutes les Pervenches pouffent aifément des racines quand on enterre quelques-unes de leurs branches ; & celles mêmes qui pofent à terre fe garniffent fi promptement de racines, qu'il arrive que lorfqu'un pied de cet arbufte fe plaît dans un bois, il s'étend au point de le garnir en entier, & qu'il fournit tout le plant dont on peut avoir befoin.

USAGES.

Les Pervenches font propres à faire un tapis verd dans les bofquets d'hyver ; & dans le mois d'Avril, lorfque tous les arbres font encore dépouillés, leurs fleurs, dont les unes font bleues & les autres blanches, préfentent à l'œil un très-bel émail.

On peut encore, avec la grande Pervenche, former des paliffades baffes, très-jolies ; mais il faut les attacher à des efpaliers ; car fans cela elles ramperoient contre terre.

Les efpeces à feuilles panachées font belles.

On ne trouve prefque jamais de fruit fur les pieds de Pervenche qu'on tient en pleine terre : fi l'on veut avoir le fruit de cette plante, il faut la tenir en pot avec peu de terre.

Les Pervenches font aftringentes & vulnéraires.

Tome II. Fl. 23.

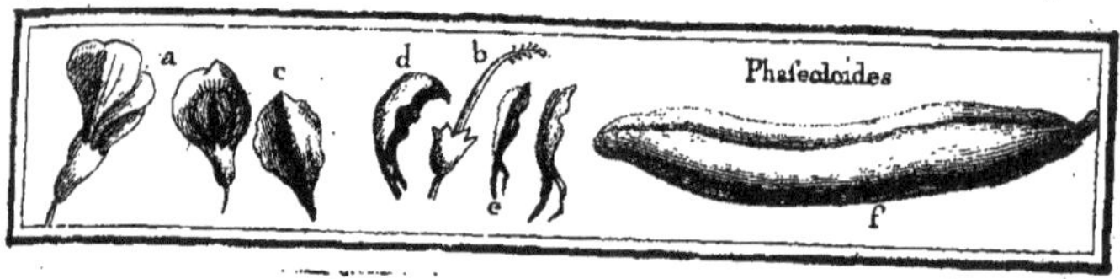

PHASEOLOIDES, M. C. GLYCINE. LINN.

DESCRIPTION.

LE calyce de la fleur (*a*) du Phaseoloïdes est d'une seule piece ; il est applati sur les côtés, & divisé en deux levres principales ; la supérieure est obtuse, l'inférieure porte trois dentelures, dont celle du milieu est plus grande que celles des côtés.

Cette fleur est légumineuse : le pavillon (*c*) (*vexillum*) est plus large par le bas que par son extrêmité ; les côtés en sont pliés, & l'on y voit une bosse vers le milieu ; les aîles (*e*) (*ala*) sont oblongues & se terminent en ovale.

La nacelle (*d*) (*carina*) est d'une seule piece, étroite, courbée comme une faucille ; elle s'élargit un peu par le bout : on trouve dans l'intérieur de cette nacelle dix étamines placées à l'extrêmité d'une gaîne dans laquelle le pistil (*b*) est contenu. Ce pistil est formé d'un embryon oblong, & d'un style roulé en spirale.

L'embryon devient une silique oblongue, divisée en deux loges : elle contient des semences de la forme d'une feve ou d'un rein.

Les fleurs sont rassemblées par gros bouquets de couleur purpurine.

Les feuilles sont composées de folioles pointues & finement dentelées, rangées par paires sur une nervure, & terminées par une seule.

ESPECE.

PHASEOLOIDES frutescens Caroliniana, foliis pinnatis, floribus ceruleis conglomeratis. M. C.

PHASEOLOÏDES de Caroline en arbrisseau, qui a les feuilles conjuguées, & les fleurs bleues, rassemblées en bouquets ; ou HARICOT en arbrisseau.

CULTURE.

Cet arbrisseau, ou plutôt cette plante sarmenteuse, peut s'élever de semences & de marcottes.

USAGES.

Le Phaseoloïdes porte en Juin de très-beaux bouquets de fleurs : il peut servir à garnir des terrasses basses, qu'il ornera pendant l'été.

Tome II. Pl. 24.

PHYLLIREA, Tournef. & Linn. FILARIA.

DESCRIPTION.

LES fleurs (a) du Filaria font compofées d'un fort petit calyce (d) divifé en quatre, & qui fubfifte jufqu'à la maturité du fruit; il porte un pétale (c) divifé en quatre par les bords. On apperçoit dans l'intérieur deux étamines fort courtes (b), & un piftil compofé d'un embryon arrondi, & d'un ftyle terminé par un affez gros ftigmate.

L'embryon devient une baie ronde (ef), un peu charnue, dans laquelle on trouve un gros noyau rond (g).

Les feuilles des Filarias font de figure très-différente, felon les efpeces : elles font toujours fimples, fermes, unies, luifantes, pofées deux à deux fur les branches : elles ne tombent point en hyver.

ESPECES.

1. *PHYLLIREA latifolia lævis.* C. B. P.
FILARIA à feuilles larges, non dentelées.

2. *PHYLLIREA latifolia lævis, foliis ex luteo-variegatis.* M. C.
FILARIA panaché, à feuilles larges & fans dentelures.

3. *PHYLLIREA latifolia fpinofa.* C. B. P.
FILARIA à feuilles larges & dentelées.

4. *PHYLLIREA folio leviter ferrato.* C. B. P.
FILARIA à feuilles légerement dentelées.

5. *PHYLLIREA folio Liguftri.* C. B. P.
FILARIA à feuilles de Troêne.

6. *PHYLLIREA anguſtifolia prima.* C. B. P.
   FILARIA à feuilles étroites; premiere eſpece de C. B.

7. *PHYLLIREA anguſtifolia ſecunda.* C. B. P.
   FILARIA à feuilles étroites; feconde eſpece de C. B.

8. *PHYLLIREA Hiſpanica, Nerii folio.* Inſt.
   FILARIA d'Eſpagne à feuilles de Laurier-Roſe.

9. *PHYLLIREA anguſtifolia ſpinoſa.* H. R. Par.
   FILARIA à feuilles étroites, dentelées.

10. *PHYLLIREA longiore folio profundè crenato.* H. R. Par.
    FILARIA à feuilles longues, profondément dentelées.

11. *PHYLLIREA folio Buxi.* H. R. Par.
    FILARIA à feuilles de Buis.

12. *PHYLLIREA Hiſpanica, Lauri folio ſerrato & aculeato.* Inſt.
    FILARIA d'Eſpagne à feuilles de Laurier, dentelées & pointues.

On voit bien que pluſieurs de ces eſpeces ne ſont que des variétés.

CULTURE.

Le Filaria s'éleve très-bien de femences & par marcottes; il ne ſe plaît point dans les terreins brûlés par le ſoleil ; au reſte il n'eſt point délicat. Il eſt bon d'avertir que les femences ne ſortent ſouvent de terre qu'au bout de deux ans.

USAGES.

Les fleurs des Filarias n'ont aucun mérite ; mais comme leurs feuilles, qui ne tombent point pendant l'hyver, ſont d'un fort beau verd, on doit les mettre dans les boſquets de cette ſaiſon.

Le bois du Filaria eſt médiocrement dur; il reſſemble aſſez à celui du Buis par ſa couleur jaune, qui cependant ſe paſſe aſſez promptement; d'ailleurs cet arbuſte ne devient jamais aſſez gros pour pouvoir en faire un bois de ſervice.

Les feuilles & les baies du Filaria paſſent pour être aſtringentes.

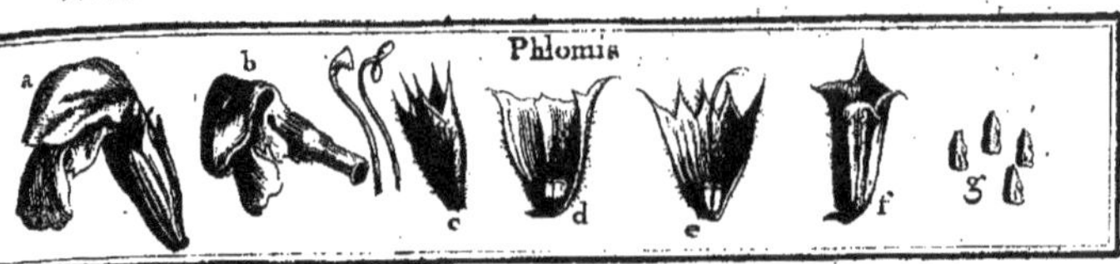

PHLOMIS, Tournef. & Linn.

DESCRIPTION.

LE calyce (*c*) de la fleur (*a*) du Phlomis eſt un grand tuyau relevé de cinq arêtes, & terminé par cinq découpures qui ſe terminent en pointe.

Le pétale (*b*) eſt du genre des Labiées : la levre ſupérieure n'eſt point découpée, mais elle eſt creuſée comme une gondole, & rabattue ſur la levre inférieure qui eſt diviſée en deux ou trois parties qui font dans leur contour pluſieurs ſinuoſités. La piece du milieu, quand il y a trois découpures, eſt plus grande que les autres, & bombée au milieu dans toute ſa longueur.

La levre ſupérieure renferme quatre étamines, dont deux ſont un peu plus longues que les deux autres ; elles ſont terminées par des ſommets quelquefois oblongs & quelquefois arrondis : ces étamines prennent naiſſance des parois intérieures du pétale.

Le piſtil (*c*) eſt formé d'un embryon (*d*) qui eſt diviſé en quatre, d'un ſtyle de la même longueur que les étamines, & qui les accompagne dans la cavité de la levre ſupérieure du pétale : le ſtigmate eſt fourchu.

L'embryon ſe change en quatre ſemences preſque pyramidales (*g*) & triangulaires ; elles n'ont d'autre enveloppe (*f*) que le calyce même.

Cette plante pouſſe pluſieurs tiges quarrées, ligneuſes, rameuſes, chargées d'un duvet blanc. Ses feuilles reſſemblent à celles de la Sauge ; mais elles ſont plus grandes, veloutées comme les tiges , & oppofées deux à deux. Ses fleurs font verticillées ; c'eft-à-dire, qu'elles forment de diftance en diftance des anneaux autour des branches.

ESPECES.

1. *PHLOMIS fruticofa, Salvia folio, flore luteo.* Inft.
    PHLOMIS en arbufte à feuille de Sauge, & à fleurs jaunes.

2. *PHLOMIS fruticofa Lufitanica, flore purpurafcente.* Inft.
    PHLOMIS de Portugal en arbufte, à fleurs purpurines.

3. *PHLOMIS Hifpanica fruticofa, candidiſſima, flore fanguineo.* Inft.
    PHLOMIS d'Efpagne en arbufte, couvert d'un duvet très-blanc, & qui a fes fleurs d'un rouge de fang.

Nous ne comprenons point dans cette lifte plufieurs efpeces de Phlomis qui ne font point des arbuftes, ou qui craignent le froid de nos hyvers, quoiqu'il y en ait entre celles-ci plufieurs qui forment de grandes plantes , & qui font un très-bel effet.

CULTURE.

Les Phlomis fe multiplient très-aifément par des drageons enracinés qu'on trouve auprès des gros pieds : ils réuffiffent très-bien dans toutes fortes de terres.

USAGES.

Le Phlomis, n°. 1, forme un joli arbufte dans le mois de Juin : il eft alors couvert de fleurs jaunes ; cependant le duvet qui couvre toute cette plante, diminue beaucoup de fon éclat. Il paffe en Médecine pour déterfif, defficatif & aftringent.

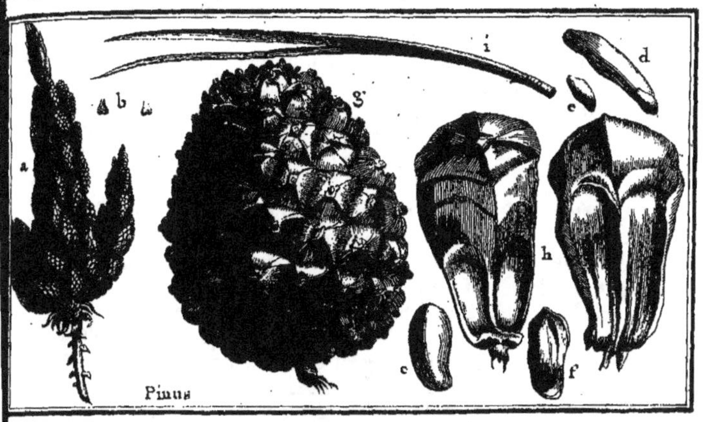

PINUS, Tournef. & Linn. PIN.

DESCRIPTION.

LES Pins portent des fleurs mâles & des fleurs femelles fur différentes branches du même pied ; ou, felon les efpeces, au bout des mêmes branches.

Les fleurs mâles qui paroiffent toujours aux extrêmités des branches, font attachées à des filets ligneux qui partent d'un filet commun : elles forment par leur affemblage des bouquets (*a*) de différentes formes, fuivant les efpeces.

Les fleurs mâles fortent ainfi par épis ou chatons d'un calyce compofé de plufieurs feuilles oblongues & d'inégale grandeur, qui tombent quand la fleur fe paffe : on n'y apperçoit point de pétale, mais feulement un grand nombre d'étamines dont les fommets font arrondis, & qui forment deux petites bourfes (*b*), d'où il fort quelquefois une telle quantité de pouffiere, que toute la plante & les corps voifins en font

Tome II.   Q

couverts : on peut remarquer au filet qui foutient les fommets , une écaille triangulaire & colorée.

Les bouquets des fleurs mâles font quelquefois d'un beau
rouge, & quelquefois blancs ou jaunâtres. La principale nervure produit à fon extrêmité une nouvelle branche qui fournit des fleurs les années fuivantes ; mais quand les fleurs font
tombées, la branche refte nue & fans feuilles à la place qu'elles
occupoient.

Les fleurs femelles paroiffent indifféremment à côté des
fleurs mâles , ou à d'autres endroits d'un même arbre, mais
toujours vers l'extrêmité des jeunes branches : elles ont la forme
de petites têtes prefque fphériques, raffemblées plufieurs à côté
l'une de l'autre ; & elles font d'une très-belle couleur dans plufieurs efpeces. Ces fleurs font formées de plufieurs écailles
très-exactement jointes les unes aux autres : ces écailles fubfiftent jufqu'à la maturité des femences.

On trouve fous chaque écaille deux piftils dont chacun eft
formé d'un embryon ovale , furmonté d'un ftyle en forme d'a-
lêne , lequel eft terminé par un ftigmate.

L'embryon devient un noyau, quelquefois affez dur (c) ;
quelquefois tendre (e), plus ou moins gros, fuivant les efpeces,
& terminé par une aîle membraneufe (d). On trouve dans l'intérieur de ce noyau une amande (f) compofée de plufieurs
lobes.

A mefure que les amandes fe forment, les petites têtes
fleuries, dont nous avons parlé, groffiffent & forment ce que
l'on nomme *Cônes* ou *Pommes* (g) : ces fruits font plus ou moins
gros ; les uns font longs & terminés en pointe, les autres
prefque ronds & obtus.

Prefque tous font formés par des écailles ligneufes (h), très-
dures, fort épaiffes à l'extérieur du fruit, & qui s'amincifent
en rentrant dans l'intérieur, en forte qu'elles vont toujours
en diminuant d'épaiffeur jufqu'à leur infertion fur le poinçon
ligneux qui eft dans l'axe du fruit, & qui leur fournit une attache commune. Lorfque les écailles ne font point ouvertes,
la fuperficie des cônes ou pommes paroît compofée de petits
cailloux rangés en fpirale, & qui reffemblent à des têtes de
clous de charrette ; mais quand la chaleur du foleil fait ouvrir

les écailles, ces mêmes cônes changent entierement de figure.

La forme des cônes, telle que nous venons de la décrire,
paroîtroit très-propre à diftinguer le genre des Pins d'avec
celui des Sapins, & celui des Mélefes. Mais il y a des Pins
dont les cônes font très-différents, & dont les écailles quoique
plus épaiffes que celles des Sapins, n'en different cependant
pas effentiellement : il ne faut donc pas être furpris fi M.
Linneus, dans fes *Species plantarum*, n'a fait qu'un feul &
même genre des Pins, des Sapins & des Mélefes : il les nomme
tous *P I N U S*.

Il eft vrai que les feuilles des Pins font étroites, filamenteufes (i), & fouvent beaucoup plus longues que celles des
Sapins ; mais il s'en trouve quelques efpeces qui les ont affez
courtes : ainfi pour diftinguer ces trois genres qui doivent néceffairement être très-rapprochés les uns des autres, quelque
méthode qu'on fuive, nous ne voyons rien de mieux que de
faire remarquer que dans toutes les efpeces de Sapins, les
feuilles n'ont point de gaîne à leur attache, & qu'elles font
pofées une à une fur une petite faillie ou confole qui tient à
la branche. Les feuilles de tous les Pins font garnies à leur
bafe d'une gaîne d'où il fort tantôt deux, tantôt trois, quelquefois quatre, mais jamais plus de cinq ou fix feuilles : dans
quelques efpeces cette gaîne tombe, & elle ne reparoît plus
lorfque les feuilles ont acquis leur longueur. Dans les *Larix*
ou Mélefes, on voit toujours plus de fix feuilles qui font fupportées par un mammelon affez gros & garni de quelques
écailles.

Ces remarques font fuffifantes, je crois, pour ne point confondre des arbres qui font déja connus fous les noms particuliers qui ont été adoptés par tous les Botaniftes ; & n'eft-il pas
mieux, pour fe prêter aux idées généralement reçues, de
diftinguer ainfi ces trois genres, que de n'en faire qu'un feul,
qui, étant trop chargé d'efpeces différentes, nous mettroit
dans la néceffité de le fubdivifer en plufieurs feétions qui ne produiroient pas un plus grand éclairciffement, puifqu'on feroit
encore obligé de changer les noms vulgairement connus ?

Une circonftance qui peut encore aider à diftinguer les Pins

& les Sapins, des Mélefes, c'eft que les fleurs des Mélefes
fe montrent le long des branches; au lieu que celles des
Pins & des Sapins font toujours placées aux extrêmités.

Prefque tous les Pins font de grands arbres: ils étendent
leurs branches de part & d'autre en forme de candelabre; ces
branches font placées par étage autour d'une tige qui s'éleve
perpendiculairement: chaque étage en contient trois, quatre
ou cinq.

Les fruits reftent au moins deux ans fur les arbres avant
d'avoir acquis leur maturité.

Nous venons de dire que les feuilles des Pins étoient longues,
filamenteufes, & qu'elles fortoient toujours plufieurs à la fois
d'une même gaîne; nous ferons remarquer à cette occafion que
toutes ces feuilles qui fortent d'une même gaîne, fe réuniffent, &
qu'elles forment enfemble un cylindre; en forte que dans les
Pins à deux feuilles, les feuilles féparées font plates, & même
quelquefois creufées en gouttiere du côté où elles fe tou-
choient, & arrondies de l'autre. Quand il fe trouve trois,
quatre ou cinq feuilles qui fortent d'une même gaîne, la partie
intérieure de chaque feuille forme des angles plus ou moins
ouverts; les faces intérieures qui forment l'angle font creufées
en gouttiere, & la face extérieure eft toujours arrondie comme
une portion du cylindre.

Les bords des feuilles s'engrenent les uns dans les autres,
& font dentelées comme une lime, plus ou moins profondément, fuivant les efpeces.

Nous ne connoiffons aucune efpece de Pin qui perde fes
feuilles pendant l'hyver.

E S P E C E S.

Pour faciliter la diftinction des différentes efpeces de Pins,
nous rangerons en trois fections différentes ceux où l'on ne
voit que deux feuilles dans chaque gaîne, (*bifoliis*); ceux qui
ont trois feuilles, (*trifoliis*); & ceux qui en ont cinq ou fix,
(*quinquefoliis*).

Il eft cependant néceffaire d'avertir que l'on trouve quelquefois fix feuilles & quelquefois quatre feulement fortant d'une

gaîne commune, fur les Pins dont la plus grande partie des gaînes devroit contenir cinq feuilles; & auffi quelquefois deux feuilles feulement fur ceux à trois (*trifoliis*); & réciproquement trois fur ceux qui n'en devroient avoir que deux: mais nous nous fommes fixés à ce qui fe trouve plus communément fur chaque efpece.

BIFOLIIS.

1. *PINUS fativa.* C. B. P.
 PIN cultivé dont les cônes font gros & les amandes bonnes à manger; ou PIN-PIGNIER.

2. *PINUS maritima major.* Dod. vel *PINUS maritima prima Math.* aut *PINUS filveftris maritima, conis firmiter ramis adhærentibus.* J. B. Grand PIN maritime.

3. *PINUS foliis binis in fummitate ramorum fafciculatìm collectis. Vel, PINUS maritima minor.* C. B. P.
 Petit PIN maritime, dont les feuilles font raffemblées en forme d'aigrettes au bout des branches.

4. *PINUS maritima altera Mathioli.* C. B. P.
 Autre PIN maritime de Mathiole.

5. *PINUS filveftris, foliis brevibus glaucis, conis parvis albicantibus.* Raii. Hift. vel, *PINUS filveftris Genevenfis vulgaris.* J. B.
 PIN dont les feuilles font courtes & les fruits petits & blanchâtres; ou PIN d'Ecoffe, ou PIN de Geneve.

6. *PINUS filveftris montana.* C. B. P. vel, *MUGO.* Math.
 PIN de montagne, TORCHEPIN, PIN SUFFIS du Briançonnois.

7. *PINUS filveftris montana, conis oblongis & acuminatis.*
 PIN dont les cônes font menus & terminés en pointe; ou PIN D'HAGUENAU.

8. *PINUS Canadenfis bifolia, conis mediis ovatis.* Gault.
 PIN de Canada à deux feuilles, dont les cônes ont la figure d'un œuf & font d'une moyenne groffeur; ou PIN ROUGE de Canada.

9. *PINUS Canadenfis bifolia, foliis brevioribus & tenuioribus.* Gault.
Pin de Canada à deux feuilles qui font aſſez courtes & menues; ou petit Pin rouge de Canada.

20. *PINUS Canadenfis bifolia, foliis curtis & falcatis, conis mediis incurvis.* Gault,
Pin de Canada, dont les feuilles font courtes & recourbées de même que les cônes; ou Pin gris, ou Pin cornu de Canada.

11. *PINUS humilis, iulis virefcentibus aut pallefcentibus.* Inſt.
Petit Pin fauvage, dont les chatons font verdâtres.

12. *PINUS humilis, iulo purpurafcente.* Inſt.
Petit Pin fauvage, dont les chatons font pourpres.

13. *PINUS conis erectis.* Inſt.
Pin dont les fruits font placés verticalement fur les branches.

14. *PINUS Hierofolymitana pralongis & tenuiffimis viridibus foliis.* Pluk.
Pin de Jerufalem, dont les feuilles font très-vertes, longues & menues.

T R I F O L I I S.

15. *PINUS Virginiana, pralongis foliis tenuioribus, cono echinato.* Pluk.
Pin de Virginie à feuilles longues, & dont les cônes font hériffés de pointes.
Comme je crois que ce Pin a trois feuilles, je foupçonne qu'il eſt le même que le fuivant, n°. 16.

16. *PINUS Canadenfis trifolia conis aculeatis.* Gault. *An Pinus conis agminatìm nafcentibus, foliis longis, ternis ex eâdem thecâ?* Flor. Virg.
Pin de Canada à trois feuilles; ou Pin-cipre.
C'eſt peut-être le fuivant, n°. 17.

17. *PINUS Americana foliis pralongis fubinde ternis; conis plurimis confertim nafcentibus.* Rand.
Pin d'Amérique à trois feuilles, dont les cônes font raſſemblés par trochets; ou Pin-a-trochet.

18. *PINUS Americana paluftris trifolia, foliis longiffimis.*
Pin de marais à trois feuilles très-longues.

QUINQUEFOLIIS.

19. *PINUS Canadenfis quinquefolia, floribus albis, conis oblongis & pendulis, fquamis Abieti ferè fimilis.* Gault. *vel* PINUS *Americana quinis ex uno folliculo fetis longis, tenuibus, triquetris ad unum angulum totam longitudinem minutiffimis, conis afperatis.* Pluk.

PIN de Canada à cinq feuilles dont les cônes font longs, pendants, & dont les écailles font molles, prefque comme celles du Sapin; ou PIN BLANC de Canada; ou PIN de Lord Wimouth.

20. *PINUS foliis quinis, cono erecto, nucleo eduli.* Hall. Helv. PINASTER *Belloni; vel,* PINUS *oui officula fragili putamine five cembro.* J. B.

PIN à cinq feuilles dont les cônes fe tiennent droits, & dont les noyaux faciles à rompre font bons à manger; ou ALVIEZ du Briançonnois.

CULTURE.

Dans la Guienne aux environs de Bordeaux, dans la Provence, à Tortofe en Efpagne, & généralement par tout où il y a de grandes forêts de Pins, les femences qui tombent d'elles-mêmes lorfque, vers le mois d'Août, la chaleur du foleil fait ouvrir les cônes parvenus à leur maturité, levent naturellement fous les grands arbres, & en beaucoup plus grande quantité qu'il n'eft néceffaire pour réparer la perte des vieux arbres qui périffent : on eft même obligé de couper de temps en temps une partie de ces jeunes plants, parce qu'ils rendroient les forêts trop touffues.

Ce n'eft pas qu'on ne puiffe femer des bois de Pin, & on en feme effectivement aux environs de Bordeaux, pour avoir des futaies dont on puiffe recueillir de la réfine & du godron; ou, plus ordinairement, pour fe procurer des taillis que l'on coupe fort jeunes pour en faire des échalas, dont on fait une grande confommation dans les vignobles du Bordelois.

Nous avons auffi femé ces arbres avec fuccès, quoique nous n'y ayons pas apporté beaucoup de précautions : nous nous fommes contentés de répandre la femence dans des fillons, & nous l'avons recouverte de terre, feulement de l'épaiffeur d'un pouce.

La premiere & la seconde année, le champ étoit tellement rempli d'herbes, qu'on ne voyoit paroître aucun Pin, & nous craignions que la semence ne fût perdue ; mais la troisieme année, les Pins se sont montrés, & le champ s'en est trouvé suffisamment garni.

Aux environs de Bordeaux les Pins levent ordinairement dès la premiere année ; mais des Cultivateurs qui ont fait quantité de semis de Pins, m'ont assuré que le plant ne paroissoit quelquefois que la troisieme. Cette semence, qui vient si aisément lorsqu'elle est, pour ainsi dire, abandonnée à elle-même, exige cependant de grands soins quand on se propose d'élever des especes rares dont on n'a qu'une petite quantité de semences.

Les Pignons levent assez promptement quand on les seme dans des terrines sur couche ; mais le moindre coup de soleil, ou quelque coup de vent qui agite trop les jeunes plantes, fait tout périr. Seroit-ce que, pendant que les semences restent en tere sans paroître, ou que les tiges sont si petites qu'on les confond avec l'herbe, il se forme des racines qui contribuent ensuite à donner de la vigueur aux plantes ; au lieu que celles qui sortent trop promptement de terre sont privées de ce secours ? Seroit-ce que le pivot qui atteint trop vîte le fond des pots ou des terrines, contracteroit une gangrene qui se communiqueroit au reste de l'arbre ? Ces questions méritent d'être examinées.

On prétend que les Pins ne doivent point être cultivés : on remarque cependant que ceux qui se trouvent placés sur les lisieres qui confinent à des terres labourées, sont beaucoup plus beaux que les autres. On prétend aussi, avec raison, que les Pins sont des arbres de forêts qui viennent bien en massif, & sans qu'on soit obligé de leur donner aucune culture. M. Gaultier nous a écrit qu'il avoit remarqué dans les forêts du Canada, que les Pins & les Sapins levoient par préférence dans les endroits où de vieux & gros arbres avoient pourri.

Nous avons répandu dans un semis de Chênes une assez grande quantité de semences de Pin maritime. Après avoir inutilement cherché pendant la premiere & la seconde année, si les jeunes plants auroient levé, nous crûmes, n'en voyant point paroître, que la semence ne leveroit pas, & nous ne

tinmes

tînmes compte de les chercher encore dans la troiſieme année ;
mais nous fûmes agréablement ſurpris, la quatrieme année,
de trouver dans le champ une quantité conſidérable de jeunes
Pins qui avoient plus d'un pied de hauteur, & qui ſe portoient
très-bien, quoique ce terrein ſe trouvât rempli d'herbe fort
haute.

Il y a peu d'arbres qui ſoient moins délicats ſur la nature
du terrein ; on voit de très-beaux Pins dans des ſables fort
arides, ſur des montagnes ſeches, où la roche ſe montre de
toutes parts. Il faut avouer cependant qu'ils viennent mieux
dans les terres légeres, ſubſtantieuſes, & qui ont beaucoup
de fond.

Les Pins reprennent difficilement quand on les tranſplante ;
nous en avons néanmoins tranſplanté avec ſuccès de très-petits,
& qui n'avoient que deux à trois ans.

On prétend (& cela paroît aſſez vrai-ſemblable) qu'il ne
convient de retrancher au Pin, que les branches qui ſont près
de terre, & jamais celles qui ſont au deſſus de la portée
de la main : cette pratique eſt fondée principalement ſur deux
raiſons. 1°. Les Pins profitent d'autant plus qu'ils ont plus de
branches à nourrir ; ainſi plus on leur retranche de ces branches, plus on retarde leur accroiſſement. 2°. Les Pins ne repouſſent jamais de nouvelles branches qui puiſſent remplacer celles
qu'on leur a coupées ; ainſi, en retranchant les branches, on
diminue la vigueur de l'arbre : on a obſervé qu'un Pin à qui
l'on n'a laiſſé qu'un petit nombre de branches au haut de ſa
tige, ne profite preſque plus. 3°. Enfin un arbre ainſi élagué,
courroit riſque d'être rompu par le vent ; & s'il reſtoit ſans
branches, il n'en pouſſeroit plus de nouvelles ; car il eſt d'expérience que la ſouche d'un Pin qu'on a abattu, ne repouſſe
point de nouveaux jets, comme font beaucoup d'autres arbres.

Néanmoins les Pins croîtront plus promptement ſi on leur
fait un petit élagage, comme nous allons l'expliquer ; & cette
précaution eſt indiſpenſable pour les Pins qui ſont plantés en
liſiere ou en avenue.

Il faut attendre que les Pins aient ſept à huit ans, pour commencer à leur retrancher des branches.

D'abord on coupe toutes les petites branches du bas pour

Tome II.   R

leur former une tige de trois ou quatre pieds de hauteur : tous
les ans on continue de retrancher l'étage inférieur jufqu'à
l'âge de quinze ans ; alors on ne leur fait cet élagage que tous
les quatre ou cinq ans.

Cette opération ne coûte rien. On abandonne aux élagueurs
les premiers émondages dont ils font des bourées ; par la fuite
les élagueurs rendent un tiers des bourées au Propriétaire ; &
quand on n'élague les Pins que tous les trois ou quatre ans, le
Propriétaire prend la moitié des fagots : il doit fur-tout veiller
à ce que fes élagueurs ne retranchent trop de branches ; ce
qui cauferoit un tort confidérable aux Pins, pour les raifons que
nous avons déja dites.

Je ne fache point que les différents Pins fe greffent les uns
fur les autres, & j'avoue que je n'en ai point fait l'expérience.

Les cônes des Pins reftent plufieurs années fur les arbres pour y acquérir leur maturité ; c'eft pour cela qu'il ne
faut cueillir que ceux qui font devenus de couleur canelle :
ils doivent être cueillis en Janvier, en Février & en Mars ;
car dès que le foleil a pris de la force, & qu'il les échauffe,
les écailles s'ouvrent d'elles-mêmes, & les femences fe répandent à terre.

Quand les cônes mûrs font cueillis, on les expofe au grand
foleil dans des caiffes, comme nous l'avons dit en parlant des
fruits du Sapin & des Mélefes ; & fi-tôt que la graine eft
fortie des cônes, on la met en terre, quoiqu'on pût cependant la conferver jufqu'en Automne.

Il y en a qui mettent les cônes au four pour les faire ouvrir; mais pour peu que la chaleur foit trop forte, les femences font altérées, & elles ne peuvent plus lever.

On peut tranfplanter les jeunes Pins; mais il faut alors qu'ils
foient très-jeunes, & avoir l'attention de leur conferver un
peu de terre en motte, fans quoi on en perdroit beaucoup.

M. Roux de Valdone, qui a fait enfemencer en Provence
d'affez grandes pieces de terre en Pins, les unes pofées en
colline, & les autres en terrein plat, eftime que fi l'on femoit
la graine dans des terres bien labourées, les jeunes Pins auxquels il faudroit donner quelque culture, viendroient plus
vîte ; mais la plupart des terres qu'il a enfemencées en Pins,

n'étant pas fusceptibles de labour, tant à caufe de l'inégalité du terrein, que parce qu'elles étoient couvertes de brouffailles, il s'eft contenté de répandre la femence fous les brouffailles mêmes: les Pins s'y font élevés, & ont enfuite étouffé tous les arbuftes qui occupoient en premier lieu le terrein.

Il a fait fes femis dans les mois de Novembre & Décembre, lorfque la terre étoit bien humectée; &, fans autre précaution, il s'eft procuré de beaux bois de Pins.

Il eft bon de favoir que les cônes ou fruits de plufieurs efpeces de Pins, qui paroiffent au Printemps, font mûrs en hyver, & que les écailles de ces cônes s'ouvrent le printemps fuivant. Lorfque dans les mois d'Avril & de Mai ces fruits font frappés par un foleil ardent, les graines ou les pignons tombent, mais les cônes vuides reftent fur les arbres au moins trois ans; & comme l'humidité fait refferrer les écailles, des gens peu expérimentés pourroient cueillir ces cônes vuides, croyant cueillir des cônes qui contiennent encore leurs pignons: il faut donc leur apprendre qu'on ne doit cueillir que les cônes qui font attachés aux dernieres pouffes des branches, & dont les écailles font exactement jointes.

U S A G E S.

Outre les efpeces que nous avons nommées, nous en avons élevé plufieurs autres que nous n'avons pas rapportées, parce que nos arbres font encore trop jeunes pour les bien connoître : nous avouons auffi qu'il n'eft point facile de diftinguer exactement toutes les efpeces du Pin.

Pour y parvenir, autant qu'il eft poffible, il faut examiner attentivement la forme & la groffeur des cônes, la quantité de feuilles qui font contenues dans une même gaîne, le port général de l'arbre, la groffeur & la couleur des fleurs: cependant, avec toutes ces attentions, on auroit encore bien de la peine à diftinguer toutes les différentes efpeces, fi nous négligions d'inférer ici de courtes defcriptions, qui indiqueront les marques particulierement diftinctives.

Le Pin cultivé, n°. 1, eft un arbre très-touffu; fes feuilles font longues de cinq à fix pouces, épaiffes, d'un beau verd, raffemblées deux à deux dans une gaîne commune, arrondies d'un côté, plates & fans rainure du côté qu'elles fe touchent: les pouffes font groffes, couvertes de grandes écailles arrondies par le bout; les branches fe foutiennent droites; les fleurs mâles forment de gros bouquets rouges: on voit quelquefois à l'extrêmité d'une même branche des fleurs mâles & des fleurs femelles. Les cônes font fort gros, prefque ronds; ils ont quelquefois quatre pouces & demi de longueur fur quatre pouces de diametre; ils font formés d'écailles fort dures, dont l'extrêmité, qui fait l'extérieur du cône, repréfente des efpeces de gros mammelons arrondis, au milieu de chacun defquels on voit comme une efpece d'umbilic froncé.

Les pignons contenus dans le fruit font gros, fort durs; ils renferment des amandes bonnes à manger, foit crues, foit en dragées ou en prâlines: on en fait auffi des émulfions; enfin on en retire par expreffion une huile qui eft auffi douce que celle de noifettes.

Le bois de cette efpece de Pin eft affez blanc, médiocrement réfineux: on en fait néanmoins en Suiffe des tuyaux pour les conduites d'eau; & à Toulon, on en conftruit des corps de pompes; on en fait auffi de bonnes planches: au refte, prefque tous les Pins font propres à ces mêmes ufages.

On cultive ces arbres dans plufieurs Provinces pour la beauté de leur feuillage, & pour en recueillir les fruits.

Le grand Pin maritime, n°. 2, eft garni de belles feuilles affez longues, d'un beau verd, & prefque auffi étoffées que celles du Pin cultivé: elles fortent deux à deux d'une gaîne commune. Les pouffes de cet arbre font affez groffes, & fes branches fe foutiennent bien. Les fleurs mâles forment de beaux bouquets rouges: les cônes font moins gros que ceux de l'efpece précédente, mais ils font plus longs: les uns ont quatre pouces & demi de longueur fur deux pouces & un quart de diametre; & d'autres cinq pouces & demi de longueur fur deux pouces & demi de diametre.

Les éminences que l'on remarque fur les cônes, & qui font formées par l'extrêmité des écailles, au lieu d'être arrondies comme dans le Pin cultivé, font coniques, & leur bafe eft ovale: quelquefois les bafes font en lofange, & alors les éminences forment une pyramide ; mais dans l'un & l'autre cas le grand diametre est toujours placé perpendiculairement à l'axe du cône. On observe encore quelque variété dans la forme de ces éminences: elles sont plus ou moins saillantes ; & dans ce dernier cas les éminences sont terminées par un mammelon ; lorsqu'elles sont au contraire très-saillantes, alors elles se terminent en pointe.

Les pignons de l'espece n°. 2 sont durs, mais considérablement moins gros que ceux du Pin cultivé.

Cet arbre est commun presque par tout le Royaume. On emploie son bois aux mêmes usages que celui du Pin cultivé, & l'on en retire pareillement de la résine.

Le petit Pin maritime, n°. 3, ne differe du précédent que parce que ses fruits sont moins gros, & ses feuilles plus courtes & plus menues : il fait un aussi grand arbre, & son bois est employé aux mêmes usages : on doit cependant le regarder comme une espece particuliere ; car dans le Bourdelois, où l'on seme ces deux Pins maritimes, on remarque que les graines produisent assez constamment leur même espece.

Le Pin maritime de Mathiole, n°. 4, tient en quelque façon le milieu, entre le petit Pin maritime, & le Pin de Geneve. Ses feuilles sont plus fines, d'un verd blanchâtre, plus longues que celles du petit Pin maritime. Les jeunes branches sont menues, souples & se recourbent. Les feuilles viennent par touffes comme des aigrettes au bout des jeunes branches. Les autres branches restent presque nues dans toute leur longueur, en sorte que l'on voit à découvert leur écorce qui est grise & unie : les fleurs mâles sont blanches ; les cônes sont un peu plus gros que ceux du Pin de Geneve. Dans l'Hiver de 1754. nous avons perdu presque tous les Pins de cette espece.

Le bois de cette espece, n°. 4, est très-résineux. Nous le cultivons depuis plusieurs années ; il ne fait pas, à beaucoup près, un aussi bel arbre que les deux especes précédentes : dans le Briançonnois, on le nomme simplement *Pin.*

Le Pin de Geneve ou d'Ecosse, n°. 5, a les feuilles très-courtes & menues, qui sortent deux à deux d'une gaîne commune ; elles sont d'un verd blanchâtre, piquantes, & distribuées dans toute la longueur des jeunes branches, qui, étant pliantes, fe renverfent de part & d'autre : les fleurs mâles font blanchâtres ; les cônes font petits, prefque coniques & pointus ; les écailles des cônes ont à la fuperficie, des éminences très-faillantes, formées par des pyramides relevées de quatre arêtes très-fenfibles ; leur bafe forme à peu près une lofange, dont la grande diagonale eft prefque parallele à l'axe du cône qui fe termine en pointe. Ces cônes viennent raffemblés par bouquets de deux, trois ou quatre, placés autour des branches ; les amandes font petites, prefque femblables à celles du Sapin, & faciles à rompre.

Ces arbres s'élevent très-haut ; leur bois eft très-réfineux & d'un fort bon ufage. A en juger par les fruits qui me font venus de Riga, c'eft avec cette efpece de Pin qu'on fait les grandes mâtures que nous tirons de ce pays. On m'a auffi envoyé de Saint Domingue des cônes qui reffemblent beaucoup à ceux de Geneve ; d'où je conclus que comme ce Pin croît dans le territoire de Geneve, en Ecoffe, à Saint Domingue, & dans plufieurs Provinces du Royaume, il eft probable que cette efpece croît indifféremment dans la Zone glaciale, dans la Zone torride & dans la tempérée.

Les bouquets de fleurs mâles du Torchepin, n°. 6, font arrondis comme une Pomme ; ils font compofés d'une cinquantaine de chatons de deux lignes & demie ou trois lignes de longueur, chargés de fommets qui répandent beaucoup de poufliere ; ces fleurs font rouges.

Les fleurs femelles naiffent à l'extrêmité d'autres branches, différentes de celles qui portent les fleurs mâles ; elles font raffemblées deux, trois ou quatre autour de la branche.

Lorfque les fruits ou cônes font mûrs, ils ont deux pouces ou environ de longueur fur dix à douze lignes de diametre. Ils font de la figure d'un œuf très-pointu par un de fes bouts ; leur couleur eft d'un rouge de canelle, vif & brillant ; l'extrêmité des écailles, qui eft très-faillante, a des formes affez variables ; mais elles forment le plus fouvent des pyramides quarrées affez régulieres.

Dans l'intérieur de ces cônes on trouve des amandes de la groffeur d'un pepin de poire.

L'écorce des jeunes branches, qui eft prefque écailleufe, eft de couleur de canelle brillante.

Les feuilles de cette efpece de Pin fortent deux à deux d'une gaîne commune; elles font fortes, d'un beau verd, terminées en pointe, piquantes, & longues d'environ deux pouces.

Cet arbre s'éleve très-haut, & il foutient bien toutes fes branches, à l'exception des plus jeunes qui fe courbent un peu.

Son bois, nouvellement coupé, eft d'une couleur un peu rouffe; il eft très-réfineux: j'en ai des morceaux de l'épaiffeur de deux à trois lignes, au travers defquels on apperçoit l'ombre des doigts quand on les expofe au grand jour. Les Payfans fe fervent de ce bois pour faire des torches qui brûlent très-bien.

Nous avons reçu d'Hagueneau des branches & des cônes du Pin de l'efpece n°. 7, prefque femblables au précédent, avec cette différence que les cônes de celui-ci font longs, menus & pointus: cette efpece a cela de fingulier, qu'affez fouvent on y trouve des feuilles qui fortent trois à trois d'une gaîne commune.

M. Gaultier nous a envoyé la defcription de deux Pins des efpeces n°. 8 & 9. On les nomme en Canada *Pins rouges*: ils ont beaucoup de reffemblance avec le Torchepin, n°. 6, à la différence près que le Pin rouge du Canada, n°. 8, a fes feuilles de cinq pouces de longueur, & un peu arrondies par le bout; il paroît auffi que les fruits font un peu plus arrondis à leur extrêmité: le petit Pin rouge, n°. 9, a les feuilles de trois ou quatre pouces feulement de longueur, & déliées, au lieu que le Pin-fuffis, n°. 6, les a fortes & épaiffes. Au refte ces efpeces fe rapprochent tellement qu'on peut les regarder comme des variétés d'une même efpece.

C'eft avec le Pin rouge de Canada, qu'on a fait la mâture du vaiffeau du Roi, le Saint-Laurent, qui eft de foixante canons.

On trouve peu de cette efpece de Pin dans le bas du fleuve Saint-Laurent; mais il en croît beaucoup du côté de Montréal.

Le Pin gris de Canada, n°. 10, paroît être encore une variété de l'efpece n°. 6. Les feuilles n'en different que parce qu'elles font recourbées, de forte que les deux feuilles qui fortent d'une gaîne commune, fe touchant par leurs deux extrêmités, forment une efpece d'anneau : les cônes font de la même grandeur & de la même forme que ceux du n°. 6 ; mais ils font recourbés ; & comme les pointes fe regardent, ils repréfentent deux cornes naiffantes.

Ces arbres deviennent fort hauts ; mais comme ils font très-garnis de branches dans prefque toute la longueur de leur tige, elle eft trop chargée de nœuds pour fournir de bonnes mâtures : c'eft bien dommage, car le bois du Pin gris eft fort réfineux & très-pliant. On trouve cette efpece de Pins dans les terres feches & fabloneufes.

Nous ne pouvons rien dire des efpeces ou variétés de Pins, depuis le n°. 10 jufques & compris le n°. 15, parce que nous n'avons point été à portée de les examiner : il peut cependant fe faire que nous les ayons ici ; car nous cultivons beaucoup de Pins : mais ils font encore trop jeunes pour entreprendre de les décrire ; & nous nous fommes propofés, autant qu'il nous fera poffible, de ne parler que d'après nos obfervations réitérées.

On trouve dans quelques Auteurs un *PINUS SILVESTRIS, tubulus, Plinii, quem Ananienfès in Tridentino Mugo appellant.* Il eft dit que ce Pin ne forme point de tige, mais qu'il fournit beaucoup de rameaux qui rampent fur terre, ainfi que des tuyaux, & que les Tonneliers les emploient pour des cerceaux ; on ajoute que fes cônes reffemblent affez à ceux du *Pinus filveftris* ordinaire.

Les cônes du Pin à trois feuilles, ou épineux de Canada, n°. 16, fuivant la defcription que M. le Marquis de la Galiffoniere a bien voulu nous en donner, fe diftingue des Pins que nous venons de décrire : 1°. par fes cônes qui font à peu près de la même groffeur que celui du Pin rouge, mais qui fe terminent en pointe plus aiguë ; 2°. par les écailles qui font terminées par une pointe ou épine qui eft affez piquante pour offenfer les mains quand on les touche ; 3.° par fes feuilles qui fortent trois à trois d'une gaîne commune ; 4°. par une rainure qui fe prolonge dans toute la longueur de la face extérieure des feuilles ; 5°. par fes feuilles qui font un peu moins

longues

longues & plus déliées que celles du Pin rouge : 6°. par son
bois qui est pliant, fort réfineux, & qui a le grain très-fin;
on le croit plus pefant que celui des mâts de Riga; il a peu
d'aubour: 7°. cet arbre devient très-haut, & peut fournir des
mâts de hune pour un vaiffeau de foixante - dix pieces de
canon. On trouve cette efpece de Pin vers le lac Champlain,
jufqu'au fort Frontenac.

Le Pin à trochet, n°. 17, a trois feuilles qui fortent d'une
même gaîne; mais elles font plus longues que celles du numéro
précédent. Ses fruits viennent raffemblés par gros bouquets. On
nous a donné en Angleterre une branche de cet arbre, qui
portoit une vingtaine de fruits raffemblés tout près les uns des
autres.

J'ai encore reçu d'Angleterre de belles branches du Pin de
marais de l'efpece n°. 18. Ses feuilles font épaiffes, toutes
attachées d'un feul côté des branches, ce qui leur donne le
port d'une branche de Palmier: elles ont huit & neuf pouces
de longueur, & font très-groffes, & d'un beau verd.

Les fleurs mâles du Pin blanc de Canada, n°. 19, ou
Lord-Wimouth, font d'abord très-blanches, & elles deviennent
enfuite marquées d'un peu de violet.

Les cônes font attachés aux branches par des queues de
plus d'un pouce de longueur; ces fruits paroiffent jufqu'à leur
parfaite maturité d'un fort beau verd; ils font compofés d'écailles,
qui, au lieu d'être dures & épaiffes par leur extrêmité, font
affez minces en cet endroit, & prefque femblables à celles du
fruit de l'*Abies*, quoiqu'un peu plus épaiffes.

Ces cônes ont environ quatre pouces de longueur fur huit
lignes de diametre; ce qui les rapproche encore de la forme
de ceux du Sapin. Les pignons ou noyaux font affez gros &
bons à manger. Les feuilles fortent cinq à cinq d'une gaîne
commune: cette gaîne fe deffeche & tombe, & alors on voit
que les cinq feuilles font implantées fur une tubercule attachée aux branches. Ces feuilles font longues d'environ trois
pouces; elles font d'un beau verd, & dans les faces intérieures on apperçoit, fur-tout fur les jeunes branches, des raies
blanches: ces feuilles font raffemblées par bouquets au bout
des branches qui reftent nues.

L'écorce des jeunes branches eft unie, brillante ; d'un verd brun ; l'écorce des groffes branches, ainfi que celle du tronc, eft épaiffe & blanchâtre.

On peut remarquer très-aifément dans l'écorce des jeunes branches, des vaiffeaux remplis de réfine fort claire : ces vaiffeaux forment des zigzags & communiquent à de très-petites véficules qui font remplies de cette même liqueur : on ne peut découvrir ces vaiffeaux dans les groffes écorces. Ces Pins ne font jamais auffi grands que les Pins rouges, quoique cependant ils faffent de grands arbres : ils font bien garnis de branches & très-chargés de feuilles qui font d'un très-beau verd ; c'eft ce qui les rend propres à décorer les bofquets d'hyver.

Le bois de cet arbre eft blanc ; il eft chargé d'une réfine fluide & tranfparente comme le cryftal, qui s'écoule affez abondamment des entailles qu'on fait au bois. Cette efpece de Pin eft trop garnie de nœuds pour pouvoir être employée à en faire des mâts ; mais on en fait de très-bonnes planches : on trouve ce Pin en grande abondance dans les mauvaifes terres, fituées au nord du fleuve Saint-Laurent.

Quoique j'aie compris dans le même article le Pin blanc de Canada & celui de *Lord-Wimouth*, je crois néanmoins y avoir remarqué quelques différences : 1°. celui de *Lord-Wimouth* a les feuilles plus fines ; & je n'ai point apperçu fur les pieds qui me font venus d'Angleterre, ces raies blanches dont parle M. Gaultier : 2°. elles fortent d'une tubercule ou d'un mamelon très-petit : 3°. les jeunes branches font fort menues : ces différences ne font cependant point affez confidérables pour en faire une efpece particuliere ; mais on doit feulement regarder celle-ci comme une variété de la même efpece.

Le *Pinafter* de Belon, n°. 20, croît fur les plus hautes montagnes du Briançonnois, où on le nomme *Alviez* ; il fe plaît dans les endroits les plus froids, & où la neige refte une partie de l'année. Il reffemble beaucoup au Pin blanc de Canada, n°. 19 ; mais fes cônes font plus gros : ils ont quelquefois près de deux pouces de diametre ; ils font plus courts, & la plupart n'ont que trois pouces de longueur ; ils font arrondis par le bout, & formés d'écailles pofées les unes fur les autres comme celles du Sapin , mais plus épaisses : ces écailles renferment des noyaux ou pignons moins gros que ceux du Pin cultivé, n°. 1 ; ils sont presque triangulaires , faciles à rompre sous la dent : l'amande en est douce & d'un goût agréable , blanche , mais couverte d'une écorce brune.

J'ai observé sur une branche qui m'a été envoyée du Brian-çonnois , qu'il sortoit plus ou moins de feuilles d'une même gaîne , ou, quand la gaîne est tombée , d'un même mamelon : j'en ai compté quelquefois quatre , le plus souvent cinq , & de temps en temps six.

Ces feuilles sont d'un beau verd , plus épaisses & plus lon-gues que celles du Pin blanc , n°. 19 : elles ont jusqu'à quatre pouces & demi de longueur. Les jeunes branches , quoique très-bien garnies de feuilles , se soutiennent cepen-dant bien ; ce qui fait que cet arbre a un port & une verdeur très-agréable.

On peut remarquer que les deux Pins que nous venons de décrire , ressemblent beaucoup aux Méleses , tant par la multi-plicité de leurs feuilles , que par les mamelons qui leur ser-vent de support , & par leurs fruits qui sont écailleux ; on peut encore ajouter , par leur résine qui est très-coulante.

Comme les écailles des fruits ne sont pas fort adhérentes au filet ligneux qui les soutient , sur-tout quand les cônes sont bien mûrs ; un oiseau de la grosseur & de la figure d'un geai, très-commun dans le Briançonnois & que l'on y connoît sous le nom de *Piquerole*, est friand de ces pignons ; il trouve le moyen de les tirer avec son bec de dessous ces écailles pour s'en nourrir. On recueille les pignons pour les manger comme des noisettes , ou pour les employer dans les ragoûts en guise de mousserons.

Il y a encore un Pin à cinq feuilles qui croît en Russie & en Sibérie , dont les cônes sont assez petits , durs & comme ceux des Pins à deux feuilles. Il est décrit & figuré par Amman , qui le confond mal-à-propos avec le *Pinaster Belloni.* M. Butner qui a vu chez moi le *Pinaster* , & chez M. Col-linson à Londres le Pin à cinq feuilles de Russie, m'a assuré que ces deux especes étoient très-différentes l'une de l'autre.

Indépendamment des utilités particulieres dont nous avons parlé à l'occasion de chaque espece de Pin, nous croyons devoir encore faire remarquer les ufages qui conviennent à prefque toutes les efpeces de cet arbre.

1°. Comme les Pins confervent leurs feuilles toute l'année, & que celles de plufieurs efpeces font d'un très-beau verd, ils doivent procurer un grand agrément aux bofquets d'hyver: plufieurs de ces Pins font auffi un effet charmant au commencement du printemps, quand ils font chargés de leurs fleurs.

2°. Nous avons dit qu'on faifoit des flambeaux avec les copeaux du *Pin-fuffis* ; nous ne devons pas oublier d'ajouter qu'en Provence, en Languedoc & dans l'Amérique méridionale, on emploie indifféremment à cet ufage des copeaux de toutes les efpeces de Pins, mais que l'on choifit préférablement les morceaux qui contiennent les veines les plus réfineufes : ils nomment cela *Pin gras*. Quelques Américains appellent les Pins, *bois de chandelle*, à caufe de l'ufage qu'ils en font pour s'éclairer; cette dénomination eft d'autant plus impropre, qu'il croît dans ces mêmes Ifles un autre bois qu'on nomme à plus jufte titre *bois de chandelle*, & qui n'a nulle analogie avec le Pin.

On fait de véritables chandelles avec la réfine jaune qu'on retire du Pin, en la fondant fur une meche : ces chandelles répandent une lumiere foible & rouffe ; elles ont d'ailleurs une odeur très-defagréable, & elles font très-fujettes à couler; cependant les pauvres gens en font une grande confommation dans les Ports de mer, parce qu'elles font à bon marché.

3°. Le bois du Pin bien réfineux, eft en général d'un excellent ufage; il dure très-long-temps employé en charpente: on en fait des bordages pour les ponts des vaiffeaux, des planches pour les bâtiments civils, des tuyaux pour la conduite des eaux, des corps de pompe, de bon bois à brûler, du charbon très-recherché pour l'exploitation des mines : les Canadiens font de grandes pirogues d'une feule piece avec les troncs des gros Pins qu'ils creufent pour les rendre propres à cet ufage.

Outre ces avantages, plufieurs efpeces de Pins fourniffent de la réfine feche & liquide, du goudron & du brai gras. Nous allons détailler les procédés que l'on emploie pour en tirer ces différentes fubftances; & comme on ne fuit pas toujours les mêmes dans tous les pays où l'on en fait l'extraction, nous parlerons de ceux qui font venus à notre connoiſſance, afin de mettre les Propriétaires des forêts de Pins en état de faire des épreuves qui puiſſent rendre leurs travaux plus utiles.

Quoique Théophraſte décrive très-bien la maniere d'extraire la réſine du Pin, cependant, comme ſa narration eſt trop ſuccinte, nous croyons devoir donner la préférence aux méthodes qui font préſentement en uſage.

Maniere de retirer le ſuc réſineux du Pin, & d'en faire le Brai-ſec & la Réſine jaune, ſuivant les pratiques qu'on ſuit en Canada. *

Toutes les eſpeces de Pins, & même tous les Pins de la même eſpece, ne donnent pas une égale quantité de ſuc réſineux. Il eſt d'expérience que certains Pins donnent pendant un été trois pintes de ce ſuc, tandis que d'autres n'en fourniſſent pas un demi-ſetier. On fait que cette différence ne dépend point de la groſſeur ni de l'âge de ces arbres, & qu'on ne peut pas attribuer cela à la nature du terrein, puiſque cette différence s'obſerve également entre les Pins d'une même forêt; mais on a remarqué que les Pins qui ont l'aubour fort épais, & ceux qui font le plus échauffés par le ſoleil, en fourniſſoient davantage.

A l'égard des eſpeces, on emploie toutes celles que nous venons de décrire; ſavoir, le Pin-cipre, le Pin gris, le Pin blanc & le Pin rouge.

Les Sauvages emploient la réſine des Pins pour calfater leurs canots d'écorce : la préparation qu'ils donnent à cette réſine pour en faire ce qu'ils nomment mal-à-propos *gomme*, eſt toute ſimple. Ils choiſiſſent dans les forêts, des Pins dont les ours ont entamé l'écorce avec leurs griffes : ces égratignures occaſionnant l'effuſion de la réſine; ils en ramaſſent autant qu'ils en ont beſoin; mais comme elle ſe trouve chargée d'impuretés, ils la font fondre dans de l'eau; la réſine ſurnage, ils la recueillent, ils la pêtriſſent, & ils la mâchent par morceaux pour

---

* Ceci eſt compoſé ſur les remarques qui m'ont été communiquées par M. Gaultier, Correſpondant de l'Académie Royale des Sciences, Conſeiller au Conſeil ſupérieur, & Médecin du Roi à Quebec.

appliquer cette réfine graffe fur les coutures de leurs canots; enfuite ils l'étendent avec un tifon allumé : cette opération, toute fimple qu'elle eft, fuffit pour rendre leurs canots étanches.

Lorfque l'on veut retirer de ces Pins une grande quantité de réfine, on choifit les arbres qui ont quatre ou cinq pieds de circonférence; on fait en terre, à leurs pieds, un trou d'environ huit à neuf pouces de profondeur, & qui puiffe contenir à peu près deux pintes de cette liqueur : on a foin de bien battre la terre pour la rendre moins perméable à la réfine : les trous nouvellement faits occafionnent néanmoins quelque déchet; mais le fuc réfineux qui coule en premier lieu, fe mêlant avec la terre, forme un maftic affez dur pour retenir parfaitement la réfine qui s'y ramaffe enfuite.

Quoiqu'on ait l'attention de bien nettoyer le terrein aux environs des foffes, cependant il fe mêle toujours avec la réfine un peu de fable, des feuilles, de petits morceaux de bois, &c. Nous indiquerons dans la fuite par quelle opération la réfine fe purifie de toutes ces ordures.

Nous remarquerons feulement en paffant, que dans quelques pays on fait au pied de l'arbre & dans fa fubftance même, une entaille affez profonde pour y pratiquer une petite auge dans laquelle fe ramaffe une réfine beaucoup plus pure que dans les foffes qui fe font en terre; mais comme ces entailles endommagent trop les Pins, on doit préférer l'ufage des foffes.

Quand ces foffes font bien préparées au pied de tous les arbres, peu de temps avant la faifon de faire les entailles, c'eft-à-dire, vers la fin de Mai, on enleve la groffe écorce jufqu'au *liber*, de la largeur d'environ fix pouces : cette précaution eft d'autant plus néceffaire, qu'il faut que les inftruments dont on fe fert pour faire ces entailles, foient bien tranchants, afin qu'ils ne laiffent fur les plaies ni copeaux, ni filaments, qui arrêteroient la réfine & l'empêcheroient de couler facilement dans les foffes: or la groffe écorce gâteroit le fil des inftruments; d'ailleurs il n'eft pas poffible d'enlever cette premiere écorce fans qu'il tombe dans les foffes beaucoup d'ordures qui faliroient la réfine, s'il y en avoit déja de ramaffée.

Comme le fuc réfineux coule plus abondamment dans le

temps des grandes chaleurs, on commence, comme nous
l'avons déja dit, à faire les entailles à la fin du mois de Mai,
& l'on continue de les étendre jufqu'au mois de Septembre.

Pour faire ces entailles; après avoir enlevé la groffe écorce,
on commence par emporter avec une erminette bien tranchante, l'écorce intérieure & un petit copeau de bois, de façon
que la plaie n'ait que trois pouces en quarré fur un pouce de
profondeur : cette premiere entaille fe fait vers le pied de
l'arbre.

Auffi-tôt que cette entaille eft faite, le fuc réfineux commence à fuinter en gouttes très-tranfparentes qui fortent du
corps ligneux & d'entre le bois & l'écorce : il n'en fort point,
ou prefque point, de la fubftance de l'écorce. M. Gaultier
s'eft affuré par des expériences, que le fuc réfineux defcend
des branches vers les racines, & qu'il ne découle jamais du
bas de la plaie. Plus il fait chaud, plus le fuc coule avec
abondance : il ceffe entierement de couler quand, au mois de
Septembre, les fraîcheurs fe font fentir. Pour faciliter un plus
abondant écoulement, on a foin de rafraîchir les entailles
tous les quatre ou cinq jours, & même plus fouvent ; pour
cet effet, on élargit un peu la plaie, & l'on emporte à chaque fois un copeau de quelques lignes d'épaiffeur; en forte
que la plaie qui, au commencement de l'été, n'avoit que
trois ou quatre pouces de diametre, fe trouve être, au commencement de Septembre, d'un pied & demi de largeur
fur deux à trois pouces de profondeur.

L'année fuivante, au mois de Juin, on ouvre une nouvelle
plaie au deffus de la premiere, & on la conduit de même ;
en forte que les Pins qui ont été entaillés pendant douze ou
quinze ans, ont, les unes au deffus des autres, douze ou quinze
plaies qui ont chacune un pied & demi de largeur fur un
pouce & demi ou deux pouces de profondeur : ces différentes
plaies s'étendent jufqu'à la hauteur de douze à quinze pieds, de
maniere qu'il faut fe fervir d'échelles pour faire les dernieres
entailles. Nous avons dit que l'on n'étendoit que peu à peu les
entailles, tant en fuperficie qu'en profondeur; c'eft pour n'endommager les arbres que le moins qu'il eft poffible ; d'ailleurs
quelque peu qu'on emporte de bois, cela fuffit pour faciliter
l'effufion de la réfine.

Il eſt aſſez indifférent de quel côté l'on faſſe les entailles : les Ouvriers ſe décident principalement par la forme du tronc de l'arbre, par la ſituation du terrein, & par la commodité qu'ils auront pour faire les foſſes : cependant comme c'eſt dans le temps le plus chaud de l'année que le ſuc coule en plus grande abondance, du moins en Canada, on doit en conclure que quand le ſoleil peut porter ſur les arbres, il y auroit de l'avantage à choiſir le côté du midi pour faire ces entailles.

Lorſque les foſſes ſe trouvent remplies d'une certaine quantité de ſuc réſineux, on le puiſe avec des cuilleres de fer ou de bois, & on le verſe dans des ſeaux pour le porter dans une auge creuſée dans un gros tronc de Pin, & qui peut contenir trois ou quatre barrils.

On tient cette auge élevée ſur des treteaux, afin de pouvoir placer des ſeaux au-deſſous, pour en retirer la ſubſtance réſineuſe ; & pour cela, on n'a qu'à déboucher un trou pratiqué au fond de l'auge, & fermé avec un tampon de bois.

Enfin, quand on a ſuffiſamment ramaſſé de ce ſuc réſineux, on lui donne une cuiſſon qui le convertit en brai ſec ou en réſine. Avant d'expliquer cette préparation, il eſt bon de faire remarquer que ce ſuc réſineux eſt une eſpece de térébenthine, moins fine à la vérité, moins tranſparente, moins coulante que celle qu'on retire du Sapin & de la Méleſe : elle eſt auſſi plus âcre & d'une odeur plus deſagréable : cependant on l'emploie avec ſuccès dans quelques emplâtres, & ſes vertus different peu de celles des térébenthines du Sapin & de la Méleſe. On pourroit auſſi diſtiller cette ſorte de térébenthine avec de l'eau, pour en tirer l'huile eſſentielle qu'on connoît en Provence ſous le nom d'*Eſprit-de-raze* ; mais il eſt bien inférieur à celui qu'on tire de la térébenthine du Sapin : nous en parlerons dans la ſuite.

Pour cuire le ſuc réſineux, on monte une chaudiere de cuivre rouge, capable de contenir une barrique de liqueur, ſur un fourneau qu'on bâtit ordinairement d'un mélange de glaiſe, de ſable & de foin : on a grande attention que les bords de ce fourneau ſoient bien exactement joints avec la chaudiere, afin que la fumée du bois ne puiſſe ſe mêler avec celle de la matiere réſineuſe ; car ſans cette précaution la chaleur du

fourneau

fourneau mettroit immanquablement le feu à la réfine, & l'on courroit grand rifque de tout perdre : c'eft encore dans cette vue de prévenir le feu, que l'on pratique à la bouche du fourneau, par laquelle on met le feu, un canal voûté, ou une efpece de gallerie de quatre à cinq pieds de longueur, terminée par un mur de terre épais, qui s'éleve de cinq à fix pieds ; moyennant ces précautions, on empêche que les vapeurs brûlantes & la fumée du bois ne fe mêlent avec la fumée de la chaudiere.

Quand tout eft ainfi difpofé, on ouvre le trou du fond de l'auge où l'on a dépofé le fuc réfineux ; on le fait couler dans des feaux qui fervent à le tranfporter dans la chaudiere. Lorfque la chaudiere eft prefque remplie, on entretient un feu modéré dans le fourneau avec du bois bien fec ; on fait bouillir le fuc réfineux environ pendant cinq à fix heures, & l'on a foin de le remuer continuellement avec une grande fpatule de bois, afin d'empêcher les ordures qui tombent au fond de la chaudiere de fe brûler : on prétend que fi l'on négligeoit cette précaution, la matiere s'enflammeroit, & il feroit alors très-difficile de l'éteindre.

Pour pouvoir connoître fi la fubftance réfineufe eft fuffifamment cuite, on en retire un peu de la chaudiere avec une fpatule, & on la verfe fur un copeau de bois : fi, lorfqu'elle eft refroidie, elle fe réduit en pouffiere en la preffant entre les doigts, alors elle eft fuffifamment cuite, & il faut la retirer de la chaudiere, & la filtrer dans une auge femblable à celle qui avoit fervi à la dépofer au fortir des foffes, & pofée pareillement fur des treteaux. On filtre cette réfine ainfi cuite, afin de la purifier de toutes les immondices dont elle fe trouve encore chargée, malgré toutes les précautions qu'on a pu prendre.

Pour faire ce filtre, on place fur les bords de l'auge des barreaux de bois qui forment un grillage, fur lequel on étend bien proprement de la paille longue à l'épaiffeur de quatre à cinq pouces.

On verfe fur cette paille le fuc réfineux qu'on tire de la chaudiere avec les cuilleres qui fervent à remplir des feaux. Cette réfine, qui eft chaude & coulante, traverfe peu à peu

la paille. Elle dépofe fur ce filtre toutes les immondices, &
elle tombe fort nette dans l'auge.

On la laiffe perdre fa grande chaleur ; & avant qu'elle foit
figée, on la tire dans des feaux en débouchant le trou qui eft
au fond de l'auge, & on l'entonne dans des barrils où elle
acheve de fe refroidir & de fe figer : en cet état, cette fubftance
eft brune , dure & caffante : c'eft-là ce qu'on appelle *le Brai-fec*
dont on fait plufieurs fortes de maftics qu'on emploie pour les
carenes des vaiffeaux, & qui peut auffi fervir à faire du brai
gras : nous en parlerons dans la fuite.

Le fuc réfineux du Pin épaiffi par la cuiffon, comme nous
venons de le dire, fert à faire une matiere à peu près femblable au brai-fec : dans les Ports, on l'appelle *Réfine*. Pour y
parvenir, lorfque le fuc réfineux eft cuit & filtré, & avant
qu'il foit refroidi, on verfe dans l'auge, où on l'a dépofée au
fortir de la chaudiere, une huitieme partie d'eau fraîche, ou
un feau d'eau fur huit feaux de réfine. Cette eau froide agit fi
vivement avec le brai-fec qui eft fort chaud, que le tout enfemble bout pendant une heure ou deux; & ce brai, de brun qu'il
étoit, devient d'un beau jaune.

On a foin, pendant l'ébullition, de remuer continuellement cette matiere avec une fpatule; & avant que la réfine
foit figée, on l'entonne dans des barrils où elle fe durcit
comme le brai fec. En cet état elle change de couleur & de
nom ; on l'appelle *Réfine ;* fondue avec de l'huile , elle fert à
faire une forte de vernis dont on enduit les mâts & les hauts
des vaiffeaux.

Il eft évident que cette couleur que la réfine contraĉte, eft
l'effet de la grande quantité de particules d'eau, qui reftent
interpofées entre les parties de la réfine, puifque, par cette
opération, le brai augmente de poids.

Avant de terminer ce qui fe pratique au Canada, il eft
bon d'avertir que le bois des Pins qui ont fourni de la réfine
pendant douze ou quinze ans, n'en eft pas moins eftimé pour
toutes fortes d'ouvrages, & que les Ouvriers qui travaillent
le goudron, prétendent que les racines de ces arbres en fourniffent une plus grande quantité que celles des arbres qui n'ont
point été entamés.

Maniere de retirer le Galipot, la Térébenthine, son huile, le Brai sec & la Résine, suivant la méthode qui se pratique aux environs de Bordeaux. *

Il n'y a point de Province dans le Royaume qui fournisse autant de différentes especes de résine de Pin que la Province de Guienne. Cet arbre y croît principalement dans les terres arides & sabloneuses, telles que les Landes qui s'étendent le long de la mer, d'une part, du Midi au Nord, depuis Bayonne jusques dans le pays de Médoc; & d'autre part, du Couchant au Levant, depuis le bord de la mer jusqu'au rivage de la Garonne. Dans toute cette étendue, on ne connoît communément qu'une seule espece de Pin, savoir, le Pin des bois de de Lobel, ou le Pin maritime de Dodonée : ce sont ceux qui sont marqués ici n°. 2 & n°. 3. Voici comme on retire le Galipot.

Lorsque les Pins ont acquis quatre pieds de circonférence, on fait au pied, & tout près des racines, une entaille de trois pouces de largeur & de sept à huit pouces de hauteur; on emporte d'abord la grosse écorce avec une coignée ordinaire; ensuite on enleve l'écorce intérieure & un copeau du bois, avec une espece d'erminette bien tranchante; on rafraîchit de temps en temps la plaie avec cet instrument, en sorte qu'elle acquiert dans le cours d'une année un pied de hauteur.

L'année suivante on continue d'élever la même incision d'un pied; & l'on procede ainsi chaque année, jusqu'à ce qu'on soit parvenu à la hauteur de sept à huit pieds.

La huitieme année, pendant que l'entaille donne du suc résineux, on recommence une nouvelle entaille au pied du même arbre, & dans une ligne parallele aux premieres. Dans le temps que cette nouvelle incision fournit du suc résineux, l'ancienne se cicatrise, en sorte qu'on peut faire ainsi plusieurs fois le tour d'un Pin, parce qu'on forme dans la suite de nouvelles entailles sur les cicatrices mêmes, sur-tout quand celui

* Ceci est fait sur les Mémoires qui m'ont été envoyés par M. DE CAUPOS, Conseiller au Parlement de Guienne, & de l'Académie de Bordeaux.

qui eſt chargé de faire les entailles, ſait ménager l'arbre autant
qu'il eſt poſſible, en n'enlevant que des copeaux très-minces
toutes les fois qu'il rafraîchit les plaies; car le ſuc coule toujours plus abondamment des plaies récentes que des anciennes;
d'ailleurs le plus mince copeau ſuffit pour donner la liberté au
ſuc réſineux de couler. Ce travail exige de l'activité; car la tâche
d'un homme eſt ordinairement de deux mille cinq cens ou deux
mille huit cens pieds d'arbres, éloignés les uns des autres de
douze à quinze pieds; & ce travail devient beaucoup plus pé-
nible lorſque les entailles ſont au deſſus de la portée de la
hache; car alors l'Ouvrier eſt obligé de s'élever ſur une perche, le long de laquelle on a pratiqué des coches figurées en
cul de lampe. Il poſe un pied ſur une de ces coches, il em-
braſſe l'arbre avec l'autre jambe & un de ſes bras, pendant
que de l'autre il fait agir ſa hache ſur le Pin qu'il veut entamer.

Depuis le mois de Mai juſqu'au mois de Septembre, le ſuc
réſineux ſort liquide & coule dans de petites auges de bois
que l'on place au pied des arbres pour la recevoir: ce ſuc liquide ſe nomme *Galipot*; on peut le regarder comme une eſpece
de térébenthine de Pin.

Le ſuc qui ſort des arbres depuis le mois de Septembre juſqu'en Mai, ſe fige le long de la plaie où il forme une croûte
blanche ſemblable à du ſuif ou à de la cire qui ſe ſeroit refroidie bruſquement: on détache cette croûte avec un inſtru-
ment de fer en forme de ratiſſoire, emmanché au bout d'un
bâton. Cette réſine épaiſſe ſe nomme *Barras* : on mêle le barras
avec le galipot pour faire du brai-ſec ou de la réſine : nous en
rapporterons le procédé.

Outre ces inciſions, il ſort encore naturellement de l'écorce
des Pins, des gouttes de réſine qui ſe deſſechent & forment des
grains que l'on emploie au lieu d'encens dans les Egliſes de
campagne: les Marchands ſont très-ſoupçonnés d'en mêler
avec l'encens du Levant. Comme cette extravaſation de ſuc
propre arrive ſur-tout aux Pins qui ſont près de mourir, c'eſt le
dernier produit de ces arbres que l'âge a affoiblis, & que les
entailles ont épuiſés au point de ne plus donner de réſine.

Pour faire le brai-ſec, on cuit le galipot & le barras dans
de grandes chaudieres de cuivre dont les bords ſont renverſés

de deux à trois pouces : ces chaudieres sont montées sur des fourneaux de brique.

Quand le suc résineux a pris une cuisson convenable, on le filtre au travers d'une couche de paille comme on le pratique en Canada ; ensuite on le coule dans des moules creusés dans le sable : nous parlerons plus bas de ces moules.

Pour faire la résine, on a soin de pratiquer au bord de la chaudiere une gouttiere de six ou huit pouces de longueur.

On établit auprès du fourneau, & sous la gouttiere de la chaudiere, une Tofte ; c'est une auge creusée dans un tronçon de Pin : on remplit d'eau cette auge ; l'Ouvrier verse peu à peu de cette eau dans la chaudiere où le suc résineux a été fondu : cette matiere se gonfle, & une partie découle par la gouttiere dans l'auge.

L'Ouvrier prend continuellement la résine qui tombe dans la tofte, & la remet dans la chaudiere ; il brasse & mêle bien le tout, en sorte que la résine, qui se mêle continuellement avec l'eau, change de couleur : si l'on a soin d'entretenir sans cesse un feu égal, & de ne pas interrompre cette circulation de la tofte à la chaudiere, la résine devient presque aussi jaune que la cire.

Quand la résine a acquis cette couleur, & qu'elle est bien cuite, on la fait filtrer au travers d'un peu de paille dans une autre tofte, d'où elle va se rendre dans des moules pratiqués dans le sable, pour la former en pains.

On trace le contour des moules avec une branche fourchue qui sert de compas : on coupe le sable avec un couteau ; quand on a ôté la terre, on en bat les bords & le fond avec des palettes de bois, & on forme ainsi des moules fort propres & de dimensions assez égales, pour que tous les pains de résine soient à peu près d'un même poids, qui est ordinairement depuis cent cinquante jusqu'à deux cens pesant.

Suivant la qualité du sable dans lequel on forme les moules, ces pains de résine ont un coup d'œil plus ou moins avantageux ; & cela n'est pas indifférent pour la vente.

On ramasse ensuite avec soin la paille qui a servi à filtrer la résine, tous les morceaux de bois & les feuilles qui sont imbues de résine : on pourroit en faire du noir de fumée ou du noir à noircir, comme nous l'avons dit dans l'article de la Mélese; ou les réferver pour les mettre dans les fourneaux à goudron; mais aux environs de Bordeaux, on fait brûler dans des fours tous ces corps chargés de réfine ; & fuivant que l'on conduit le feu, ou que l'on fait cuire plus ou moins la réfine qui en découle, on obtient une matiere réfineufe plus ou moins noire ou plus ou moins dure ; on la renferme enfuite dans des barrils pour en faire la vente : c'eft une efpece de brai plus ou moins gras qu'on nomme, quoique mal-à-propos, *Poix-noire*.

Le galipot, cette matiere liquide qui découle des Pins pendant l'été, peut, lorfqu'il n'a point été épaiffi par la cuiffon; être mis dans la claffe des térébenthines. Les Sapins, proprement dits, font, comme on le fait, les feuls arbres de nos forêts qui fourniffent la bonne & la véritable térébenthine : les Mélefes en fourniffent encore, mais la qualité en eft moins parfaite ; enfin les Pins dont il eft ici queftion en fourniffent auffi, comme nous venons de le dire, mais elle eft bien inférieure à celle des Mélefes. Outre l'odeur, la faveur & la tranfparence qui diftingue ces différentes térébenthines, il y a encore une autre propriété qui les caractérife; c'eft la facilité qu'elles ont à s'épaiffir. Celle du Sapin conferve mieux que toutes les autres fa liquidité, & le fuc réfineux du Pin eft celui qui la perd le plus aifément.

Si l'on regarde ces différentes térébenthines comme une efpece de firop réfineux, c'eft-à-dire, comme de la réfine ou brai-fec, ou de la colophone, ou de la poix feche diffoute dans un peu de feve ou d'eau, à l'aide de beaucoup d'effence de térébenthine qui s'échappe dans la cuiffon, & qu'on retire par diftillation, on peut dire alors que le galipot eft furchargé de réfine concrete ou de barras.

Pour en féparer la matiere la plus fluide, le firop le plus clair, qu'on nomme *Térébenthine du Pin*, on met le galipot, fuivant ce qui fe pratique dans les forêts de la Guienne, dans des auges de bois dont le fond eft affemblé à plat joint, mais peu exactement; alors en expofant ces auges au foleil, la partie la plus fluide du galipot coule par les fentes de l'auge, & fournit une liqueur réfinéufe affez tranfparente, de confiftance de firop épais, qu'on appelle *Térébenthine de foleil*, ou

Térébenthine fine, qui cependant ne mérite cette diftinction que par comparaifon à celle que l'on nomme *Térébenthine de chaudiere*, qui n'eft faite qu'avec le galipot fimplement fondu dans la chaudiere où l'on cuit le brai-fec & la réfine.

Cette derniere térébenthine eft opaque, plus épaiffe que l'autre, & elle a plus de difpofition à fe deffécher, non-feulement parce qu'elle eft plus chargée de barras, mais encore parce que l'action du feu lui fait perdre une partie de fon huile effentielle.

Ce qui refte dans l'auge de bois & dans la chaudiere peut être cuit & converti en brai fec ou en réfine ; mais on prétend que ces fubftances font alors d'une qualité inférieure. Cette raifon, & le peu de mérite qu'a la térébenthine de Pin, fait qu'on n'en retire guere, & qu'on eft dans l'ufage de cuire tout le galipot. Il y en a qui mettent fondre enfemble le barras & le galipot. Cette matiere, qui n'eft point fluide refte graffe, & ils la vendent en barrils fous le nom de *Poix graffe* : nous croyons cependant que la véritable *Poix graffe*, ou *Poix de Bourgogne*, fe tire des Piceas. (Voyez *A* B L E S.)

Si l'on veut retirer de l'*Effence de Térébenthine*, on diftille le galipot avec de l'eau, comme nous l'avons dit ailleurs : l'effence monte avec l'eau, & on trouve dans la cucurbite une réfine peu différente de celle qu'on a cuite dans la chaudiere ; on la mêle ordinairement avec le galipot & le barras pour cuire le tout enfemble & en former des pains.

De la façon de retirer différentes fubftances réfineufes du Pin, fuivant les pratiques de Provence.

Suivant ce que j'ai vu moi-même pratiquer en Provence, & felon les réponfes que m'ont bien voulu procurer M. Roux de la Valdone, M. Lambert, Controlleur de la Marine à Toulon, &c. je trouve que les pratiques de Provence différent peu de celles qu'on fuit aux environs de Bordeaux ; c'eft pour cela que je me bornerai à quelques remarques qui, en expofant d'une maniere fuffifante ce qui fe fait en Provence, jetteront encore quelque jour fur les pratiques du Canada, & fur celles de Bordeaux précédemment détaillées.

1°. On commence à entailler les Pins à l'âge de vingt ans, quand ils ont à peu près deux ou trois pieds de circonférence.

2°. On ne tire point de réfine de l'efpece de Pin Pinnier, n°. 1, ni d'une autre qu'ils nomment *Pinfot*; mais feulement de celui qu'ils appellent *Pin blanc*, qui eft un Pin maritime.

3°. Les Pins qui croiffent dans les terreins fubftantieux, fourniffent plus de réfine que ceux qui croiffent dans les lieux arides : il en découle davantage dans les années pluvieufes; mais auffi le temps des pluies eft fort incommode pour le travail des fubftances réfineufes : enfin les jeunes Pins donnent de la réfine auffi bien que les vieux, mais ils durent moins long-temps.

4°. Un Pin de bon âge & bien ménagé, fournit de la réfine pendant quinze à vingt ans.

5.° On fait les entailles de quatre pouces de largeur; on les rafraîchit tous les quinze jours en ôtant un copeau d'une ligne d'épaiffeur, & on étend la longueur de la plaie, de forte qu'ordinairement on allonge tous les ans l'entaille d'un pied, & l'on ceffe quand elle a cinq pieds de hauteur; après quoi l'on en ouvre une nouvelle à côté de celle-là : on n'a pas ordinairement d'égard à l'expofition pour faire ces entailles.

6°. La réfine coule toute liquide dans le temps de la force de la feve; elle ne commence à s'épaiffir qu'en Août; en Automne & en hyver, elle fe raffemble fur la plaie où elle forme une efpece de croûte : celle qui eft coulante fe nomme *Périnne-vierge*.

7°. La périnne fe raffemble dans des trous que l'on fait en terre au pied des arbres pour la recevoir, & on a foin de la ramaffer toutes les femaines avec une efpece de cuillere de fer, pour tranfporter enfuite dans une foffe où l'on apporte toute la récolte.

8°. Ceux qui veulent ramaffer une efpece de térébenthine qu'on nomme *Bijon*, font une petite foffe au fond de la grande : ce qu'il y a de plus coulant fe ramaffe dans la petite foffe à travers un grillage de branches de Romarin, dont on couvre l'ouverture de cette petite foffe, & qui fait une efpece de filtre; mais l'eau de la pluie qui s'amaffe dans ces foffes gâte le bijon.

9°. On cuit la périnne-vierge de deux façons, 1°. dans des chaudieres,

chaudieres ; comme on le pratique à Bordeaux ; enſuite on la coule en pains dans des baquets dont l'intérieur eſt garni d'une couche de cendre : cette ſubſtance qu'on appelle *Brai ſec* dans les ports du Ponent, s'appelle *Raſe* en Provence ; on la vend ſept à huit livres le quintal. L'autre façon de cuire la périnne-vierge eſt de la mettre dans de grands alambics avec de l'eau ; mais cette opération ne ſe fait que dans les mois de Mai & de Juin, quand la périnne eſt fort coulante.

Il paſſe par le bec de l'alambic une eau blanchâtre qui emporte avec elle l'huile eſſentielle de la périnne ; comme cette eſſence eſt plus légere que l'eau, elle ſe porte à la ſurface : c'eſt ce qu'on appelle en Provence *Eau de Raſe* ; elle eſt cependant bien différente de la véritable huile eſſentielle de térébenthine, puiſque celle-ci ſe vend juſqu'à 70 livres le quintal, & que l'eau de raſe ne coûte que 12 à 14 livres. On ne ſe ſert de l'eau de raſe que pour la mêler dans les peintures communes, afin de les rendre plus coulantes.

10°. Le *Galipot* n'eſt autre choſe que la réſine épaiſſe qui ſuinte des plaies ſur le déclin de la ſeve ; il y reſte attaché par flocons comme du ſuif figé, & on l'en détache vers la fin de Septembre : c'eſt-là le *Barras* de Guienne. Les Ciriers l'emploient en cet état pour enduire la meche des flambeaux de poing ; mais la plus grande partie ſe cuit dans les chaudieres pour le convertir en brai ſec ou en raſe qui eſt plus belle que celle que fournit la périnne.

Quand on veut faire de cette raſe une réſine jaune qu'on appelle en Provence *Belle-réſine*, on la tire de la chaudiere ; & quand elle eſt aſſez refroidie, pour ne plus faire de bruit, on la bat avec de l'eau qu'on y mêle peu à peu, de ſorte qu'on verſe environ trente livres peſant d'eau ſur quatre cens peſant de raſe : elle devient en premier lieu verdâtre, enſuite elle jaunit. Pour connoître ſi elle eſt entierement jaune, les Ouvriers trempent leurs mains dans l'eau, puis ils les plongent dans la réſine ; elles ſortent couvertes d'un gand qu'ils rompent pour reconnoître la couleur qu'elle a priſe.

11°. Un beau Pin fournit par an douze à quinze livres de réſine.

12°. Sur la queſtion que j'ai faite, ſavoir ſi le bois des Pins, dont on a tiré la réfine, eft bon pour toutes fortes de fervices, les fentiments fe font trouvés partagés; mais le plus grand nombre affure que ce bois eft encore très-bon, & que l'extraction de la réfine n'altere point fa qualité.

13°. Près de Tortofe en Efpagne, on retire la réfine précifément de la même maniere qu'en Provence, excepté qu'ils font les gobes ou les petites auges au pied des arbres, & dans le bois même, pour recevoir la réfine; ce qui, comme nous l'avons dit, endommage les arbres.

Maniere de retirer le Goudron, en Provence, en Guienne, à la Louyfiane, &c.

Le *Goudron* eft une fubftance noire, affez liquide, qu'on peut regarder comme un mélange du fuc propre du Pin diffous avec la feve de cet arbre, & qui eft noirci par les fuliginofités, lefquelles, en circulant dans le fourneau, fe mêlent avec la liqueur qui coule du bois.

Cette matiere fe retire, en réduifant le bois des Pins en charbon, dans des fourneaux conftruits exprès: la chaleur du feu qui agit alors très-fortement fur le bois, fait fondre la réfine, qui, fe mêlant avec la feve du bois, coule au fond du fourneau. Il fuit de-là que le goudron fe trouve fort réfineux quand on charge le fourneau avec des morceaux de Pins très-gras; & qu'il eft très-fluide, ou peu réfineux, quand on charge les fourneaux avec du Pin maigre: on n'obtient de cette derniere efpece de bois, qu'une feve peu chargée de réfine, & qui n'eft pas eftimée.

On diftingue les Pins en Provence, en *Pins rouges* & en *Pins blancs*. Il n'eft cependant pas certain que ce foit deux efpeces différentes de Pins. La différence de couleur qu'on apperçoit dans l'intérieur des Pins qu'on abat, peut venir de ce que les uns abondent plus en réfine que les autres. M. le Roux de Valdone, qui a bien examiné cette matiere, le penfe comme nous; il croit que c'eft l'âge & la nature du terrein, qui occafionnent la couleur rouge du bois des Pins. Quoi qu'il en foit, nous avons déjà dit que les Pins blancs étoient ceux qui four niſſoient le plus de réſine lorſqu'on leur a fait des entailles ; & que ce ſont les Pins rouges qui fourniſſent le meilleur goudron.

Nous avons dit encore dans l'article du Sapin, que l'Epicia fournit beaucoup de poix par les inciſions qu'on lui fait ; & que cependant, comme ſon bois eſt fort ſec, il ne ſeroit pas propre à donner du goudron. Ces obſervations tendroient à faire ſoupçonner que dans les Pins gras le ſuc propre, qui eſt la réſine, ſe feroit extravaſé, & qu'il auroit paſſé dans les vaiſſeaux limphatiques, ou qu'il ſeroit trop épais pour couler par les inciſions : en effet M. le Roux de Valdone a remarqué qu'on ne peut diſtinguer par l'extérieur les Pins rouges d'avec les Pins blancs ; mais ſeulement que l'on peut décider qu'un Pin eſt rouge, quand on apperçoit ſur ceux qui ſont devenus gros une eſpece de champignon, qu'on appelle *Bouret*, qui ſe forme ſur les nœuds des branches que l'on a coupées en élaguant les arbres ; qu'il y a des terreins où l'on ne trouve point de Pins rouges, mais que les arbres de cette eſpece ſe rencontrent aſſez fréquemment ſur les côteaux pierreux expoſés au Midi. Ce n'eſt cependant que des ſeuls Pins rouges qu'on retire le goudron ; les Pins blancs n'en donneroient que bien peu, ſi ce n'eſt qu'on y employât les troncs des vieux pieds qui ayant été entaillés, ne pourroient plus fournir de ſeve réſineuſe ; car la partie de l'arbre qui répond aux plaies en ayant été imprégnée pendant pluſieurs années, peut encore fournir du goudron, mais non toutefois en auſſi grande quantité, ni auſſi gras que le Pin rouge.

On retire auſſi du goudron, des copeaux qu'on a faits en entaillant les Pins, de la paille qui a ſervi à filtrer le brai ſec, des feuilles, des morceaux de bois, des mottes de terre, &c. qui ſont imbus de réſine.

Aux environs de Briançon on fait des entailles aux Pins ; & quand la plaie eſt chargée de réſine, on enleve un copeau le plus mince qu'il eſt poſſible ; ce copeau chargé de réſine, eſt mis à part pour en faire du goudron, & la plaie ſe trouve rafraîchie par ce procédé.

Les ſouches des Pins que l'on abat, ne repouſſent point ; on les arrache de terre, & on en retire les racines pour en faire du goudron; enfin toutes les parties de l'arbre, même les branches, font propres à cet ufage, pourvu que le bois en foit gras & fort réfineux.

En faifant le goudron on peut fe propofer deux objets; l'un eft de retirer cette fubftance réfineufe, & l'autre de faire du charbon.

Si l'objet principal eft d'avoir du charbon, on met dans le fourneau toutes les parties du tronc & des branches: mais fi le principal objet eft d'en extraire le goudron, on choifit le cœur de l'arbre qui eft rouge, les nœuds & toutes les veines réfi-neufes; le goudron qu'on en fait eft alors beaucoup plus gras.

Comme il faut que le bois foit à moitié fec pour en bien extraire le goudron, on a coutume en Provence d'abattre les Pins rouges dans le mois de Mars; mais dans les pays où l'on fait beaucoup de goudron, on abat les arbres dans tout le cours de l'année, & on les porte au fourneau quand ils font par-venus au degré de féchereffe convenable.

Lorfqu'on charge les fourneaux avec du bois bien rouge & bien réfineux, on en retire à peu près le quart de fon poids de bon goudron, c'eft-à-dire, vingt-cinq pour cent; mais le plus ordinairement on n'en retire que dix ou douze pour cent.

Ce que nous allons dire dans l'article fuivant fur la façon de retirer le goudron, a fon application pour ce que nous trai-tons préfentement; néanmoins comme il eft bon d'être inftruit de ce qui fe pratique dans différents pays, nous allons parcourir ces différents ufages: nous commencerons par ceux de Pro-vence.

Quand le bois eft au degré de féchereffe convenable, on le coupe en petites pieces d'environ dix-huit pouces de lon-gueur fur un pouce ou un pouce & demi de groffeur. On les arrange dans le fourneau pour la plus grande partie, par lits qui fe croifent en formant des grilles, & on foure verti-calement des morceaux de bois pour remplir les vuides.

Les fourneaux de Provence ont la forme de grandes cru-ches, & ils reffemblent beaucoup à ceux qu'on fait dans le Va-lais, fi ce n'eft qu'une partie du fourneau eft enfoncée en terre: ces fourneaux ont au fond dix-huit pouces en dedans, à la partie la plus large cinq pieds, qu'on réduit à deux vers

la bouche : cette largeur eſt néceſſaire afin qu'un homme puiſſe
entrer dans le fourneau avec un panier rempli de bois. Cette
partie du fourneau eſt fortifiée par des frettes de fer.

L'intérieur du fourneau a environ cinq pieds de hauteur.

Pendant que le charbon ſe forme, comme nous le dirons
dans l'article ſuivant, le goudron coule dans un réſervoir qu'on
a ſoin de tenir à couvert de la pluie.

Les fours des environs de Bordeaux ſont d'une forme différente ; ils ont la figure d'un cône tronqué, dont la baſe eſt de
quatre toiſes de diametre, & la hauteur d'une toiſe & demie.

Le fond eſt exactement pavé de briques ; il eſt traverſé par
une rigole faite d'un jeune Pin équarri, & auquel on a fait
des coches aux angles. Le fond de cette rigole doit être de
la hauteur d'un tuyau d'environ un pouce & demi de diametre ; c'eſt par là que le goudron coule pour ſe rendre dans un
baquet.

On emporte tout l'aubier des Pins, puis on fend le cœur
en barreaux d'un pouce en quarré ſur trois pieds de longueur.

On remplit l'intérieur du four avec ces billots qu'on arrange
avec ſoin, & on couvre le deſſus avec des gazons bien battus ;
on en laiſſe ſeulement quelques-uns qui le ſont moins, afin de
pouvoir les enlever pour allumer le feu qui ſe met par le haut,
ou pour le ranimer, s'il venoit à s'éteindre.

Toutes ces petites billes s'allument ; & quand on conduit
bien l'action du feu, le goudron ſe rend dans la rigole, les
impuretés s'arrêtent dans les entailles du Pin qu'on y a cou-
ché, & la matiere épurée ſe rend par la rigole dans le baquet :
on termine l'opération par fermer exactement toutes les ouvertures du four, & quelques jours après on tire du fourneau le
charbon qui s'y eſt formé.

A Tortoſe en Eſpagne, on fait les fourneaux de la même
forme qu'en Provence ; mais on y arrange tout le bois de-
bout, c'eſt-à-dire perpendiculairement, & l'on ne ferme point
le haut du fourneau : c'eſt peut-être que l'on ne s'embarraſſe
pas d'en ramaſſer le charbon, puiſqu'on le laiſſe entierement
conſumer ; je crois cependant qu'en ſuivant cette méthode,
on perd auſſi beaucoup de goudron.

Le meilleur goudron ſe vend dix livres le quintal.

On avoit envoyé à la Louyſiane des Biſcayens pour en-ſeigner aux habitants à faire du goudron ; mais la pratique qu'ils ſuivent aujourd'hui leur eſt plus avantageuſe que celle qu'ils tiennent de leurs premiers maîtres.

1°. On choiſit pour établir le fourneau un terrein en pente, pour faciliter l'écoulement du goudron.

2°. On marque le centre du fourneau par un mât fait d'un jeune Pin d'environ dix-huit à vingt pieds de longueur, & bien aſſujetti en terre.

3°. On emporte des gazons dans toute l'étendue du four-neau, & on bat la terre pour l'affermir, comme lorſqu'on fait une aire pour battre le grain ; mais on fait en ſorte de former le fond du fourneau en calotte renverſée , & de mé-nager la pente vers une dalle de pierre qu'on place pour l'é-coulement du goudron.

4.° On forme tout autour du fourneau un rebord de terre bien battue d'un pied & demi ou deux pieds , pour retenir encore plus ſûrement le goudron dans l'intérieur du fourneau.

5°. Vis-à-vis la dalle de pierre par laquelle le goudron doit s'écouler , on forme avec de la glaiſe bien battue des gouttieres de cinquante à ſoixante pieds de longueur , qui vont aboutir à pluſieurs trous ou réſervoirs pratiqués dans la terre même, & qu'on revêt auſſi avec de la glaiſe bien battue , afin que le goudron qui doit s'y rendre par les gouttieres, ne ſe perde pas dans la terre.

6°. On a ſoin que tous ces réſervoirs ſoient d'égale gran-deur ; ou bien on en marque exactement les dimenſions, afin de pouvoir connoître préciſément de combien le goudron peut avoir diminué après que l'on y a mis le feu : nous en expliquerons dans la ſuite les raiſons.

7°. On ne doit charger le fourneau qu'avec du bois ſec ; c'eſt pour cela que l'on préfere d'y employer les arbres morts qu'on trouve dans les forêts.

8°. On fend ces arbres pour les réduire en cotrets, à peu près comme font les Boulangers pour chauffer leurs fours ; dans le temps de cette opération , on met à part tous les nœuds qui ne peuvent ſe fendre , & tous les copeaux.

9°. On arrange les cotrets à plat, de façon qu'un bout foit tourné du côté du mâtreau qui eft au milieu, & l'autre bout à la circonférence. On a foin qu'il ne refte entre les morceaux de bois, que le moins de vuide qu'il eft poffible, & l'on remplit avec des copeaux tous les endroits où les cotrets ne fe touchent pas exactement.

10°. On éleve ainfi le fourneau jufqu'à treize ou quatorze pieds de hauteur, ayant toujours foin de bien remplir les vuides; car fans cette attention, le feu qui fe communiqueroit dans toutes les parties du fourneau, brûleroit le goudron, au lieu que fa chaleur doit le faire fimplement couler.

11°. On termine le fourneau en le chargeant en forme de calotte avec les nœuds & les morceaux de bois qui n'ont pu fe fendre; en forte que quand tout le bois eft ainfi arrangé, il forme un monceau qui repréfente un mulon de foin.

12°. Alors on abat des Pins tout verds; on en coupe les menues branches chargées de feuilles, & l'on en équarrit les troncs pour les ufages que nous allons expliquer : on a foin de mettre les copeaux à part, ils fervent à charger d'autres fourneaux.

13°. On foure tout autour du fourneau, entre les morceaux de bois, des rames de Pin chargées de leurs feuilles, pour former ce qu'on appelle *la chemife* : cette chemife doit couvrir tellement le bois, qu'il paroiffe que le mulon n'eft formé que de rames feuillées & vertes.

14°. Pendant ce travail on fait des trous de tariere aux troncs que l'on a groffierement équarris, enfuite on les pofe de plat les uns fur les autres, & on les retient avec des chevilles pour en faire un mur de bois, ou une cloifon qui renferme les fourneaux à la diftance d'un pied de la chemife : comme il n'y a point de pierres au Miffiffipi, cette induftrie y devient né-ceffaire.

15°. L'intervalle qui refte entre ce mur & la chemife du mulon, eft très-exactement rempli avec des gazons & de la terre qu'on arrange foigneufement.

16°. On ménage au haut du four une ouverture par laquelle on y met le feu; on laiffe auffi à différents endroits du fommet quelques ouvertures de diftance en diftance, afin que le feu fe communique dans toutes les parties du fourneau; mais auffi dès que l'on apperçoit que le feu prend avec trop d'ardeur dans certains endroits, on en modere l'action en fermant ces ouvertures avec des gazons.

17°. On veille ainfi le fourneau jufqu'à ce que tout foit confommé. Pendant que le bois fe réduit peu à peu en charbon, le goudron coule par les gouttieres dans les réfervoirs pratiqués pour le recevoir.

Cette façon de retirer le goudron eft très-bonne pour les pays où les Pins font très-communs. A l'égard des lieux où ces arbres font plus rares, on doit préférer d'y conftruire les fourneaux en forme d'un œuf; ils ont cet avantage que l'on en retire plus exactement tout le goudron que le bois peut fournir.

Maniere de tirer le Goudron & le Brai-gras, dans le Valais.

On abat dans le courant de l'été les Pins qu'on deftine à être brûlés pour en retirer le goudron. Les Ouvriers favent la quantité qu'ils peuvent en employer; & ils reglent leur coupe de façon que dans le temps qu'ils chargent leurs fourneaux, le bois ne foit ni trop fec ni trop verd : car, pour bien faire, il doit n'être qu'à demi defféché.

Comme toutes les parties du Pin; favoir, le tronc, les branches & même l'écorce fourniffent du goudron; on coupe les branches d'une longueur proportionnée à la grandeur des fourneaux, & l'on fend les gros troncs pour les réduire en buchettes comme des cotrets.

Dans le Valais où la plupart des Payfans entendent fort bien l'extraction du goudron, ils bâtiffent leurs fourneaux avec de la terre à four & de la pierre, & ils donnent à ces fourneaux la figure d'un œuf pofé fur fon petit bout.

Le fond eft formé d'une feule ou de plufieurs pierres de taille, mais exactement jointes. La pierre qui forme le fond du fourneau, eft creufée, & de la même figure que l'intérieur de la coque d'un œuf. A l'un de fes côtés il y a un trou d'un pouce & demi ou environ de diametre, de fix pouces

de

de pente du dedans au dehors, & qui commence à cinq pouces du fond de la pierre : on ajuſte à l'orifice extérieur & à cinq ou ſix pouces plus haut que le fond du fourneau, un bout de canon de fuſil de gros calibre, & on met une grande grille de fer ſur le fond de ce fourneau qui eſt creuſé en calotte.

On bâtit ces fourneaux de différentes grandeurs, ſelon la quantité de bois que l'on a à brûler : les plus grands ont dans œuvre environ dix pieds de hauteur, ſur cinq à ſix pieds de diametre à la partie la plus large qui eſt à la moitié de la hauteur, & de là en diminuant juſques vers la bouche, où la partie ſupérieure du fourneau ſe trouve réduite à deux pieds & demi de diametre : les parois ont environ un pied & demi d'épaiſſeur. Ces dimenſions ſont ſuffiſantes pour donner une idée de ces fourneaux.

On conſtruit en pierre de taille le bas du fourneau depuis la pierre creuſe qui fait ſon premier établiſſement, juſqu'aux deux tiers de ſa hauteur ; le reſte s'acheve avec du moëllon & de la terre à four.

Quand ces fourneaux ſont achevés, ils ont, tant par le dehors que par le dedans, comme nous l'avons dit, la figure d'un œuf. On les laiſſe bien ſécher, & l'on a ſoin de réparer les gerſures qui ſe font, ſoit au dedans, ſoit au dehors, avec la même terre qui a ſervi à les bâtir ; en ſorte que quand ces fourneaux ſont parfaits, ils paroiſſent très-proprement enduits de terre, tant en dedans qu'en dehors : alors on les charge de bois, & on l'arrange comme nous l'allons dire.

On fait avec les petites bûches ou bâtons de cotret d'un pied & demi ou de deux pieds de longueur, des faiſceaux ou fagots liés avec des harts de Coudrier ou de Viorne, & l'on proportionne la groſſeur des fagots à l'ouverture du fourneau ; car il faut qu'ils puiſſent y entrer facilement.

On deſcend un de ces fagots dans le fond du fourneau, & l'on poſe un de ſes bouts ſur la grille ; on en coupe le lien avec une lame de couteau emmanchée au bout d'un bâton ; enſuite on étend les morceaux de bois, & on remplit les vuides avec des copeaux. Ce premier plan étant établi, on en fait un ſecond de la même maniere, puis un troiſieme, &c. juſqu'à ce que le fourneau ſoit aſſez rempli, pour qu'on puiſſe toucher le bois avec les mains ; alors on ne fait plus de faifceaux, mais on pofe avec la main & l'on arrange d'autres billes de bois, ce qui fe fait toujours plus régulierement que quand on ne peut y atteindre qu'avec une perche.

Quand le fourneau eft rempli, on met par deffus environ quatre pouces d'épaiffeur de copeaux du même bois, bien fecs; enfin on pofe fur les bords de la bouche du fourneau, les unes fur les autres, des pierres plates, de façon qu'à mefure qu'elles fe furmontent, elles ferment de plus en plus l'ouverture du fourneau, & forment une chape au centre de laquelle on laiffe un vuide d'environ quatre à cinq pouces de diametre.

Le fourneau étant ainfi achevé, on met le feu aux copeaux fecs qui font au haut du fourneau, & les Ouvriers qui connoiffent par habitude, quand le feu eft affez allumé, faififfent le temps convenable pour fermer l'ouverture avec une grande pierre plate, & ils chargent entierement la chape de terre: s'ils apperçoivent des fufées de fumée un peu fortes, ils les arrêtent avec des pellées de terre , qu'ils appliquent aux endroits d'où elles s'échappent.

Quand cette manœuvre eft bien conduite, le bois fe cuit en charbon, & le goudron qui en eft la partie réfineufe, jointe avec la feve, coule fous la grille dans la cavité qui eft au fond du fourneau. Lorfque cette cavité eft remplie jufqu'à la hauteur du trou où eft adapté le tuyau de fer, cette matiere s'écoule dans des barrils qui la reçoivent: c'eft là le goudron ou le brai liquide, qui fert à enduire les cordages qui font expofés à l'eau.

Les Ouvriers connoiffent, par une habitude que l'ufage feul peut former, fi le bois a rendu toute fa' fubftance réfineufe; alors ils ouvrent le haut du fourneau ; & d'abord ils jettent la terre qu'ils avoient mife fur la chape, & enfuite ils emportent les pierres plates fur lefquelles ils ramaffent les fuliginofités qui s'y étoient attachées de même qu'aux parois intérieures du fourneau (c'eft le noir de fumée); enfin ils retirent le charbon qui s'eft amaffé fur la grille, & ils remettent du bois dans le fourneau pour recommencer la même opération.

Les impuretés plus pefantes que le goudron, avec lequel elles étoient mêlées, reftent fur la pierre qui fert de fond au

fourneau, pendant que le goudron coule de superficie par le
canal de fer qui eſt, comme nous l'avons dit, de cinq à ſix
pouces plus élevé que le fond de cette pierre.

Pour peu que l'on conçoive la ſuite de cette opération, on
conclut que tout l'art conſiſte à bien conduire le feu ; car ſi
l'on tient le fourneau trop exactement fermé, le feu s'éteint,
le bois ne ſe réduit qu'imparfaitement en charbon, & l'on
ne retire que très-peu de goudron ; ſi au contraire on donne
trop d'air au fourneau, alors le bois brûle trop vivement ; une
grande partie de la matiere réſineuſe ſe conſume, & le produit du goudron ſe trouve ainſi diminué : mais quand le feu
eſt bien conduit, il s'entretient dans le fourneau ſans produire
de flamme ; la chaleur, la fumée & les vapeurs qui ſe réver-
berent ſur le bois à peu près comme ſur les matieres contenues dans la machine de Papin, font couler à la fois la réſine & la ſeve du bois mêlées enſemble.

Il ſemble qu'on parviendroit à graduer plus aiſément le feu,
ſi l'ouverture du haut du fourneau, au lieu d'être fermée
avec des pierres & du gazon, l'étoit par un dôme auquel
on adapteroit des regiſtres de différente grandeur, que l'on
pourroit ouvrir ou fermer ſuivant le beſoin ; mais l'habitude
des Ouvriers ſupplée à ces induſtries, & ils trouvent le moyen
de parvenir à produire le même effet, en ſe ſervant à propos
des pierres plates & de la terre qu'ils ont ſous la main.

On entonne le goudron liquide dans des barrils pour pouvoir
le tranſporter dans les Ports de mer, où il s'en fait une grande
conſommation pour enduire les cordages qui ſont expoſés à
l'eau, auſſi-bien que les bois que l'on en revêt, en place de
peinture.

Les mêmes Ouvriers qui retirent le goudron du Pin, en
retirent encore par une opération qui eſt peu différente de la
précédente, une autre matiere qu'on appelle *Brai-gras.*

Pour cet effet ils ferment le canal par lequel couloit leur
goudron ; ils chargent leur fourneau avec du bois plus verd &
plus menu que celui qu'on emploie pour le goudron ; ils po-
ſent ce bois horizontalement ; ils mettent en premier lieu un
lit de ces petites bûches, enſuite un lit de copeaux ſecs du
même bois, & ſur le tout un lit de colophone, ou de brai-ſec

de poix feche: il leur importe peu que ces fubftances viennent de la Mélefe, du Pin ou de l'Epicia; mais ils emploient par préférence toutes ces matieres quand elles font chargées de feuilles ou d'autres faletés. Ils continuent de remplir ainfi alternativement leur fourneau, par lits de bois verd, de copeaux fecs & de réfine, & ils terminent leur fourneau par des copeaux fecs: ils y forment une efpece de chape, comme nous avons dit; mais ils ont grande attention d'en fermer plus exactement les ouvertures, & de conduire plus lentement leur feu. La réfine fond, elle fe mêle avec la feve réfineufe du bois, tout fe réunit au bas du fourneau où le brai doit prendre un certain degré de cuiffon; car on ne débouche le canal que quand tout le bois eft réduit en charbon. C'eft là que l'expérience des Ouvriers influe beaucoup fur la perfection du travail: car fi on ne laiffe pas couler affez tôt le brai, il devient trop fec, & il fouffre un grand déchet; fi l'on débouche trop tôt l'ouverture, le brai fe trouve trop liquide, il tient trop de la nature du goudron. On ne peut cependant connoître le terme précis pour déboucher le canal, qu'en appliquant les mains fur les pierres de taille qui forment le bas du fourneau; leur degré de chaleur indique s'il eft temps de laiffer couler le brai; & ce degré de chaleur doit être plus ou moins grand, fuivant l'étendue du fourneau. Les Ouvriers favent à la vérité qu'il leur faut à peu près fept à huit jours de temps pour faire une cuite; mais les vents fecs ou humides, le plus ou le moins de temps qu'il faut pour fermer le fourneau, avec des pierres & de la terre; enfin la promptitude avec laquelle le feu eft allumé, toutes ces circonftances avancent ou retardent l'opération, & fouvent elles influent fur la qualité ou fur la quantité du goudron qu'on retire; de maniere qu'il arrive que certains Ouvriers obtiennent d'un même fourneau beaucoup plus de goudron que d'autres n'en pourroient faire.

Après avoir débouché le canal, le brai coule dans des baquets difpofés pour le recevoir, & on l'entonne dans des barrils pour le tranfporter dans les Ports de mer, où on l'emploie à carener & à enduire prefque tout le corps des vaiffeaux.

On trouve, comme nous l'avons dit, dans l'intérieur du fourneau, un noir de fumée qu'on ramaffe avec une ratiffoire dont les bords font relevés ; on retire du même fourneau le charbon qui y eft refté, & on recommence à charger de nouveau le même fourneau.

Les dimenfions que nous avons données pour la conftruction des fourneaux ne font que des à-peu-près ; car il y en a de grands, de médiocres & de petits : chaque grandeur de fourneau a des dimenfions qui lui font propres, & il s'en trouve de mieux proportionnés les uns que les autres. Dans les fourneaux qui font conftruits dans les proportions les plus exactes, le bois fe confume mieux, & ils rendent beaucoup plus de brai que les autres : c'eft pour cette raifon que les ouvriers qui ont la réputation de les bien bâtir, font fort recherchés. Un grand fourneau bien conftruit rend quatre cens pefant de brai pur & bien cuit. Nous allons dire encore un mot fur la façon de retirer le noir de fumée ; enfuite nous détaillerons une autre méthode de fabriquer le brai-gras.

Maniere de retirer le Noir de fumée.

Outre le noir de fumée qu'on retire, comme nous l'avons dit, des fourneaux où on fait le goudron & le brai, on en fait encore à Paris & ailleurs une aſſez grande quantité. Pour cet effet l'on met dans une ou pluſieurs marmites de fer, les petits morceaux de rebut de toutes les efpeces de réfine. On place cette marmite dans le milieu d'un cabinet bien fermé, & tendu de toutes parts de toile ou de papier : on met le feu à ces morceaux de réfine qui répandent en brûlant une très-épaiſſe fumée. Les papiers ou les toiles qui revêtent les parois du cabinet, fe chargent de cette fuliginofité ou de cette fuie : c'eft ce qu'on appelle *Noir de fumée* ou *Noir à noircir*. On conferve ce noir dans des barrils, & on l'emploie à différents ufages, foit pour la teinture, foit pour l'Imprimerie, &c. L'opération que nous venons de rapporter eft très-dangereufe par les accidents de feu qu'elle peut occafionner ; ainfi l'on ne doit faire ce noir que dans des bâtiments abfolument ifolés. Quelques-uns, pour éviter ces accidents, tendent l'intérieur des cabinets avec des peaux de mouton.

Nous avons parlé dans l'article, *Abies*, de la maniere dont on fabrique en Allemagne le noir de fumée : on peut y avoir recours pour voir ce que nous en avons dit.

Du Brai-gras.

Nous avons dit que lorsque l'on chargeoit les fourneaux bâtis en œuf avec du Pin extrêmement fourni de résine, le goudron en couloit bien plus gras ; il l'est en effet quelquefois à tel point, que, sans autre préparation, on le peut vendre pour du brai-gras. Nous avons encore dit qu'en mêlant du brai-sec avec du bois bien résineux, & en n'ouvrant le canal de décharge que lorsque la substance résineuse est suffisamment cuite, on obtenoit de cette seule opération du brai-gras bien conditionné : voici cependant la méthode la plus ordinaire de faire le brai-gras. On fait fondre dans de grandes chaudieres du brai-sec, avec une partie égale de goudron : si le goudron est maigre, il faut augmenter la dose du brai-sec : si au contraire il est fort gras, un tiers de brai-sec suffit.

Nous apprenons par les réponses qui ont été faites à nos Mémoires, qu'au Mississipi, & en Espagne dans les forêts de Tortose, on fait le brai-gras en brûlant le goudron de la maniere suivante.

A la Louysiane on se sert des mêmes fosses où le goudron s'est rassemblé au sortir du fourneau : en Espagne au contraire on met le goudron dans une fosse particuliere & bien maçonnée.

On allume le goudron avec un petit morceau de bois bien sec. Après l'avoir laissé brûler pendant une demi-heure ou environ, si le trou est suffisamment grand pour faire un quintal de brai, on éprouve si le goudron est assez épaissi : pour reconnoître cela, on enfonce dans le goudron un morceau de bois ; on en retire une petite quantité que l'on fait couler dans une écuelle remplie d'eau ; & l'on juge, par la consistance qu'il prend, s'il est temps d'éteindre le feu : on éteint le feu en l'étouffant avec un plateau de bois emmanché au bout d'une longue perche.

Le brai-gras sert à enduire les coutures des bordages des vaisseaux, tant dans la partie submergée que sur les ponts.

On le vend dans les forêts de Tortofe quatre ou cinq livres le quintal, & dans les Ports fept à huit livres.

On apperçoit fur le haut des barrils de goudron, une ef-pece d'huile que plufieurs auteurs nomment *Piffeleon.*

On donne encore le nom de *Tarc* au goudron. Il eft déter-fif, defficatif & réfolutif. On s'en fert pour la guérifon des plaies des chevaux & contre la gale des moutons. On fait combien les Anglois ont préconifé l'ufage & les grandes pro-priétés de l'eau de goudron qu'ils prétendent être falutaire pour la guérifon de plufieurs maux invétérés, défefperés, & en particulier pour les ulceres du poumon.

On attribue à la poix-navale, (*Pix-navalis*) les mêmes ver-tus qu'au goudron : elle entre également dans la compofition de plufieurs emplâtres.

J E T E R M I N E R A I cet article des Pins en réfumant les obfer-vations phyfiques qui s'y trouvent répandues, & j'y en ajouterai quelques autres qui ne font point étrangeres au fujet que nous traitons.

1°. Le fuc réfineux ne coule prefque que du corps ligneux; & d'entre le bois & l'écorce; les couches corticales ne four-niffent que quelques gouttes de réfine qui ne méritent aucune attention.

2°. Ce fuc ne commence à couler qu'à la fin du printemps; il coule abondamment pendant l'été, & l'écoulement ceffe vers le milieu de l'automne; ainfi la chaleur eft favorable à fon effufion : il ne fort pas de ces arbres une feule goutte de réfine pendant l'hyver, ou dans les autres faifons lorfqu'il fait froid.

3°. Comme le fuc coule d'autant plus abondamment que la chaleur eft plus grande, les arbres bien expofés au foleil en fourniffent plus que les autres.

4°. Quand on forme les plaies aux arbres dans le temps que leur tronc eft échauffé, on a le plaifir de voir la réfine fuinter fur le champ par petites gouttes tranfparentes comme du cryftal.

5°. Si les entailles que l'on fait aux arbres du côté du Midi donnent plus de réfine que celles de l'expofition du Nord, c'eft parce que la chaleur du foleil favorife l'écoule-ment : en effet, quand le tronc d'un arbre eft à couvert du foleil, il eft indifférent de quel côté on faffe les entailles.

6°. Les entailles qu'on fait aux racines des Pins fourniffent beaucoup de réfine.

7°. Les couches ligneufes extérieures donnent plus de réfine que les intérieures.

8°. La réfine des Pins à cinq feuilles eft plus coulante que celle des Pins à deux & à trois feuilles: il femble d'ailleurs que ces arbres tiennent le milieu entre les Pins & les Mélefes.

9°. Il ne paroît pas que la déperdition de la réfine affoibliffe les Pins ; & s'il convient de ne point trop étendre ni trop approfondir les entailles, c'eft moins pour éviter cet épuifement que pour ne point trop diminuer le volume du bois ; car cela feroit périr l'arbre, & priveroit les Propriétaires de ce qu'ils en retirent encore quand on les abat : les Pins, comme nous l'avons déja dit, qui ont fourni de la réfine pendant quinze à vingt ans, font de bonnes planches, & peuvent être brûlés pour en extraire le goudron ou pour en faire du charbon.

La réfine paroît couler de la partie fupérieure ; & il n'y a pas d'apparence qu'elle monte des racines.

10°. J'ai dit qu'entre le bois & l'écorce il découloit de la réfine : à cette occafion M. Gaultier remarque que les couches du Liber commencent à donner de la réfine lorfqu'elles font partie du corps ligneux.

11°. Comme il y a toujours beaucoup de réfine aux endroits des nœuds, on les choifit par préférence pour charger les fourneaux de goudron : les racines font auffi préférées aux branches ; même les racines des arbres morts & dont le tronc eft pourri.

12°. Il y a lieu de croire qu'il fe fait une extravafation de réfine dans la fubftance ligneufe qui eft près des entailles ; car on remarque que ce bois fournit plus de goudron que le refte du corps des mêmes arbres.

13°. Il eft bon de faire remarquer qu'on ne peut guere planter de forêts qui foient plus avantageufes aux Propriétaires que celles de Pin. 1°. Cet arbre peut s'élever dans des fables où rien ne peut croître, & où l'on ne peut élever que de mauvaifes Bruyeres. 2°. Le Pin croît fort vîte, fur-tout dans les terreins où il fe plaît : dès la dixieme année on en peut faire

des

A. Fourneau de terre grasse.
B. Robinet.
C. Reservoir.
D. Grillage du Bois;
Comme il est rangé
Dans le Fourneau.
E. Rameaux sur la bouche
du Fourneau;
par ou l'on met le Feu.
F. Fond du Fourneau
en cul de chaudron,
en maçonnerie.
G. Bares de fer pour
soutenir le bois.
Echelle de 5 pieds.
1   2   3   4   5
E
A
G   G

des échalats pour les vignes; & quand il eſt à l'âge de quinze
ou dix-huit ans, on peut l'abattre pour le brûler : en prenant
la précaution de l'écorcer & de le laiſſer ſécher deux ans, il
n'a preſque plus de mauvaiſe odeur : ſon écorce pilée fournit,
à ce qu'on aſſure , un fort bon tan. A l'âge de vingt-cinq
ou trente ans, il commence à fournir de la réſine ; ſi on.mé-
nage bien les entailles , on peut, après en avoir tiré un profit
annuel pendant trente ans , abattre cet arbre pour en faire du
bois de charpente qui eſt d'un très-bon ſervice : dans pluſieurs
Provinces on le vend les deux tiers du prix du bois de Chêne :
les tronçons, les racines, enfin toutes les parties graſſes de cet
arbre peuvent fournir du goudron, du charbon, &c.

Les Pins ſont dans toute leur force à ſoixante ou quatre-
vingts ans , comme les Chênes à cent cinquante ou deux cens
ans. On peut donc conclure que les futaies de Pins ſont bien
plus avantageuſes aux Propriétaires que celles de Chênes,
non ſeulement parce qu'on peut les abattre deux fois contre
celles de Chênes une, mais encore parce que les futaies de
Pins produiſent un revenu annuel bien conſidérable. Il eſt
ſurprenant que les Propriétaires de grandes plaines de ſables,
qui ne produiſent que de mauvaiſes Bruyeres, ne penſent pas
à y planter des forêts de Pins, qui n'exigent preſque aucune
dépenſe : un pere de famille ne pourroit rien faire de plus avantageux pour ſa famille.

Tome II. Pl. 28.

Tome II. Pl. 29.

Tome II. Pl. 30.

Tome II. Pl. 32.

PLATANUS, Tournef. *&* Linn. PLATANE.

DESCRIPTION.

LES Platanes portent fur les mêmes arbres des fleurs mâles & des fleurs femelles.

Les fleurs mâles font formées de petits tuyaux frangés ou finement découpés par les bords (*bc*). Ces tuyaux donnent naiffance à des étamines affez longues; & comme ils partent d'une origine commune, ils forment tous enfemble une boule ou un globe (*a*): fi l'on regarde ces tuyaux comme autant de calyces, il fera douteux fi ces fleurs ont des pétales.

Dans les fleurs femelles, les tuyaux qui font d'une figure un peu différente, contiennent un piftil (*ef*), dont la bafe devient une femence qui eft comme enchâffée dans la houppe de poils (*ik*): ces femences font attachées à un noyau rond & dur (*h*); elles forment par leur affemblage des boules colorées (*d*), qui deviennent affez groffes, & difpofées en grappes pendantes qui font un affez bel effet.

Il paroît que ces fleurs ont un calyce écailleux & plufieurs pétales.

Le piftil (*f*) eft repréfenté beaucoup plus gros que le naturel (*e*). Le tuyau (*b*) eft pareillement deffiné plus gros.

Les fleurs femelles font de la même forme que les fleurs mâles; mais elles font plus groffes.

Les feuilles font pofées alternativement fur les branches, découpées plus ou moins profondément, & à peu près comme celles de la vigne, c'eft-à-dire, en main.

Il eſt bon de remarquer qu'on n'apperçoit point de boutons aux aiſſelles des feuilles, parce qu'ils ſont cachés dans le pédicule : ils ne ſont viſibles que quand les feuilles ſont tombées.

A l'inſertion des feuilles ſur les branches, il y a preſque toujours deux folioles ou eſpeces de ſtipules en forme de couronne.

Les Platanes ont cela de ſingulier, qu'ils ſe dépouillent de leur écorce : elle ſe détache de l'arbre par grandes plaques larges comme la main, d'un quart de ligne d'épaiſſeur.

E S P E C E S.

1. *PLATANUS Orientalis verus.* Park.
 Le vrai Platane du Levant; ou la Main-découpée des Anciens.

2. *PLATANUS Orientalis Aceris folio.* Cor. Inſt.
 Platane d'Orient à feuille d'Erable.

3. *PLATANUS Occidentalis, aut Virginienſis.* Park.
 Platane d'Occident ou de Virginie, à grande feuille.

C U L T U R E.

Nous avons élevé quelques Platanes de ſemences; mais preſque toutes celles qu'on nous a envoyées ſe ſont trouvées mauvaiſes : heureuſement ces arbres ſe multiplient facilement par des marcottes, & ſouvent ils réuſſiſſent de boutures; ils ne ſont point délicats, & ils reprennent aiſément quand on les tranſplante.

L'eſpece, n°. 1, réuſſit à merveille dans une bonne terre, pourvu qu'elle ne ſoit point trop humide. Les eſpeces, n°. 2 & n°. 3 ſe plaiſent dans les lieux fort humides, où ces arbres font des progrès étonnants.

U S A G E S.

Le Platane eſt un des plus beaux arbres qu'on puiſſe employer pour faire des avenues & de grandes ſalles dans les parcs.

Il devient très-grand; fon tronc eft fort droit & s'éleve très-haut fans fournir de branches: fa tête forme une belle touffe, & tellement garnie de feuilles & de branches, que du pied on n'y pourroit découvrir le plus gros oifeau qu'on fauroit y être perché.

Le Platane d'Orient qui a la feuille moins grande & plus déchiquetée que celle des n°. 2 & 3, eft plus touffu, & cet arbre n'exige pas un terrein auffi humide que les autres, ce qui eft un grand avantage.

Tous les Platanes ont leurs feuilles fermes comme du parchemin; elles font rarement endommagées par les infectes, & elles confervent leur verdeur jufqu'aux premieres gelées: ainfi on pourra les employer pour les bofquets de l'automne.

Nous n'avons point encore de Platane affez gros pour que nous ayons pu connoître la qualité de leur bois; mais on nous a affuré qu'on pouvoit comparer celui d'Occident au Hêtre. Il eft d'un tiffu très-ferré & fort pefant quand il eft verd: il perd beaucoup de fon poids en féchant; il eft plus blanc & pas plus veiné que le Hêtre de Canada, où on l'emploie avec fuccès aux ouvrages de charronage.

Tome II. Pl. 35.

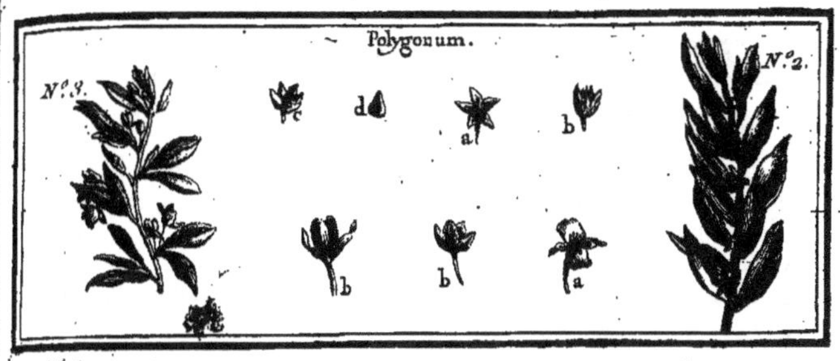

POLYGONUM, Tournef. & Linn. RENOUÉE.

DESCRIPTION.

LA fleur (*a*) de la Renouée eſt formée d'un calyce d'une piece (*b*), ou plutôt d'un pétale en forme de cloche évaſée, dont les bords ſont diviſés en quatre ou cinq parties arrondies, colorées & relevées en deſſous de marques vertes, & qui ſemblent former un calyce immédiatement attaché au pétale. Ce pétale donne naiſſance à ſix, huit étamines ou environ, aſſez courtes, & dont les ſommets ſont arrondis.

Au milieu (*c*) ſe trouve le piſtil formé d'un embryon oblong, un peu anguleux, & de trois ſtyles fort courts.

L'embryon devient une ſemence anguleuſe (*d*), applatie d'un côté, allongée de l'autre, & qui ſe termine en pointe : cette ſemence reſte dans le pétale même, qui, en ſe refermant, lui ſert d'enveloppe.

Les feuilles des eſpeces que nous comprenons dans cet Ouvrage, ſont un peu épaiſſes, fermes & attachées aux branches par des nœuds qui leur ſervent d'articulations : elles ſont poſées alternativement ſur les branches ; & à leur inſertion, elles ſont enveloppées d'une gaîne membraneuſe.

L'eſpece, nº. 3, differe un peu des autres par la forme de ſa fleur : les découpures du calyce ou du pétale étant alternativement, l'une étroite & l'autre large : celles-ci font minces, d'un rouge vif, & renverſées en dehors ; les deux autres ne ſont colorées que par les bords, & elles ſont marquées de verd en deſſous, comme nous l'avons dit.

M. Linneus nomme cette eſpece *Atraphaxis*, parce qu'il a apperçu, dit-il, dans la fleur ſix étamines, au lieu qu'il en a trouvé huit dans les *Polygonum* ; mais comme nous avons ſouvent obſervé bien des variétés dans le nombre des étamines des *Polygonum*, nous n'avons point héſité d'y réunir l'eſpece n°. 3.

ESPECES.

1. *POLYGONUM caule fruticoſo, calycinis foliolis duobus reflexis.* Hort. Upf. & Spec. Plant. Linn. *ATRAPHAXIS inermis, foliis planis.* Hort. Cliff. Cor. Inſt. *LAPATHUM Orientale, frutex humilis, flore pulchro.*

RENOUÉE en arbuſte.

2. *POLYGONUM maritimum latifolium, arboreſcens.* Inſt.

RENOUÉE maritime à feuille large, & qui fait un arbuſte.

3. *POLYGONUM Orientale arboreſcens, ramis ſpinoſis. ATRIPLEX Orientalis, frutex aculeatus, flore pulchro.* Cor. Inſt. *ATRAPHAXIS ramis ſpinoſis.* Hort. Cliff.

RENOUÉE du Levant, en arbuſte, dont les tiges ſont épineuſes.

CULTURE.

Cet arbuſte n'exige aucune culture particuliere : il ſe peut multiplier par des marcottes & par les ſemences.

Les eſpeces, n°. 2 & 3, fleuriſſent en Septembre, & conſervent leurs fleurs juſqu'aux gelées, temps où les graines tombent.

USAGES.

Les Renouées ſont de très-petits arbuſtes qui ne peuvent pas être d'un grand uſage pour la décoration des Jardins.

L'eſpece, n°. 3, eſt néanmoins aſſez jolie lorſqu'elle eſt en fleur ; la grande quantité de fleurs dont elle eſt chargée , fait paroître toute la plante de couleur de chair, ce qui la rend fort agréable , même quand elle eſt en fruit , parce que les pétales ſubſiſtent juſqu'à la maturité de la graine.

POPULUS;

POPULUS, Tournef. & Linn. PEUPLIER.

DESCRIPTION.

IL y a des Peupliers qui ne portent que des fleurs mâles; ceux qui portent des fleurs femelles donnent du fruit.

Les fleurs mâles étant attachées sur un filet commun, forment par leur assemblage un chaton écailleux (*a*): entre ces petites écailles on apperçoit à peu près huit étamines (*b*) renfermées dans un pétale ou coëffe, ou, suivant M. Linneus, un *nectarium* en godet (*c*).

Les fleurs femelles (*e*), pareillement disposées en chatons écailleux (*d*), different des fleurs mâles en ce qu'au lieu des étamines on y trouve un pistil (*f*), formé par un embryon & un style dont l'extrêmité est divisée en quatre.

Cet embryon (*g*) devient une capsule (*h*) à deux loges (*i*), dans lesquelles on trouve des semences aigrettées (*kl*).

On voit en (*m*) un chaton femelle, lorsque les semences sont parvenues à maturité.

Les feuilles de la plupart des Peupliers sont rondes ou romboïdales, & attachées à de longs pédicules: elles sont posées alternativement sur les branches.

Si l'on veut consulter ce que nous dirons du Saule au mot *SALIX*, on verra qu'il y a beaucoup de rapport entre ces deux genres.

ESPECES.

1. *POPULUS alba majoribus foliis.* C. B. P. *Populus foliis subro-*
   tundis, dentato-angulatis, subtùs tomentosis. Hort. Cliff.
   Peuplier blanc à grandes feuilles; ou Grisaille de Hollande, ou Hypreau, ou Franc-Picard à grandes feuilles.

2. *POPULUS alba, minoribus foliis.* Lob. Icon.
   Peuplier blanc à petites feuilles.

3. *POPULUS alba, folio minore variegato.* M. C.
   Peuplier blanc à petites feuilles panachées.

4. *POPULUS nigra.* C. B. P. *Populus foliis deltoidibus acuminatis,*
   serratis. Hort. Cliff.
   Peuplier noir.

5. *POPULUS nigra, foliis acuminatis, dentatis, ad marginem undulatis.*
   Peuplier noir dont les feuilles sont pointues, dentelées & ondées par les bords; ou, mal à propos, Osier blanc.

6. *POPULUS nigra, folio maximo, gemmis balsamum odoratissimum fun-*
   dentibus. Catesb. *Populus foliis ovatis, acutis, serratis.* Gmel.
   Peuplier noir à grandes feuilles, dont les boutons répandent
   un baume très-odorant: ou, Tacamahaca.

7. *POPULUS Tremula.* C. B. P. *Populus foliis subrotundis, dentato-*
   angulatis, utrinque glabris. Hort. Cliff.
   Peuplier Tremble.

8. *POPULUS Tremula ampliori folio.*
   Peuplier Tremble à grande feuille.

9. *POPULUS magna Virginiana, foliis amplissimis, ramis nervosis, quasi*
   quadrangulis. An Populus magna foliis amplis: aliis cordiformibus,
   aliis subrotundis, primoribus tomentosis? Gron. Virg.
   Peuplier noir de Virginie à très-grandes feuilles, & dont les
   jeunes pousses sont relevées d'arêtes qui les font paroître quarrées.

CULTURE.

Tous les Peupliers se plaisent dans les terreins marécageux;
néanmoins les Peupliers blancs, n°. 1, 2 & 3, viennent fort

bien fur les hauteurs ; ils tracent beaucoup, & fe multiplient facilement par les rejets qui pouffent fur les racines ; ils reprennent auffi affez bien de bouture.

Les Peupliers noirs, n°. 4, ne font que languir fur les hauteurs ; on trouve cependant dans les Vignes l'efpece n°. 5 peu différente de l'efpece n°. 4, que l'on nomme mal-à-propos *Ofier blanc ;* mais on l'étête fort bas, & l'on coupe tous les ans fes rejets : l'un & l'autre fe multiplient par des boutures qui pouffent aifément des racines.

Les Trembles, n°. 7 & n°. 8, fe plaifent beaucoup dans les lieux humides ; celui à petites feuilles fe trouve néanmoins dans des terreins affez fecs, & il y croît à une moyenne grandeur : l'un & l'autre fourniffent des rejets en abondance.

On a fait une obfervation affez finguliere ; c'eft qu'il paroît ordinairement une prodigieufe quantité de rejets du Tremble n°. 7, aux endroits où l'on a fait un fourneau de charbon. Ces petits trembles ne paroiffent cependant pas être venus de femences ; mais ces rejets pouffent d'une quantité de racines qui tracent près de la fuperficie de la terre.

Le Baumier, n°. 6, aime l'humidité ; mais auffi il demande une expofition chaude, & il craint les trop grands hyvers : on le multiplie par marcottes & par boutures.

J'ai planté cet arbre dans un Jardin bas ; il y pouffe avec grande vigueur : il y a fupporté l'hyver de 1754, qui a fait périr beaucoup d'autres arbres.

L'efpece, n°. 9, pouffe avec une vigueur extraordinaire dans les terreins bas & humides : il fe multiplie aifément de bouture.

USAGES.

Les Peupliers blancs des efpeces n°. 1 & n°. 2, qui ont leurs feuilles velues & extrêmement blanches par deffous, d'un verd brun, tirant fur le noir par deffus, figurées en cœur, découpée par les bords de dentelures, les unes affez profondes & d'autres plus petites, font de très-beaux & grands arbres qui croiffent avec une extrême vivacité dans les lieux aquatiques ; ils viennent cependant bien dans les terreins affez fecs ; ainfi on peut s'en fervir pour garnir les parties baffes des parcs, &

pour les bosquets d'été : nous en avons plantés entre des gros Ormes pour remplir des places vuides, & ils y ont bien réussi ; ce qui n'est pas un médiocre avantage.

La qualité du bois de ces arbres est à-peu-près semblable à celle du Peuplier noir, dont nous allons parler.

Les Peupliers noirs, n°. 4, ne peuvent faire de grands arbres que dans les terreins humides ; ils se plaisent singulierement sur les berges des fossés remplis d'eau.

L'espece du n°. 5, qui est une variété de celle du n°. 4, a les feuilles dentelées plus profondément, & ondées par les bords ; on la cultive dans les Vignes pour l'employer en place d'Osier : c'est pour cette raison, & assez mal-à-propos, qu'on l'appelle *Osier blanc*.

Nous avons encore une variété de l'espece, n° 4, qui a ses branches plus rapprochées du tronc : elle nous est venue de Lombardie, où l'on en fait de superbes avenues.

Cette variété est estimable, parce que ces arbres forment de belles pyramides. On plante ces Peupliers dans les lieux marécageux : leurs feuilles ressemblent beaucoup à celles de l'espece n°. 5.

L'espece, n°. 9, a les feuilles très-grandes, larges & épaisses : ses jeunes branches sont relevées de côtes ou arêtes saillantes ; leurs feuilles sont dentelées finement par les bords. Ces arbres qui nous viennent de Virginie & de la Caroline, sont très-utiles pour garnir les parties basses des parcs.

On fait, avec le bois du Peuplier, des pieces de charpente pour les bâtimens de peu de conséquence ; les Sculpteurs l'emploient en place de Tilleul ; on en fait des sabots, & des planches, qui sont assez bonnes quand on les tient à couvert de la pluie.

Les Peupliers-Trembles, n°. 7 & 8, ont leurs feuilles presque rondes, non dentelées, mais ondées, ou godronnées par les bords, très-unies, les nervures n'étant presque pas saillantes ; elles sont soutenues par des queues très-menues & très-souples ; ce qui fait qu'elles tremblent continuellement pour peu que le plus petit vent les agite. L'écorce de ces arbres est extrêmement unie : quoiqu'ils se plaisent dans les lieux bas, cependant l'espece, n°. 7, vient par-tout, même dans des fables assez fecs. Le bois de c^es efpeces eft fort tendre ; on en fait d'affez mauvais fabots, des barres, des chevilles pour retenir le fond des futailles, & du paliffon pour garnir les entrevoux fous le carreau des planchers. Les Trembles fe trouvent communément à la Louyfiane.

L'efpece, n°. 8, a les feuilles plus grandes que le n°. 7 ; mais cet arbre ne peut profiter que dans les lieux très-humides.

Les Peupliers noirs ont leurs boutons chargés d'un baume dont l'odeur eft affez agréable ; c'eft pour cela que l'on fait entrer les boutons du Peuplier dans quelques baumes compo-fés : mais il n'y en a point qui en répande autant, & d'une auffi agréable odeur, que celui de l'efpece à feuilles ovales, n°. 6, qu'on nomme pour cette raifon *Baumier*.

Je n'en ai jamais vu de grand, fes feuilles font ovales, plus larges du côté de la queue qu'à l'extrêmité, terminées en pointe, dentelées finement par les bords, vertes en deffus, d'un blanc un peu jaunâtre par deffous : on peut le mettre dans les bof-quets d'été. Ce peuplier, par rapport au baume qu'il répand, eft affurément préférable à tous les autres pour l'ufage de la Médecine.

Outre ces efpeces, on trouve un autre Peuplier en Canada, dans tous les environs de Quebec, qui a la feuille d'Erable : on le nomme *Liard* dans le pays. Suivant la defcription que m'en a donnée M. le Marquis de la Galiffoniere, fes feuilles font blanches en deffous & d'un verd foncé par deffus ; ainfi il ref-fembleroit à notre Peuplier blanc ; mais il répand un baume très-odorant, & cela ne convient qu'aux Peupliers noirs.

Tome II.   Pl. 36.

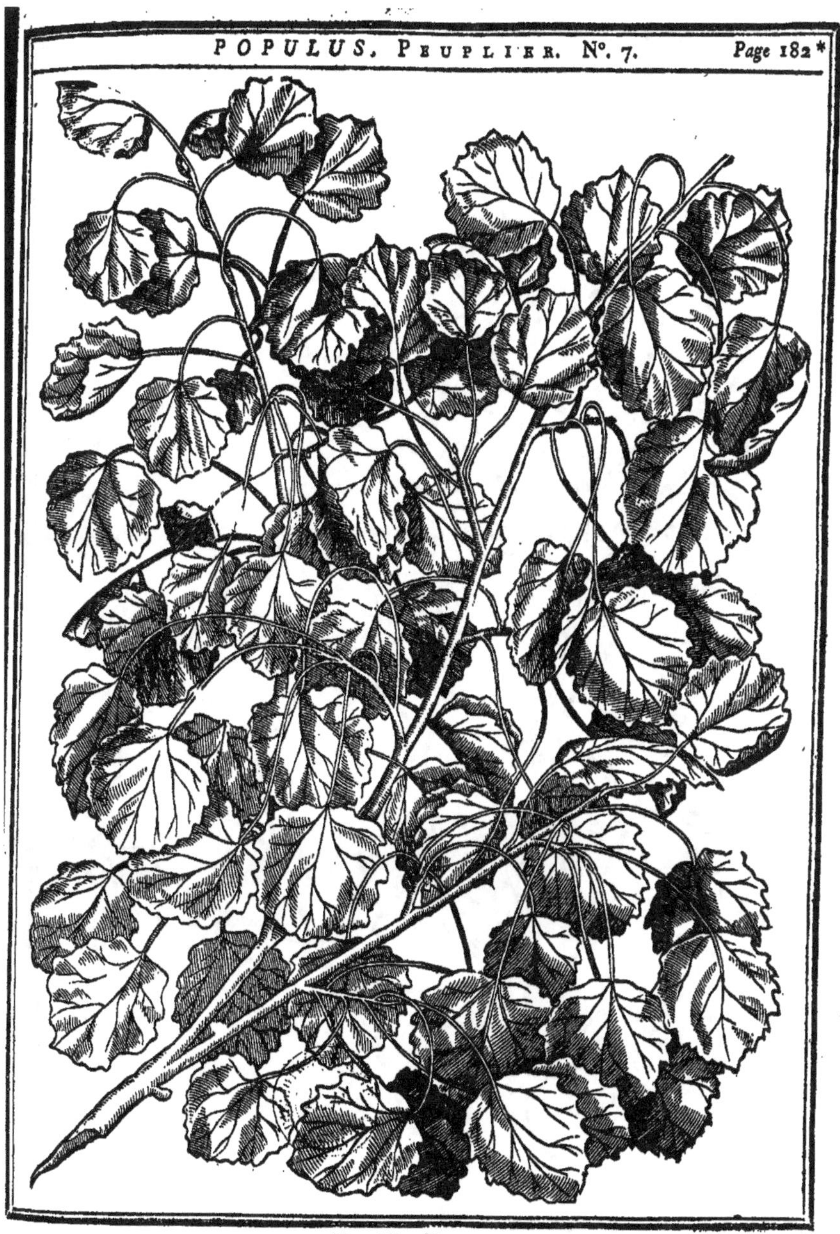

Tome II. Pl. 37.

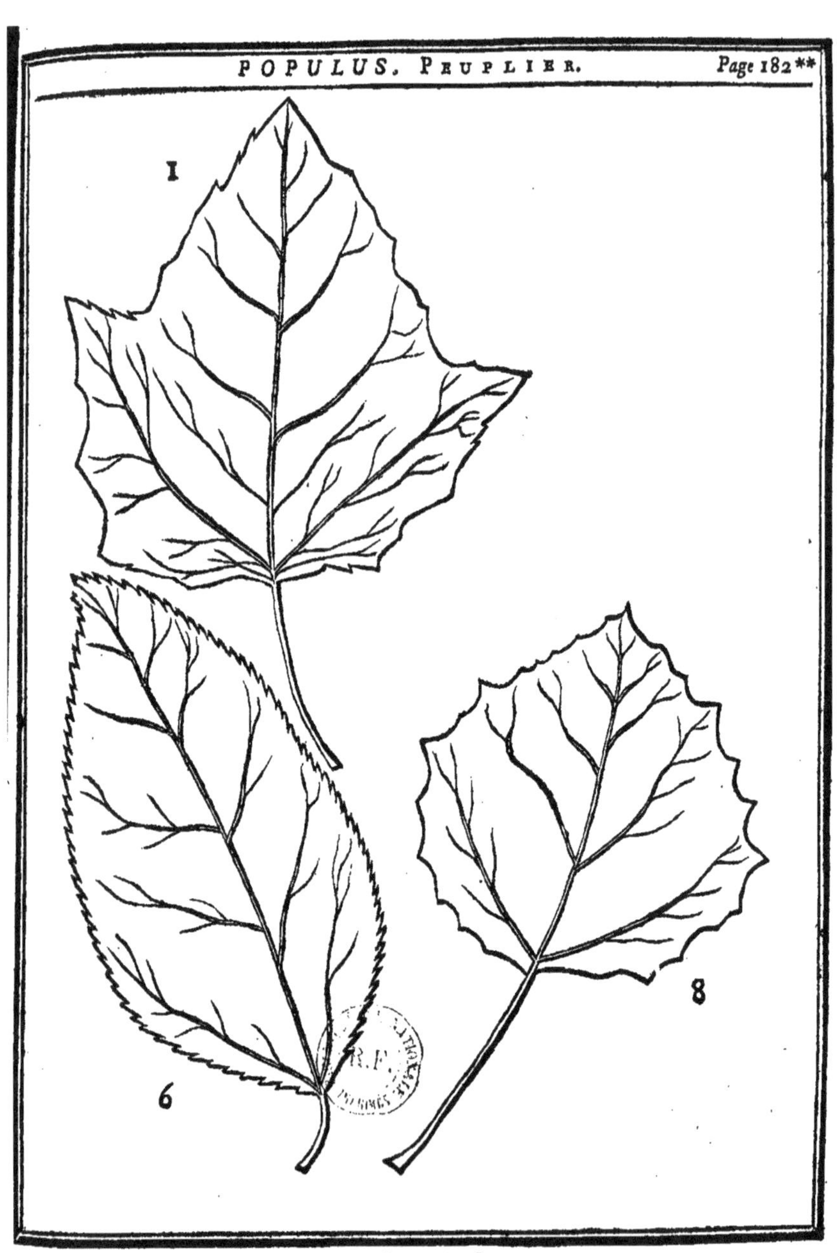

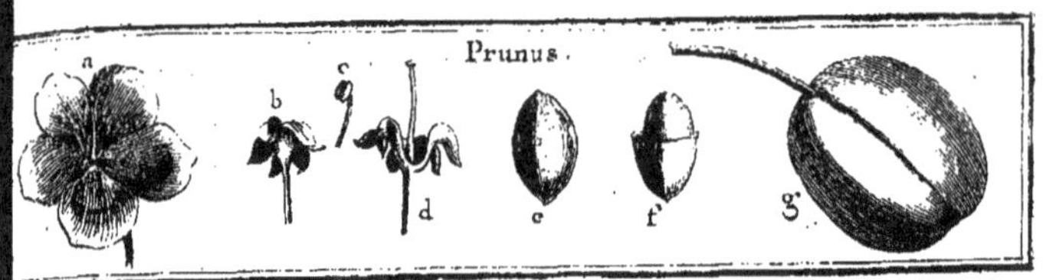

PRUNUS, Tournef. & Linn. PRUNIER.

DESCRIPTION.

LES fleurs (*a*) des Pruniers font formées d'un calyce (*b*), d'une feule piece, creufé en godet, divifé par les bords en cinq parties ; il porte un pareil nombre de pétales difpofés en rofe, & environ vingt étamines (*c*), entre lefquelles on apperçoit un piftil (*d*) compofé d'un embryon & d'un ftyle : cet embryon devient un fruit (*g*) charnu, fucculent, qui contient un noyau (*e*) applati, dans lequel eft renfermée une amande (*f*) compofée de deux lobes. La fuperficie des Prunes eft liffe, & fans aucun duvet : c'eft ce qui les diftingue de la plupart des Abricots qui ont la peau couverte d'un duvet plus ou moins fin ; d'ailleurs les Abricots font fupportés par de groffes queues très-courtes, au lieu que la plupart des Prunes pendent à des queues longues & menues : ce font ces différences qui nous font croire qu'il n'y a point de néceffité de confondre ces deux genres, comme le fait M. Linneus.

Les feuilles des Pruniers font fimples, prefque ovales, dentelées par les bords, relevées en deffous de nervures faillantes, creufées de fillons en deffus ; elles fe terminent en pointe, & font attachées alternativement fur les branches : ces feuilles font donc bien différentes de celles des Abricotiers qui font rondes & unies. Nous favons au refte qu'il ne faut avoir recours aux feuilles que le moins qu'il eft poffible pour établir les caracteres.

Les feuilles des Pruniers, & celles des Abricotiers, font pliées les unes fur les autres dans leurs boutons.

ESPECES.

1. *PRUNUS silvestris major.* J. B.
Grand PRUNIER sauvage.

2. *PRUNUS silvestris fructu majore albo.* Raii.
PRUNIER sauvage à gros fruit blanc; ou POITRON blanc.

3. *PRUNUS flore pleno.* H. R. P.
PRUNIER à fleurs doubles.

4. *PRUNUS silvestris, fructu parvo serotino.* M. C.
PRUNIER sauvage à petit fruit tardif, ou PRUNIER des haies
à fruit noir; le même à fruit blanc, ou EPINE noire.

5. *PRUNUS fructu nigro, carne durâ, foliis eleganter variegatis.* M. C.
PRUNIER à fruit noir qui a la chair ferme, & dont les feuilles
sont panachées; ou PRUNIER de Perdrigon panaché.

6. *PRUNUS nucleo nudo, segmento circuli osseo comitato.* Act. Ac. R. P.
PRUNIER sans noyau, dont l'amande est seulement accompagnée d'un segment ligneux.

7. *PRUNUS fructu cerei coloris.* Inst.
PRUNIER dont le fruit est jaunâtre & oblong; ou PRUNIER
de Sainte Catherine.

8. *PRUNUS fructu majori, rotundo, rubro.* Inst.
PRUNIER à gros fruit rond & rouge; ou PRUNE-CERISETTE.

9. *PRUNUS fructu parvo, ex viridi florescente.* Inst.
PRUNIER à petit fruit oblong d'un verd jaunâtre, ou MIRA-
BELLE.

10. *PRUNUS Canadensis, fructu purpureo, rotundo, majori, aquoso, com-
presso, cortice nigro, splendente, foliis glabris tenuibus. Aut PRUNUS
fructu rotundo, nigro, purpureo majori, dulci.* C. B. P.
PRUNIER de Canada à gros fruit rond & violet; ou PRUNE-
MIRABOLAN.

Nous supprimons quantité d'excellentes especes de Prunes,
qu'on cultive dans les jardins fruitiers.

Comme M. Linneus n'a fait qu'un seul genre des Abricots
& des Pruniers, voyez *ARMENIACA.*

CULTURE.

CULTURE.

Les Pruniers peuvent s'élever de noyau; mais comme on n'eſt pas certain ſi les fruits qu'ils produiroient feroient auſſi bons que ceux qui ont fourni la ſemence, on a coutume, pour être aſſuré des eſpeces, de les greffer ſur des ſauvageons Pruniers.

La plupart des Pruniers tracent, & leurs racines pouſſent des jets ou des drageons enracinés, qui font de la même eſpece que les ſouches qui les ont produites; ainſi ſi l'on avoit les bonnes eſpeces franches de pied, tous les rejets, ſans avoir beſoin d'être greffés, produiroient d'excellentes Prunes. Pour avoir ces ſujets francs de pied, nous faiſons greffer ſur un ſauvageon, le plus bas qu'il eſt poſſible, une Reine-claude, par exemple; & quand la greffe eſt bien repriſe, nous la faiſons planter très-avant en terre, en ſorte que la greffe ſoit recouverte d'un demi-pied de terre: ſouvent la Reine-claude pouſſera des racines au bourlet qui ſe forme à l'inſertion de la greffe, & alors on a un Prunier dont tous les rejets produiront de très-bonne Reine-claude. Nous nous ſommes procurés, par cette méthode, cinq ou ſix eſpeces de Prunes, dont tous les rejets donnent de bons fruits.

Comme il eſt quelquefois incommode d'avoir des arbres qui donnent beaucoup de rejets, nous avons greffé des Reines-claude ſur des Pêchers de noyau; ces arbres, qui font un peu délicats, nous ont donné de très-bons fruits.

Je ne parle point ici de la façon d'élever les Pruniers de noyau: on peut à cet égard exécuter ce que nous avons dit dans l'article des Amandes (*voyez AMYGDALUS*); mais il eſt bon d'être prévenu que le Prunier s'accommode mieux qu'aucun autre arbre fruitier, de toutes ſortes de terreins, & que les arbres élevés de noyau, donnent moins de rejets que ceux qu'on a plantés de drageons enracinés.

USAGES.

Il y a beaucoup d'eſpeces de Prunes excellentes à manger crues; telles font la Reine-claude, la Dauphine, le Drap d'or;

& dans les pays chauds la Sainte-Catherine & le Perdrigon; d'autres, telles que la Mirabelle, font bonnes en compotes & en confitures; enfin le Perdrigon, la Diaprée & la Sainte-Catherine, &c. font d'excellents pruneaux. Nous paffons légérement fur tous ces ufages, ainfi que fur l'énumération de toutes les efpeces de Prunes qu'on fert fur les tables, ou qu'on prépare dans les offices; on trouve tout cela fuffifamment détaillé dans les livres qui traitent des Vergers; nous infifterons feulement ici fur quelques efpeces fingulieres: celle du n°. 4 peut, par exemple, décorer les bofquets printaniers, à caufe de fes fleurs doubles qui s'épanouiffent vers la fin d'Avril.

Le Prunier fauvage de Canada fait dans ce même temps un très-joli bouquet par la quantité prodigieufe de fleurs dont il eft chargé : le n°. 5 peut, à caufe de la panache de fes feuilles, fervir à la décoration des bofquets d'été.

L'efpece, n°. 6, eft finguliere, en ce que fon amande n'eft point renfermée dans une capfule ligneufe; on voit feulement, fur un des côtés, un petit fegment ligneux qui a tout au plus une ligne de largeur.

On greffe fouvent les Pêchers fur les Pruniers, & l'on préfere pour cela les efpeces qu'on nomme le *petit Damas noir*, *le Saint-Julien* & *la Cerifette*, parce que leur écorce eft affez mince, ce qui eft commode pour la réuffite des greffes.

On fait, avec les pruneaux de Prunes aigres, un firop rafraîchiffant, qui calme la bile, & arrête les diarrhées : la décoction des pruneaux faits avec des Prunes douces, eft légérement purgative.

Le bois de Prunier eft marqué de belles veines rouges; mais fa couleur paffe en peu de temps, & il brunit, à moins qu'on ne le couvre d'un vernis. Ce bois nous a paru dur, & il pourroit être utile aux Tablettiers & aux Ebeniftes; cependant nous ne voyons pas qu'ils en faffent beaucoup d'ufage.

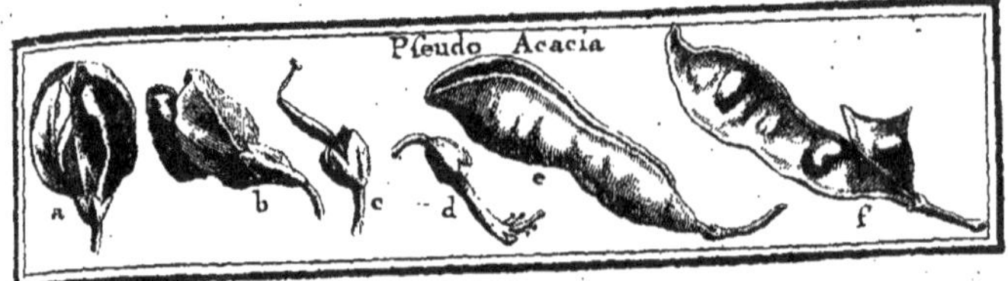

PSEUDO-ACACIA, Tourner. *ROBINIA*, Linn. FAUX-ACACIA.

DESCRIPTION.

LES fleurs (*a*) du Faux-Acacia font légumineufes, & rangées en grappe fur un filet commun.

Chaque fleur (*b*) eft compofée d'un calyce d'une feule piece, affez petit, formé en cloche, divifé en quatre par les bords, & dont la divifion fupérieure eft plus large que les trois autres.

Le pavillon (*vexillum*) eft grand, ouvert; fa forme eft prefque ronde; il eft un peu rabattu fur les autres pétales : les aîles (*alæ*) font grandes, ovales, relevées vers le pavillon.

La nacelle (*carina*) eft affez petite, & n'eft prefque pas plus longue que les aîles; elle eft arrondie & applatie.

On trouve dans l'intérieur dix étamines (*d*) qui font réunies par le bas; elles s'élevent en fe recourbant vers le haut, & portent des fommets arrondis. On apperçoit au milieu d'une gaîne formée par les filets des étamines, le piftil (*c*) compofé d'un embryon cylindrique allongé, d'un ftyle en filet qui fe recourbe en haut, & qui eft terminé par un ftigmate en forme de bouton.

L'embryon devient une filique (*e*) affez longue, applatie, & relevée de plufieurs boffes; elle contient quelques femences (*f*) qui ont la forme d'un rein.

Les feuilles du Faux-Acacia font conjuguées, & compofées

d'un nombre de folioles simples, ovales, & qui font rangées
par paire fur une nervure commune. Dans les efpeces, n°. 1
& n°. 2, il y a une foliole qui termine la nervure ; & dans
l'efpece n°. 3, il n'y a point de foliole unique.

Dans toutes les efpeces, les feuilles font rangées alternativement fur les branches.

E S P E C E S.

1. *PSEUDO-ACACIA vulgaris.* Inft.
   Faux-Acacia ordinaire ; ou, mal-à-propos, Acacia des
   Jardiniers.

2. *PSEUDO-ACACIA filiquis glabris.* Boerh.
   Faux-Acacia dont les filiques font liffes.

3. *PSEUDO-ACACIA foliorum pinnis crebrioribus. vel, CARAGAGNA ;*
   vel, SIBIRICA. Roy. Lugdb. *vel, ASPALATHUS arborefcens,*
   pinnis foliorum crebrioribus oblongis. Amm. Ruth.
   Faux-Acacia de Sibérie, qui a beaucoup de folioles, & qui
   n'a point ordinairement d'impaire.

4. *PSEUDO-ACACIA frutefcens major, latifolius, cortice aureo ;*
   ASPALATHUS. Amm. Ruth.
   Faux-Acacia de Sibérie en arbriffeau, dont l'écorce eft
   jaune.

5. *PSEUDO-ACACIA frutefcens minor, anguftifolius, cortice aureo ;*
   ASPALATHUS. Amm. Ruth.
   Faux-Acacia de Sibérie, qui fait un arbufte dont l'écorce
   eft jaune, & qui a les feuilles plus étroites que le précédent.

CULTURE.

Les Faux-Acacias, n°. 1 & n°. 2, fe multiplient par les
femences, ou par des rejets qui fortent en grande abondance
des racines.

Pour les élever de femences, il faut, fi-tôt qu'elles font
parvenues à maturité, les mêler avec un peu de terre, & les
conferver dans un pot jufqu'au printemps ; on peut alors,
pour plus grande sûreté, les femer dans des terrines fur couche ; mais fi l'on veut en avoir beaucoup, on les met en pleine

terre à l'ombre. Comme cette graine eft fine, il ne faut pas la recouvrir de beaucoup de terre; l'on fera bien auffi de dé- fendre les jeunes plantes du foleil. On replante les jeunes ar- bres la feconde année en pépiniere, où ils doivent refter juf- qu'à ce qu'ils aient acquis cinq ou fix pouces de circonférence au pied; alors on peut les mettre en place.

J'ai déja dit que les Faux-Acacias, n°. 1 & n°. 2, produi- foient beaucoup de plants enracinés; fi néanmoins on vouloit s'en procurer promptement une grande quantité, le moyen de le faire eft bien fimple: il faut arracher un Faux-Acacia qui ait au moins douze à quinze pouces de circonférence; couper fes racines à un pied ou à un pied & demi de l'arbre, en forte qu'il lui refte affez de racines pour pouvoir être tranf- planté ailleurs; fi on laiffe ouverte la décombre qu'on a faite pour arracher l'arbre, toutes les racines qui auront été cou- pées, poufferont des tiges, & on aura du plant en abondance.

Le Faux-Acacia fe plaît dans les bons fonds de terre un peu légere: fi l'on veut qu'ils réuffiffent, il ne faut pas les planter trop avant en terre.

Au refte, cet arbre qui nous vient, je crois, originairement de Virginie, ne craint point le froid; le vent lui eft plus con- traire, car le bois fe fend aifément; & s'il fe détache du tronc deux branches en fourche, qui foient auffi fortes l'une que l'autre, il arrive quelquefois qu'après un coup de vent, l'arbre fe trouve fendu dans fa longueur prefque jufqu'aux racines; ou, s'il ne fe fend pas, il eft renverfé par le vent.

Pour prévenir cet inconvenient, on a quelquefois lié les branches l'une à l'autre avec de fortes brides de fer; mais or- dinairement, pour éviter cette dépenfe, on étête les Faux- Acacias tous les cinq ou fix ans.

L'efpece, n°. 3, fe peut multiplier très-aifément par des boutures.

Les efpeces de Sibérie font plutôt des arbuftes que des arbres.

U S A G E S.

Le Faux-Acacia, n°. 1 & n°. 2, fait un bel & grand arbre qui fe charge à la fin du mois de Mai de belles grappes de fleurs blanches d'une odeur très-agréable. C'eſt dommage que cet arbre fleuriſſe un peu plus tard que le Citiſe des Alpes ; ces deux arbres étant plantés alternativement dans un boſquet, feroient un effet admirable par leurs grandes grappes de fleurs, les unes jaunes & les autres blanches : quoi qu'il en ſoit, le Faux-Acacia doit être employé à la décoration des boſquets du printemps. Il eſt vrai qu'il pouſſe toujours de grandes branches en houſſine, qui ne ſont pas propres à former des portiques réguliers ; mais dans des parcs où l'on ne cherche pas la plus grande élégance, une ſalle de ces arbres étêtés, auroit beaucoup d'agrément dans le temps de ſa fleur, & elle ſuffiroit pour parfumer tout un jardin.

On nous a envoyé de la Louyſiane des ſemences du Faux-Acacia, n°. 1. Nous les avons élevées : cet arbre ne differe pas de ceux de France.

Le bois du Faux-Acacia eſt d'une couleur jaune, verdâtre, brillante & comme ſatinée ; de plus il eſt aſſez dur ; il prend médiocrement le poli ; il eſt d'un fort bon ſervice ; & quoiqu'il ſoit très-fendant, il eſt néanmoins fort recherché, ſur-tout par les Tourneurs. On dit qu'il pourrit aiſément à l'humidité.

Son écorce & ſes racines ſont douces & ſucrées ; elles paſſent pour être pectorales, ainſi que la régliſſe ; ſes fleurs ſont laxatives.

Le *CARAGAGNA*, n°. 3, porte des fleurs jaunes aſſez grandes ; les grappes en ſont moins longues que celles du Faux-Acacia ordinaire : il fleurit à peu près dans le même temps que l'autre ; mais ſes fleurs n'ont point d'odeur.

Les *ASPALATHUS*, n°. 4 & n°. 5, portent, vers la mi-Mai, des fleurs jaunes : ils doivent ſervir à la décoration des boſquets du printemps.

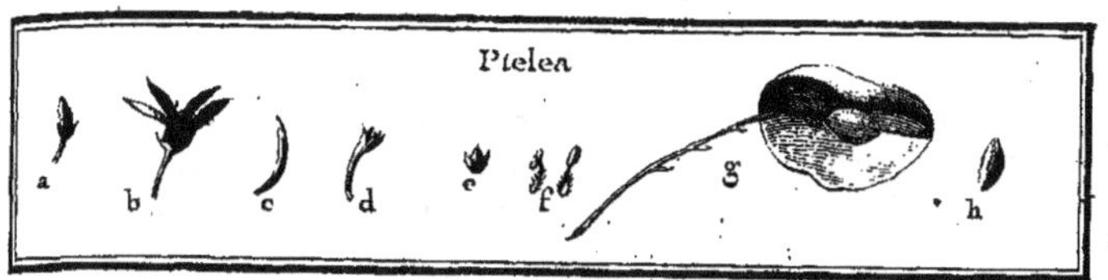

PTELEA, Linn.

DESCRIPTION.

LES fleurs (*b*) du Ptelea font formées d'un petit calyce (*a d*) divifé en quatre ou cinq parties, de quatre ou cinq pétales (*c*) ovales, allongés, difpofés en rofe, & de quatre ou cinq étamines (*f*) terminées par des fommets arrondis.

On apperçoit au milieu un piftil (*e*) compofé d'un embryon applati & arrondi, d'un ftyle fort court, & de deux ou trois ftigmates pointus.

L'embryon devient un fruit (*g*) femblable à celui de l'Orme, plat, membraneux, arrondi, au milieu duquel eft une femence (*h*) renfermée dans la duplicature de la membrane.

Les feuilles font compofées de trois grandes folioles ovales, pointues par les deux bouts, non dentelées, unies, d'un beau verd, & qui font difpofées en forme de main à l'extrêmité d'une queue commune: ces feuilles font pofées alternativement fur les branches.

ESPECE.

PTELEA foliis ternatis. Linn. Spec. Plant. *aut F R U T E x Virginianus trifolius, Ulmi fammaris.* Pluk. Alm.
P T E L E A à fruit d'Orme, & à trois feuilles.

M. Linneus, fur les obfervations de M. Bernard de Juffieu, a rapporté la *DODONÆA, Hort. Cliff.* au *PTELEA*; mais cette plante ne peut pas fupporter nos hyvers.

CULTURE.

Ce grand arbriffeau fe multiplie très-aifément par les femences; il fupporte bien nos hyvers. Il croît dans les terres légeres au haut du Canada; par conféquent il n'eft point délicat
fur la nature du terrein.

USAGES.

Les feuilles de cet arbriffeau font d'un beau verd; & fes
fleurs qui font raffemblées en bouquet, font un joli effet au
commencement de Juin: il peut fervir à la décoration des
bofquets de la fin du printemps.

Les feuilles font d'une odeur defagréable quand on les froiffe
dans les mains : elles paffent en Canada pour être vulnéraires;
étant prifes comme le Thé, elles font vermifuges.

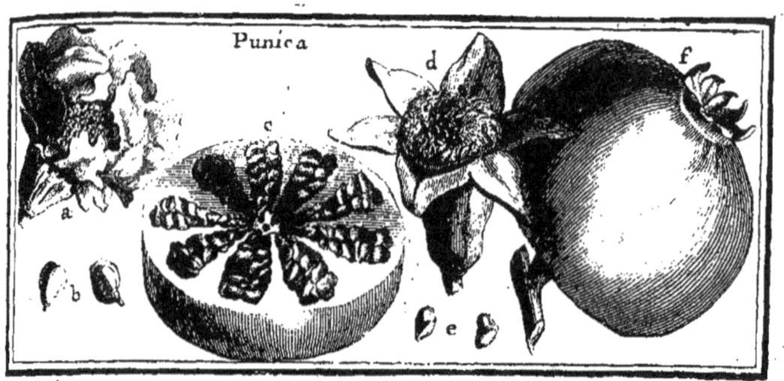

PUNICA, Tourner. & Linn. GRENADIER.

DESCRIPTION.

LES fleurs (*a*) du Grenadier font compofées d'un calyce charnu (*d*) formé en cloche, divifé en huit dents poin-tues; ce calyce eft coloré en partie d'un fort beau rouge; il fubfifte jufqu'à la maturité du fruit; il porte huit grands pé-tales arrondis, minces & comme chifonnés.

On trouve dans l'intérieur un grand nombre d'étamines très-fines, affez courtes, attachées aux parois intérieures du calyce, & terminées par des fommets arrondis.

Le piftil eft compofé d'un embryon qui fait partie du ca-lyce, & d'un ftyle court, terminé par un ftigmate arrondi.

L'embryon, ou le bas du calyce, devient un fruit rond (*f*), affez gros; il porte une couronne à l'antique qui eft formée par les échancrures mêmes du calyce : l'extérieur de ce fruit eft charnu ou formé d'une enveloppe femblable à un cuir; il eft intérieurement divifé par neuf cloifons membraneufes (*c*), entre lefquelles on apperçoit des grains ou baies fucculentes (*b*), cha-cune defquelles contient une femence (*e*). Ces grains font im-plantés & comme enchâffés dans une chair pulpeufe.

Les feuilles du Grenadier sont oblongues, non dentelées, unies, luisantes, & posées deux à deux sur les branches.

ESPECES.

1. *PUNICA silvestris.* Cord. Hist.
   GRENADIER sauvage.

2. *PUNICA quæ Malum granatum fert.* Cæsalp.
   GRENADIER à fruit acide.

3. *PUNICA fructu dulci.* Inst.
   GRENADIER à fruit doux.

4. *PUNICA flore pleno majore.* Inst.
   GRENADIER à grande fleur double.

5. *PUNICA flore pleno majore variegato.* Inst.
   GRENADIER panaché, à grandes fleurs doubles.

6. *PUNICA flore pleno minore.* Inst.
   GRENADIER à petites fleurs doubles.

7. *PUNICA Americana nana, seu humillima.* Lignon.
   GRENADIER nain.

CULTURE.

Les Grenadiers se multiplient facilement par des marcottes, ou par les drageons enracinés qui se trouvent auprès des gros pieds.

Les grands hyvers les font périr; ainsi il faut les tenir en espalier, & les couvrir pendant l'hyver, excepté dans les pays tempérés & dans les Provinces maritimes où ils subsistent à merveille en buisson: en cet état ils donnent plus de fruit; car les Grenades ne viennent que sur les pousses des années précédentes; & si on les abat pour rendre l'espalier d'une figure plus réguliere, on n'a de fruit que sur les bords, & presque point au centre.

Cet arbrisseau croît très-bien dans les terreins secs & chauds.

Le Grenadier nain, n°. 7, est plus sensible à la gelée que les autres.

Il feroit à fouhaiter que, dans les Provinces méridionales, on multipliât, plus qu'on ne fait, l'efpece du Grenadier, n°. 7, pour enter deffus de groffes Grenades douces ; ce feroit un ornement pour les orangeries : d'ailleurs, comme ces arbres feroient moins grands que les autres, leur fruit pourroit mûrir dans les étuves.

USAGES.

Les Grenadiers à fruit font de très-jolis arbriffeaux, fur-tout depuis la mi-Juin jufqu'en Septembre qu'ils font chargés de fleurs.

On fuce avec plaifir les grains des efpeces, n°. 2, 3 & 4. Leur acide nétoie la bouche, & il excite l'appétit : dans les Provinces méridionales, le fruit de l'efpece n°. 4, contient une eau très-fucrée & fort agréable ; mais cette efpece ne mûrit point parfaitement aux environs de Paris, où elle eft toujours infipide.

Les efpeces à fleurs doubles méritent d'être cultivées pour la beauté de leurs fleurs ; cependant ces arbres ne fleuriffent bien que quand ils font en caiffe : ils pouffent beaucoup de bois & prefque point de fleurs, quand on les met en pleine terre.

Le firop fait avec les grains de Grenade, calme la foif des fébricitants & l'effervefcence de la bile : l'écorce du fruit eft très-aftringente ; on l'ordonne dans les diarrhées.

Tome II. Pl. 44.

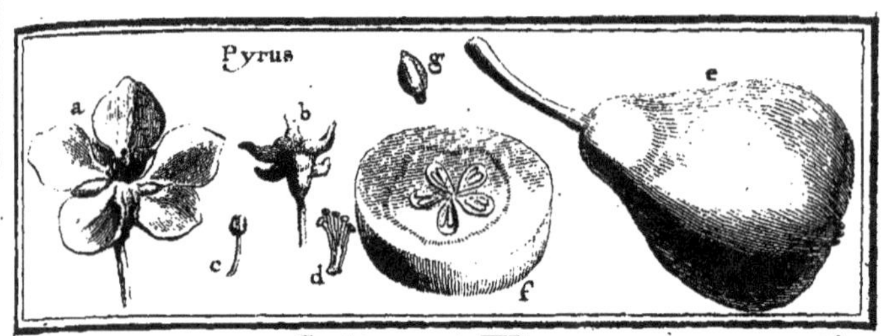

PYRUS, Tournef. *&* Linn. POIRIER.

DESCRIPTION.

LE calyce (*b*) de la fleur (*a*) du Poirier, eſt de la forme
d'un godet; il eſt charnu, diviſé en cinq; il porte cinq
grands pétales arrondis, un peu creuſés en cuilleron; il ſubſiſte
juſqu'à la maturité du fruit. On apperçoit dans l'intérieur de
la fleur environ vingt étamines (*c*) aſſez longues, terminées
par des ſommets qui ont la forme d'Olives, & qui ſont ſillon-
nés dans leur longueur : le piſtil (*d*) eſt compoſé d'un embryon & de cinq ſtyles : l'embryon fait partie du calyce, &
les cinq ſtyles ſont déliés, aſſez longs, & terminés par des
ſtigmates.

L'embryon devient un fruit charnu (*e*), ſucculent, terminé
par un umbilic bordé par les échancrures du calyce.

Au centre de ce fruit on apperçoit cinq loges (*f*) formées
par des membranes, pour ainſi dire, cartilagineuſes, dans chacune deſquelles on trouve une ou deux ſemences (*g*) de la
forme d'une larme un peu applatie ſur l'un des côtés.

Les feuilles des Poiriers ſont liſſes, peu ou point dentelées
par les bords, entieres, ſupportées par des queues aſſez longues, & placées alternativement ſur les branches.

Exaĉtement parlant, on devroit, comme M. Linneus, ne
faire qu'un genre du Poirier, du Pommier & du Coignaſſier,

puifque toutes les parties de la fructification fe reffemblent; mais dans un Traité comme celui-ci, nous avons cru ne devoir point confondre ce qui a été diftingué par tous les Botaniftes, & ce qui l'eft encore par tous ceux qui ont quelques connoiffances des fruits; la forme de ces trois fortes de fruits eft affez différente pour que la confufion ne foit point à craindre: on trouvera au mot *MALUS* les marques caractériftiques qui peuvent fervir à diftinguer ces trois genres. Si l'on veut cependant fuivre la méthode de M. Linneus, on pourra joindre le *Malus* & la *Sidonia* avec la lifte des Poiriers que nous allons donner.

E S P E C E S.

1. *PYRUS filveftris.* **C. B. P.**
 Poirier fauvage.

2. *PYRUS fativa flore pleno.* **H. R. Par.**
 Poirier cultivé à fleur double.

3. *PYRUS fativa, brumali feffili partìm flavefcente, partìm purpurafcente.* **Inft.**
 Poirier cultivé, dont le fruit, partie jaune & partie rouge, fe mange l'hyver; ou La double Fleur.

4. *PYRUS fativa, foliis eleganter variegatis.* **M. C.**
 Poirier cultivé à feuilles panachées.

5. *PYRUS fativa biflora.* **M. C.**
 Poirier cultivé qui fleurit deux fois l'an.

6. *PYRUS fativa fructu autumnali fuaviffimo, in ore liquefcente.* **Inft.**
 Poire beurée.

7. *PYRUS fativa fructu autumnali fubrotundo, & è ferrugineo rubente; non nunquam maculato.* **Inft.**
 Poire-de-Rousselet.

8. *PYRUS fativa fructu autumnali turbinato, viridi, ftriis fanguineis diftincto.* **Inft.**
 Bergamotte panachée.

9. *PYRUS fativa, fructu brumali magno, pyramidato, è flavo non nihil rubente.* **Inft.**
 Poire-de-bon-chrétien d'hyver.

Nous supprimons plusieurs excellentes Poires qu'on cultive
dans les vergers.

C U L T U R E.

On trouve dans les forêts beaucoup de Poiriers sauvages
qui ont levé de semences, & que l'on arrache pour en garnir
les pépinieres : on se procure aussi beaucoup de sauvageons
Poiriers en répandant sur la terre, comme nous l'avons dit
en parlant des Pommes, le marc qu'on retire des pressoirs.

Ces sauvageons fournissent des sujets, sur lesquels on greffe
les especes qu'on veut multiplier pour la table ou pour faire
le cidre poiré : il est bon néanmoins d'être prévenu que les
Poiriers greffés sur les sauvageons, ne donnent gueres de fruit
que lorsqu'ils sont en plein vent : les buissons donnent plutôt
du fruit quand on les greffe sur Coignassiers ou Coigniers,
ces sortes d'arbres étant plus nains que les autres. Voyez à ce
sujet ce qui est dit au mot *Me s p i l u s.*

Il ne conviendroit pas dans ce Traité, de nous étendre sur
ce qui regarde la taille des Poiriers ; nous nous contenterons
seulement de dire ici que ces arbres se plaisent dans les sables
gras & qui ont beaucoup de fond.

U S A G E S.

Les Poiriers sauvages sont d'assez grands arbres qui soutiennent bien leurs branches, & dont le feuillage est assez beau :
on pourroit en faire de petites allées dans les parcs ; cependant ils appartiennent plus naturellement aux vergers. Il est
avantageux qu'il se trouve quelques Poiriers sauvageons dans
les forêts, parce que les bêtes fauves se nourrissent de leur
fruit. Les Habitants riverains des forêts ramassent ce fruit pour
la nourriture de leurs porcs, ou pour en faire de la boisson
dans les années où le vin est trop rare.

Les especes, n°. 2 & n°. 3, qui produisent dans le mois
d'Avril de belles fleurs rassemblées en bouquets, peuvent servir
à la décoration des bosquets printaniers.

On sait qu'il y a quantité de Poires qu'on nomme *Poires à
couteau* ; telles sont celles qu'on appelle *Poires d'Angleterre, de*

Beuré, la *Bergamotte*, la *Craſſane*, le *Saint-Germain*, la *Virgou-
leuſe*, le *Beſi-de-Chaumontel*, le *Colmart*, qui font délicieuſes à
manger crues : pluſieurs autres, comme *le Bon-chrétien*, *le
Rouſſelet*, *&c.* font de bonnes confitures & d'excellentes compotes.

Dans les pays où les Vignes ne réuſſiſſent pas, on fait une
boiſſon qu'on nomme *Poiré*, en exprimant le ſuc des Poires;
ainſi que l'on fait celui des Pommes, pour le cidre.

Le poiré nouveau eſt fort agréable; il reſſemble à du vin
blanc; mais il ne ſe conſerve pas ſi long-temps que le cidre.

Le marc des Poires qu'on retire des preſſoirs, peut, après
avoir été deſſéché, ſervir à faire des mottes à brûler : le marc
des Pommes n'eſt point propre à cet uſage.

Le bois des Poiriers ſauvages eſt peſant, fort plein, d'une
couleur rougeâtre; ſon grain eſt très-fin; il prend très-bien la
teinture noire, & alors il reſſemble ſi fort à l'Ebene, qu'on
a peine à les diſtinguer l'un de l'autre : ces qualités le font
rechercher par les Menuiſiers, les Ebeniſtes & les Tourneurs.
Après le Buis & le Cormier, c'eſt le meilleur bois que puiſſent employer les Graveurs en taille de bois : c'eſt bien dommage qu'il ſoit un peu ſujet à ſe tourmenter.

Les Médecins permettent aux convaleſcents les Poires cuites au four ou ſous la cendre; & ils emploient le ſirop de
Poires ſauvages pour arrêter les diarrhées.

QUERCUS;

Tome II. Pl. 45.

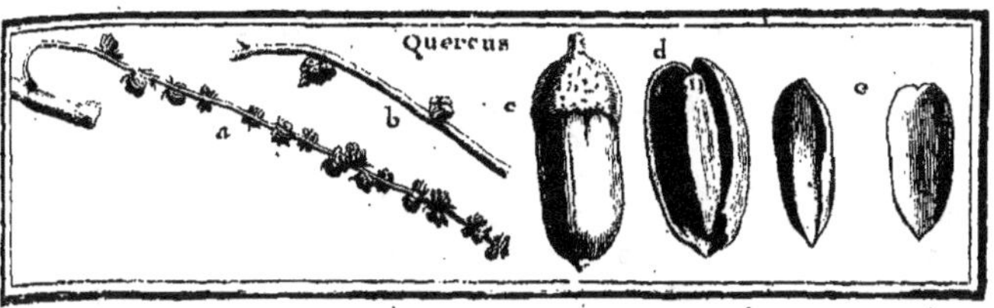

QUERCUS, Tournef. & Linn. CHÊNE.

DESCRIPTION.

LE Chêne porte fur les mêmes arbres & fur les mêmes branches des fleurs mâles & des fleurs femelles féparées les unes des autres.

Les fleurs mâles (*a*) font formées d'un calyce divifé en quatre ou cinq parties; il porte un nombre confidérable d'étamines. Ces fleurs font à quelque diftance les unes des autres fur un filet commun qui forme des chatons peu garnis ou des efpeces de grappes.

Les fleurs femelles (*b*) font auffi pofées quelquefois fur un filet; elles font formées d'un calyce épais, charnu & raboteux, qui n'eft point échancré par fes bords, & dans l'intérieur duquel on apperçoit le piftil compofé d'un embryon arrondi & de plufieurs ftyles. Cet embryon devient une femence ovale (*c*), couverte d'une enveloppe coriacée, ou peau flexible, mais ferme (*d*), fous laquelle on trouve une amande (*e*) qüi fe divife en deux lobes.

Cette femence eft retenue & comme enchâffée par le bas dans le calyce, qui continue à croître avec le fruit, & qui devient par la fuite de la forme d'une coupe ou capfule, dans laquelle le fruit eft retenu ainfi qu'une pierre dans fon chaton.

Les feuilles des Chênes font plus ou moins grandes, & plus ou moins découpées par ondes; mais elles font toujours pofées alternativement fur les branches.

Tome II.   Cc

Plufieurs efpeces d'infectes s'attachent à cet arbre, & donnent naiffance à différentes efpeces de galles.

M. Linneus a réduit, avec raifon, à un même genre de *Quercus*, les Chênes-blancs dont nous parlons, les Chênes-verds & les Lieges : nous ne les diftinguons dans cet ouvrage que pour conferver les noms reçus & connus de tout le monde. Pour ne point confondre ces différents genres, il eft bon de favoir que les Lieges & les Chênes-verds ne quittent point leurs feuilles; que ces feuilles font fermes comme celles des Lauriers, & qu'elles font fouvent épineufes par les bords comme celles du Houx : les Chênes-blancs au contraire perdent leurs feuilles pendant l'hyver; & ces feuilles font ondées par les bords. Les Chênes-verds ne fe diftinguent des Lieges, que parce que l'écorce des Lieges eft épaiffe, fouple & élaftique; au lieu que l'écorce des Chênes-verds eft comme celle de tous les autres arbres. Voyez les articles *ILEX* & *SUBER.*

ESPECES.

1. *QUERCUS latifolia, mas, quæ brevi pediculo eft.* C. B. P. *vel Robur.*
Chesne à larges feuilles, dont le fruit eft attaché à de courts pédicules; ou Rouvre, ou, mal-à-propos, Chesne mâle.

2. *QUERCUS latifolia fœmina.* C. B. P.
Chesne à larges feuilles, dont les fruits pendent à des queues affez longues; ou, mal-à-propos, Chesne femelle.

3. *QUERCUS cum longo pediculo.* C. B. P.
Chesne à grappes.

4. *QUERCUS parva; five Phagus Græcorum, & Efculus Plinii.* C. B. P.
Petit Chesne.

5. *QUERCUS calyce echinato, Glande majore.* C. B. P.
Chesne dont la cupule eft hériffée d'épines, & dont le Gland eft fort gros.

6. *QUERCUS calyce hifpido, Glande minore.* C. B. P.
Chesne dont la cupule eft épineufe & le fruit petit.

7. *QUERCUS Burgundiaca, calyce hifpido.* C. B. P.
Chesne de Bourgogne, dont la cupule eft raboteufe.

8. *QUERCUS pedem vix superans.* C. B. P.
. CHESNE nain.

9. *QUERCUS foliis molli lanugine pubescentibus.* C. B. P.
CHESNE dont les feuilles font un peu velues.

10. *QUERCUS, gallam exigua Nucis magnitudine ferens.* C. B. P.
CHESNE portant des galles de la groffeur d'une petite Noix.

11. *QUERCUS foliis muricatis, non lanuginosis, gallâ superiori simili.*
C. B. P.
CHESNE à feuilles liffes, dont les échancrures fe terminent en
pointe, & qui porte des galles femblables à l'efpece précédente.

12. *QUERCUS foliis muricatis minor.* C. B. P.
Petit CHESNE dont les échancrures des feuilles fe terminent
en pointe.

13. *QUERCUS humilis, gallis binis, ternis, aut pluribus fimul junctis.*
C. B. P.
Petit CHESNE portant plufieurs galles jointes enfemble.

14. *QUERCUS Africana, Glande longissimâ.* Inft.
CHESNE d'Afrique dont les Glands font fort longs.

15. *QUERCUS vulgaris, foliis ex albo variegatis.* M. C.
CHESNE ordinaire à feuilles panachées de blanc.

16. *QUERCUS alba Banifteri.* Cat. Stirp. *QUERCUS Virginiana Glandi*
dulci. Parck. Theat.
CHESNE blanc de Canada à fruit doux.

17. *QUERCUS Virginiana, rubris venis, muricata.* Pluk. Phyt.
CHESNE rouge de Virginie ou de Canada.

18. *QUERCUS Caftanea foliis procera, arbor Virginiana.* M. C.
CHESNE de Virginie à feuilles de Châtaignier.

19. *QUERCUS Virginiana, Salicis longiore folio, fructu minimo.* Pluk.
CHESNE de Virginie à feuille de Saule & à petit fruit.

20. *QUERCUS humilis Virginienfis, Caftanea folio.* Pluk.
Petit CHESNE de Virginie à feuilles de Châtaignier.
C c ij

21. *QUERCUS Hispanica, foliis magis diffectis.* M. C:
CHESNE d'Espagne à feuilles très-découpées.

22. *QUERCUS latifolia, magno fructu, calyce tuberculis obsito.* Cor. Inst.
CHESNE à large feuille & à gros fruit, dont la cupule a
plusieurs tubercules.

23. *QUERCUS Orientalis Castanea folio, Glande recondita in capsula
crassâ & squammosâ.* Cor. Inst.
CHESNE du Levant à feuilles de Châtaignier, dont le Gland
est presque recouvert par le calyce.

Comme les Chênes se multiplient de semences, on en
trouve dans les forêts une telle quantité de variétés, qu'il
seroit difficile d'en rencontrer deux qui se ressemblassent à tous
égards : c'est ce qui fait que cette liste est plutôt composée de
variétés que d'especes. Nous devons aussi remarquer que les
Galles étant des corps étrangers à cet arbre, puisqu'elles sont
occasionnées par la piquure de certains insectes, elles ne peuvent pas constituer différentes especes.

CULTURE.

Le Chêne faisant, pour ainsi dire, la masse de nos forêts,
je me propose de parler ailleurs très-amplement de sa culture;
cependant je ne puis me dispenser d'en dire ici quelque chose,
pour ne point interrompre l'ordre que je me suis prescrit dans
la composition de cet ouvrage : je parlerai aussi en abrégé des
usages qu'on fait de son bois.

Le Chêne ne se multiplie que par ses semences qu'on
nomme *Gland*; quoiqu'il fut possible de l'élever de marcottes.

On ne cueille point le Gland ; mais on ramasse celui qui
tombe de lui-même pendant l'automne : on doit avoir l'attention de ne point ramasser pour semer, les Glands qui tombent les premiers ; ceux-là sont ordinairement piqués de vers.

Ces premiers Glands exceptés, on doit les ramasser à mesure
qu'ils tombent, c'est-à-dire, tous les deux ou trois jours, &
ne pas attendre à faire cette récolte lorsque tout le Gland est
tombé, parce qu'il survient quelquefois dans cette saison des

gelées affez fortes pour les endommager ; car ceux qui font gelés ne font plus propres que pour la nourriture des pourceaux.

A mefure qu'on ramaffe le Gland, on le dépofe dans des
greniers, fi l'on fe propofe de le femer avant l'hyver ; mais fi
l'on ne doit le femer qu'au printemps, on doit le mettre lit
par lit avec du fable ou de la terre feche, dans un lieu frais
& fec ; car fi ces fubftances étoient trop humides, le Gland
poufferoit trop en racines pendant l'hyver ; il s'épuiferoit &
il ne feroit plus bon à femer au printemps fuivant. Il eft cependant à propos que le Gland germe pendant l'hyver ; mais
le mieux eft qu'il ne pouffe que fon germe ou fa radicule, &
qu'il ne produife point de vraies racines.

On fera bien de vifiter de temps en temps le Gland qu'on a
dépofé dans le fable, parce que fi, dans le mois de Janvier,
au lieu de germer, il fe defféchoit, il faudroit répandre un
peu d'eau fur le fable ; & au contraire, fi les radicules étoient
alors trop longues, & fi les vraies racines commençoient à
paroître, il faudroit fe préparer à mettre les Glands en terre
dès le commencement de Février, quoiqu'on eût formé le
deffein de ne les femer que dans le mois de Mars, fi rien
n'obligeoit de le faire plutôt. Un de nos voifins voulant fuivre
notre exemple, & faire un femis confidérable au printemps,
éprouva une très-grande perte pour avoir négligé de vifiter fon
Gland, dans le temps que nous venons de dire ; car lorfqu'il voulut, dans le mois de Mars, mettre fon Gland en
terre, il le trouva entierement épuifé par une prodigieufe quantité de racines qui avoient pouffé dans le fable, en forte que
tout le tas ne faifoit qu'une même maffe liée par un prodigieux
entrelacement de racines.

Si l'on feme le Gland en automne, on eft difpenfé de ces
foins ; mais on court bien d'autres rifques : les fangliers, les
mulots & plufieurs autres animaux qui cherchent à s'en nourrir,
en détruifent beaucoup ; & la gelée en fait périr une grande
partie, fi l'on n'a pas eu foin de les mettre un peu avant en
terre. Il faut favoir cependant qu'un Gland recouvert d'une
épaiffeur de terre trop confidérable, ne réuffit pas fi bien que
celui qui eft près de la fuperficie.

Quelque parti que l'on prenne, foit qu'on répande les Glands en automne ou dans le printemps, on peut les femer par petits tas, en faifant des foffes avec la houe, ou bien par rangées faites à la charrue, & éloignées les unes des autres de trois ou quatre pieds, ou enfin les femer en plein, comme on feme ordinairement le Froment. Mais parce qu'il feroit trop long de difcuter ici les avantages & les inconvéniens de chacune de ces pratiques, nous réfervons ces détails pour une autre occafion: je me contenterai préfentement de dire que fi l'on fe propofe de faire de grands femis, en ce cas, il faut renoncer à donner au Gland aucune culture, afin d'éviter des frais confidérables. Le mieux eft de femer le Gland dans toutes les raies qu'on fait avec la charrue, & d'y mettre beaucoup plus de femence qu'il n'en faudroit naturellement, parce que l'abondance du plant qui viendra à croître, étouffera plus promptement l'herbe qui retarde beaucoup l'accroiffement des Chênes; d'ailleurs les plus vigoureux pieds étouffent par la fuite les plus foibles : c'eft-là le moyen le plus fimple d'avoir dans le temps une belle futaie. Nous femons ordinairement dans un arpent de cent perches, la perche étant de vingt-deux pieds, deux mines de Gland, mefure de Paris; ou, ce qui revient au même, quatre pieds cubes de cette femence.

Si nous femons en automne, nous répandons du Froment par deffus; fi c'eft au printemps, nous y faifons femer de l'Avoine, que l'on fauche affez haut : la récolte de ces grains dédommage des labours. Un an ou deux après, fi quelque canton paroît dégarni, on y repique du Gland; mais ordinairement on eft difpenfé de ce foin.

En Bretagne, & dans quelques cantons de la Normandie, on eft dans l'ufage de planter des Chênes en avenues & en quinconce: il feroit à fouhaiter que cette pratique s'étendît dans tout le refte du Royaume. Pour faire réuffir ces plantations, il eft néceffaire d'y apporter les précautions fuivantes : elles font très-importantes.

Quand on feme le Gland dans une bonne terre, & qui a beaucoup de fond, il commence par produire un pivot qui s'enfonce en terre à une grande profondeur: j'en ai arraché qui n'avoient que cinq à fix pouces de tige, & qui avoient une racine pivotante de trois pieds & demi de longueur. Si l'on arrache de ces arbres lorfqu'ils feront parvenues à huit ou dix pieds de hauteur, pour les tranfplanter en quinconces ou en avenues, la plupart ne reprendront pas; c'eft ce qui fait que prefque tous les Chênes qu'on arrache dans les forêts ont beaucoup de peine à reprendre. Si au contraire l'on fait un femis de Chêne dans une bonne terre, dans laquelle il fe trouve à deux pieds de profondeur un lit de pierre ou de roche, alors la racine pivotante étant arrêtée par ce fond, ne pourra pas s'enfoncer à plus de deux pieds, & l'arbre fera déterminé à pouffer des racines latérales qui font bien nécef- faires pour fa reprife, lorfqu'on le tranfporte de la pépiniere à la place où il doit refter toujours.

Si l'on faifoit germer les Glands dans le fable, on pour- roit les déterminer encore plus fûrement à produire des ra- cines latérales : en effet, comme il eft conftant qu'une racine qui a été coupée ne s'étend plus, mais qu'elle pouffe des racines horifontales, on n'aura qu'à rompre ou couper la radicule, ou, comme l'on dit ordinairement, le germe; & alors on fera affuré que dans quelque terrein qu'on feme ces Glands (pour ainfi dire, mutilés) ils ne formeront plus de pivot, mais qu'ils produiront des racines latérales qui les rendront auffi propres à être tranfplantés, que les Ormes & les Tilleuls.

Il eft bon d'être prévenu que le retranchement de la radi- cule n'exige aucune précaution : j'en ai rompu jufques tout près des Glands, qui ont repouffé deux ou trois racines, au lieu d'une pivotante.

De quelque maniere qu'on ait fait le femis, on met en queftion, s'il faut enfuite le labourer, ou le laiffer pouffer naturellement & fans aucune culture: nous avons fait fur cela beaucoup d'épreuves, dont il réfulte qu'une Chênaie cultivée avec autant de foin qu'une Vigne, croît beaucoup plus promp- tement que celle qu'on ne cultive pas; mais comme ces cul- tures exigent de grands frais, il ne faut les employer que quand l'étendue du champ eft peu confidérable, ou lorfqu'on a des raifons de fouhaiter que le femis faffe promptement un beau taillis.

Les arbres qui font plantés en maffif de bois, s'élaguent na- turellement les uns les autres, parce que les branches de

deſſous étant étouffées, périſſent, pendant que les tiges s'élevent pour gagner l'air. Mais c'eſt une erreur de croire qu'il ne
faut jamais élaguer les Chênes : cette opération eſt indiſpenſable; quand on en plante en avenue ; toute l'attention qu'il
faut avoir, c'eſt de les élaguer ſouvent, afin de n'avoir jamais
à couper que de petites branches, parce que le retranchement
des groſſes fait à toutes ſortes d'arbres un tort conſidérable;
c'eſt toujours une plaie qui reſte cachée, & qu'on reconnoît,
mais trop tard, quand on vient à les exploiter.

Le Chêne n'eſt point délicat ſur la nature du terrein : s'il
a beaucoup de fond, il formera des arbres énormes qui auront
plus de cinquante pieds de tige ; ſi la bonne terre s'étend à une
moindre profondeur, il ne fournira que des poutrelles, & du bois
de charpente de ſix à huit pouces d'équarriſſage ; enfin, ſi le
terrein a fort peu de fond, il ne pourra donner que du taillis.

La nature du terrein influe encore ſur la qualité du bois : il
ſera de bonne qualité dans une bonne terre un peu ſeche; il
ne deviendra pas ſi gros, mais il ſera fort dur dans le gravier
allié de bonne terre; il ſera de belle taille, mais tendre ſur
la glaiſe & dans les ſables humides. La ſituation eſt également
à conſidérer; car on n'obtient que du bois gras dans les vallées;
& le bois eſt beaucoup plus dur ſur les hauteurs : le bois des
Chênes élevés dans les haies, expoſés à l'air de tous les côtés, eſt plus ferme & plus ruſtique que celui qui vient en
maſſif. Enfin le Chêne ne croît ni ſous les climats très-chauds,
ni dans ceux qui ſont trop froids : mais dans les climats tempérés
où il croît, on peut regarder comme une regle générale, que
ſa qualité eſt d'autant meilleure que le climat eſt plus chaud.
Toutes ces idées ſeront plus amplement développées dans une
autre occaſion.

USAGES.

On ſait que le Chêne eſt un des plus grands arbres & des
plus utiles qui croiſſent dans nos forêts, & qu'il en fait la principale & la plus utile partie. On peut, comme nous l'avons
dit, en former des quinconces & des avenues : il s'en éleve
même dans les haies, qui ſont d'un très-bon ſervice.

Preſque toutes les charpentes des bâtiments civils & des
bâtiments

bâtiments de mer, font faites de ce bois. On ne peut gueres en employer d'autre pour faire les portes des éclufes : le mer-rain pour les futailles ; les lattes pour couvrir les bâtiments ; les cerches pour les ouvrages de boiſſelerie ; prefque toute forte de menuiferie : tout cela fe fait de bois de Chêne. Les échalats pour les efpaliers & pour les Vignes font ordinairement de ce bois ; dans plufieurs Provinces on n'en emploie point d'autre pour les cercles des barrils ; ainfi les Charpentiers, les Menui-fiers, les Tonneliers, les Boiſſeliers, les Tourneurs , les Ebé-niftes & quantité d'autres Ouvriers, emploient beaucoup de bois de Chêne : le chêne eft encore un très-bon bois de chauffage.

Cet arbre peut auſſi être employé à la décoration des parcs ; & il n'y a aucun arbre, fi ce n'eft le Hêtre, qui puiſſe faire une auſſi belle futaie que le Chêne.

Le Gland, fruit du Chêne, manque très-fréquemment ; parce que les fleurs du Chêne font autant expofées à être dé-truites par les gelées du printemps & par les autres intempé-ries de l'air que celles de la Vigne ; mais auſſi quand la glandée eft abondante, on en retire un grand profit pour la nourriture des pourceaux, dont la chair eft d'un grand fecours, fur-tout aux pauvres gens, & le lard, qui eft eftimé quand ces animaux ont été nourris de Gland. Combien feroit-il à defirer que ce fruit pût fervir également à la nourriture des hommes ! C'eft ce qui arriveroit, fi l'on multiplioit en France, l'efpece de Chêne, n°. 16, qu'on appelle en Canada *Chêne-blanc*, qui porte des Glands auſſi doux que les Noifettes. Il y a auſſi plufieurs efpeces de Chêne-verd, ou *Ilex*, qui ont le même avantage.

Les volailles qui fe nourriſſent de nos Glands âcres, s'ac-commoderoient encore mieux des Glands doux.

En 1709, des pauvres qui mouroient de faim, faifoient du pain avec des Glands ordinaires, qu'ils réduifoient en farine. Quoique ce pain fût extrêmement mauvais, il s'en fit cepen-dant une grande confommation dans quelques Provinces de France.

Nous avons une efpece de Chêne-blanc de Canada, dont l'extrêmité des découpures des feuilles eft terminée par une pointe ou petite épine : on le nomme *Chêne-blanc-épineux*. Je ne fais fi ce ne feroit pas l'efpece, n°. 12, de notre catalogue.

Mettant à part ce qui regarde le climat, la qualité du terrein, l'expofition, &c. le bois de toutes les efpeces de Chêne
n'eft pas d'une pareille qualité: par exemple, l'efpece, n°. 1,
a le bois dur; c'eft le meilleur pour les charpentes. Les efpeces, n°. 2 & n°. 3, ont le bois plus doux; il eft préférable
pour la menuiferie & les ouvrages de fente. Le bois du n°. 4
eft plus tendre; & quand il n'eft point chargé de nœuds, les
Menuifiers s'en accommodent bien: on en peut dire autant des
efpeces, n°. 9, 16, 17, 18, & 20.

L'écorce pilée du jeune Chêne, eft le meilleur tan qu'on
puiffe employer pour la préparation des cuirs.

Quantité d'infeêtes aiment fingulierement à fe nourrir des
feuilles & des chatons du Chêne; c'eft pour cela que l'on trouve
fur les Chênes une grande quantité de différentes efpeces de
galles, dont plufieurs reffemblent à des fruits; il y en a même
d'utiles. C'eft, par exemple, avec les galles qu'on nous apporte du Levant, que l'on fait la meilleure encre pour l'écri-
ture; elle fert encore à la préparation des étoffes pour recevoir différentes fortes de teinture.

Un Voyageur m'a écrit que ces galles viennent dans toute
la Natolie, la Syrie, le Royaume de Chypre; qu'on en trouve
encore un peu dans la Romélie, d'où on les porte à Theffa-
lonique; qu'elles croiffent fur les jeunes Chênes; que les
Payfans les recueillent en Oêtobre. Il ajoute qu'on doit cueillir
les galles vertes; & que fi l'on attend qu'elles foient mûres,
les infeêtes qui les ont formées, mangent & détruifent une
partie de leur fubftance intérieure; qu'alors elles deviennent
jaunes, légeres, cariées & de peu de valeur pour la vente.

On trouve à la Louyfiane & en Canada, plufieurs efpeces
de Chêne, & en quantité; entr'autres, des Chênes dont le
Gland eft doux: le bois des Chênes de la Louyfiane eft beaucoup meilleur que celui du Canada. Cela s'accorde avec cette
obfervation générale, que le Chêne eft d'autant meilleur qu'il
croît dans un climat plus chaud. On trouve encore, dit-on,
fur les collines de la Louyfiane, un Chêne que l'on nomme
Chêne-noir, dont le bois & la feve font fort rouges.

Il eft certain que les Chênes-verds y font très-beaux, &
d'une excellente qualité. Voyez *ILEX*.

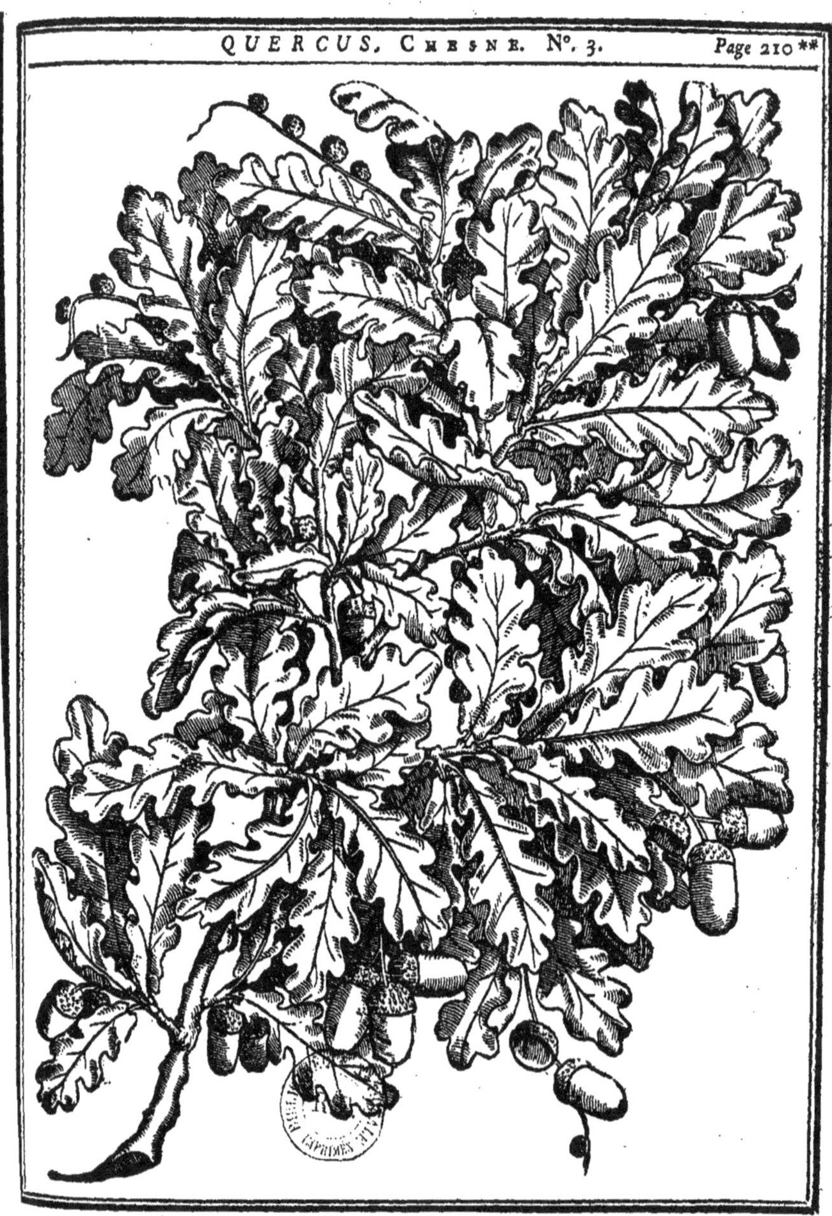

Tome II. Pl. 47.

Tome II. Pl. 48.

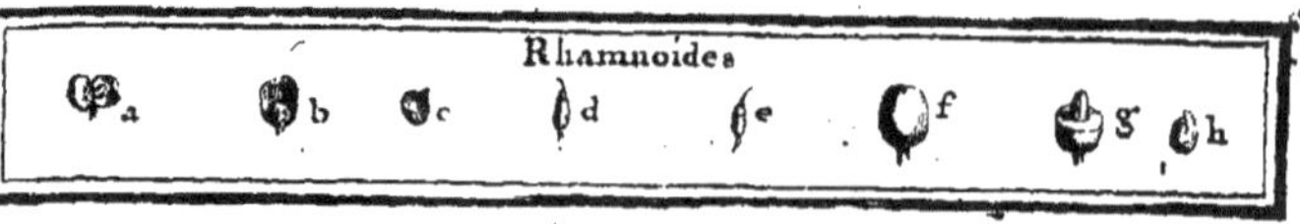

RHAMNOIDES, Tournef. HIPPOPHAE, Linn.

DESCRIPTION.

IL y a dans ce genre, des individus mâles & des individus femelles.

Les fleurs mâles (*a*) font formées d'un calyce, ou, fi l'on veut, d'un pétale d'une feule piece, divifée en deux parties arrondies, creufées en cuilleron : on voit dans ce calyce quatre étamines fort courtes, terminées par des fommets allongés & anguleux.

Les fleurs femelles (*b c*) ont auffi leur calyce d'une feule piece en forme de tuyau découpé en deux parties : il tombe avant la maturité du fruit.

Au lieu d'étamines, on apperçoit dans l'intérieur de ces fleurs femelles, un piftil (*d e*) formé par un petit embryon arrondi, un ftyle court & un ftigmate affez gros, oblong, & qui fort du calyce.

L'embryon devient une baie (*f*) ronde, qui contient une femence (*g h*) auffi arrondie.

Les feuilles du *Rhamnoides* font étroites, allongées, prefque blanches par deffous, très-fouvent pofées alternativement fur les branches.

Cet arbriffeau eft épineux.

ESPECES.

1. *RHAMNOIDES Salicis foliis, mas & fœmina.* Cor. Inft. RHAMNUS *Salicis folio, angufliore fruftu flavefcente.* C. B. P.
RHAMNOIDES à feuilles de Saule.

2. *RHAMNOIDES Canadenfis, foliis ovalis.* HIPPOPHAE *foliis ovalis.* Linn. Spec.
RHAMNOIDES de Canada, dont les feuilles font ovales.

CULTURE.

Quoique cet arbriffeau vienne affez bien par-tout, il fe plaît néanmoins mieux dans les terreins un peu humides : on le multiplie par les femences, les marcottes, & même de boutures.

USAGES.

Les fleurs de cet arbriffeau n'ont aucun éclat ; mais fes feuilles blanchâtres lui donnent un air fingulier & affez agréable : fes longues épines le rendent propre à faire de bonnes clôtures ; fes branches coupées & feches ont le même avantage ; car elles fubfiftent plufieurs années fans pourrir.

Je n'ai point vu l'efpece, n°. 2, que M. Kalm a trouvée en Canada.

Tome II. Pl. 49.

RHAMNUS, Tourner. & Linn. NERPRUN, *ou* NOIRPRUN.

DESCRIPTION.

LES fleurs (*a b*) du Nerprun ont un calyce d'une feule piece en entonnoir, coloré en dedans, & ordinairement découpé en cinq par les bords. Ce nombre varie; mais à chaque divifion il y a de très-petits pétales (*c*) en forme d'écailles, qui, fe renverfant vers le centre de la fleur, couvrent les étamines.

On apperçoit autant d'étamines qu'il y a de divifions au calyce, & l'infertion des étamines eft fous les petits pétales dont nous venons de parler; elles font terminées par des fommets fort petits.

Au milieu eft le piftil (*d*) formé d'un embryon arrondi & d'un ftyle terminé par un ftigmate obtus, lequel eft divifé en trois lanieres.

L'embryon devient une baie ronde (*ef*), divifée intérieurement en plufieurs parties: cette baie contient plufieurs femences (*g*) applaties d'un côté, & bombées de l'autre.

Les feuilles du Nerprun font affez petites, entieres, ordinairement brillantes, finement dentelées par les bords; fouvent elles font oppofées fur les branches, & quelquefois elles font alternes.

M. Linneus comprend dans ce même genre le *FRANGULA*, le *PALIURUS*, l'*ALATERNUS* & le *ZIZIPHUS*. Nous inclinerions auffi à réunir au *Rhamnus* le *Frangula* & l'*Alaternus*, quoique les petits pétales fe trouvent rarement dans notre climat fur les fleurs de l'Alaterne; mais nous croyons que le

Paliurus & le *Ziziphus* doivent faire des genres particuliers ; parce que leur calyce fait partie du fruit. Néanmoins fi l'on veut diftinguer ces genres, ainfi que l'a fait M. de Tournefort avec prefque tous les Botaniftes, & comme on pourroit juger à propos de le faire pour ne pas charger un genre de trop d'ef. peces, on peut, fuivant les obfervations mêmes de M. Linneus, remarquer : 1°. que le *Frangula* a le ftigmate échancré ; que fa baie contient deux femences, & que fon calyce eft divifé en cinq : 2°. que le *Paliurus* a trois ftyles, un noyau divifé en trois loges, le calyce divifé en cinq, avec une membrane qui borde fon fruit qui eft charnu, fans former de baie : 3°. que l'*Alaternus* a le ftigmate divifé en trois ; que fa baie renferme trois femences ; que fon calyce eft divifé en cinq, & qu'il porte des fleurs mâles & des fleurs hermaphrodites : 4.° que le *Ziziphus* a deux ftyles ; que fa baie eft fort charnue ; qu'elle contient un noyau à deux loges ; & que fon calyce eft divifé en cinq.

ESPECES.

1. *RHAMNUS catharticus.* C. B. P.
   NERPRUN purgatif.

2. *RHAMNUS catharticus minor.* C. B. P.
   Petit NERPRUN purgatif ; ou GRAINE D'AVIGNON.

3. *RHAMNUS catharticus minor, folio longiori.* Inftit.
   Petit NERPRUN purgatif à feuille longue.

4. *RHAMNUS tertius flore herbaceo baccis nigris.* C. B. P.
   NERPRUN à fleurs vertes & à baies noires.

Il y a encore plufieurs autres efpeces de Nerpruns, que nous fupprimons, parce qu'elles ne peuvent s'élever en pleine terre. Pour raffembler les différentes efpeces du *Rhamnus* de M. Linneus, voyez *ALATERNUS, FRANGULA, PALIURUS* & *ZIZIPHUS.*

CULTURE.

Les Nerpruns s'élevent très-facilement de femences & de

drageons enracinés qui se trouvent auprès des gros pieds ;
ces arbriffeaux ne font nullement délicats fur le terrein.

USAGES.

Le Nerprun n'eft gueres eftimable par l'éclat de fes fleurs ;
mais il fait un affez joli arbriffeau : on peut le mettre dans
les bofquets d'été, & encore mieux dans les remifes ; car les
oifeaux fe nourriffent de fon fruit.

Les graines des efpeces, n°. 1 & n°. 2, font très-purgatives.

On met le fuc des fruits mûrs de l'efpece, n°. 1, après l'avoir
concentré & dépuré, dans des veffies avec un peu d'alun diffous dans l'eau, & l'on pend ces veffies au plancher d'un lieu
chaud : au bout de quelque temps, on délaie dans de l'eau
une matiere gommeufe qui fe trouve mêlée avec les feces ou
marc ; on la paffe enfuite par un linge, & on l'évapore ; cela
produit un fort beau verd que les Enlumineurs & les Peintres
en miniature, nomment *Verd-de-veffie*.

Les fruits de l'efpece, n°. 2, étant cueilli verts, fe nomment
Graine d'Avignon & fourniffent une bonne teinture jaune, dont
on fait un grand ufage pour teindre les étoffes. Les Peintres à
l'huile & en miniature fe fervent auffi de ces bayes quand on a
incorporé leur teinture dans une matiere terreufe, qui eft fouvent la bafe de l'alun, pour en faire ce qu'on appelle *Stil-de-grain*.

Les feuilles de cet arbriffeau paffent pour être déterfives :
on fait, avec le fruit du Nerprun, un firop qui eft très-pur-
gatif.

RHUS, Tournef. & Linn. SUMAC, en Bretagne & en Canada, VINAIGRIER.

DESCRIPTION.

LES fleurs (*a*) du Sumac font formées d'un calyce (*b*) qui eft divifé en cinq parties qui fe tiennent droites. Ce calyce fubfifte jufqu'à la maturité du fruit; il fupporte cinq pétales ovales & qui fe terminent en pointe: quoique ces pétales foient affez petits, ils font néanmoins une fois plus grands que les échancrures du calyce: on a peine à découvrir dans l'intérieur cinq étamines qui font fort courtes, & chargées de fommets très-déliés. Le piftil (*c*) eft compofé d'un embryon arrondi & affez gros: on n'apperçoit prefque point de ftyle, mais feulement trois ftigmates. L'embryon devient une baie velue (*d*), peu charnue, arrondie; elle (*e*) renferme un noyau (*f*) de même figure.

Les fleurs & les fruits du Sumac viennent raffemblés par gros épis.

Comme on a voulu rendre fenfibles à la vue toutes les parties de la fleur du Sumac, on a été obligé de les repréfenter dans la vignette plus groffes que le naturel, & telles qu'elles paroiffent vues avec la louppe.

M. Linneus n'a fait qu'un feul genre des *Sumac* & des *Toxicondendron* : il eft vrai que ces deux genres fe reffemblent beaucoup; cependant, pour ne point trop étendre le genre du Sumac, nous ne confondrons point ce qui a été diftingué par prefque tous les Auteurs de Botanique : nous établirons la différence de ces deux genres, fur ce que le fruit des *Sumacs* eft ordinairement velu & un peu charnu, en forte que c'eſt une eſpece de baie; au lieu que le fruit des *Toxi-condendron* eſt une capſule liſſe, ſtriée & terminée par un pe-tit mamelon.

Quoique M. Linneus ait diſtingué dans ſes *Gen. Plant.* le Fuſtet du Sumac, & qu'enſuite il n'en ait fait qu'un ſeul genre dans ſes *Spec. Plant.* nous croyons cependant qu'il ſera facile de ne pas confondre ces deux genres, & que l'on peut laiſſer ſubſiſter la diſtinction que cet Auteur avoit lui-même établie en premier lieu.

Les eſpeces de Sumac, dont il eſt fait mention dans notre catalogue, ont leurs feuilles empanées, compoſées de plu-ſieurs folioles longues, pointues, dentelées par les bords, & rangées par paires ſur une côte qui eſt terminée par une fo-liole impaire; (cette obſervation ne convient cependant pas à toutes les eſpeces:) les feuilles ſont poſées alternativement ſur les branches.

E S P E C E S.

1. *RHUS folio Ulmi.* C. B. P.
 S u m a c à feuille d'Orme.

 Nota. Que ce ſont les folioles qu'on a comparées aux feuilles de l'Orme, quoiqu'elles n'y reſſemblent gueres.

2. *RHUS Virginianum.* C. B. P.
 S u m a c de Virginie.

3. *RHUS Canadenſe, folio longiori utrinque glabro.* Inſt.
 S u m a c de Canada à feuilles liſſes; ou V i n a i g r i e r.

4. *RHUS anguſtifolium.* C. B. P.
 S u m a c à feuilles étroites.

5. *RHUS Caroliniana fructu coccineo.*
 S u m a c de Caroline, dont le fruit eſt de couleur rouge orangé.

6. *RHUS Caroliniana fructu nigro.*
 S u m a c de Caroline à fruit noir.

7. *RHUS foliis pinnatis integerrimis, petiolo membranaceo articulato.* Roy.

vel, R ʜ ʊ *s obſoniorum ſimilis Americana, gummi candidum fundens,
non ſerrata, foliorum Rachi medio alata.* Pluk. Phit.
Sᴜᴍᴀᴄ dont les feuilles ſont empanées, & dont la tige du milieu eſt aîlée.

Il y a pluſieurs autres eſpeces de Sumac dont nous ne parlons point, parce qu'elles ne peuvent ſupporter nos hyvers.

C U L T U R E.

Les Sumacs, n°. 1, 2 & 3, ne ſont point du tout délicats.
S'ils ſont plantés un peu près de la ſuperficie de la terre, ils
pouſſent une ſi grande quantité de rejets, que quelques pieds
ſuffiſent pour remplir tout un terrein. On peut donc multiplier
les Sumacs par les drageons enracinés qu'ils produiſent en
abondance, & cela eſt avantageux; car les ſemences levent
difficilement, ſur-tout quand on les tranſporte fort loin. Nous
en avons cependant pluſieurs d'Amérique que nous avons élevés de ſemence: les Sumacs s'accommodent aſſez bien de
toute ſorte de qualité de terre.

U S A G E S.

Le Sumac à feuille d'Orme porte des fleurs blanches; celui
de Virginie les a rouges, auſſi-bien que le duvet qui couvre
les ſemences: cet arbre a un port fort ſingulier. Ces deux
eſpeces s'accommodent aſſez bien d'une terre de médiocre
qualité; ainſi ils ſont propres à garnir les remiſes & certaines
parties dans les parcs: ils peuvent tenir auſſi leur place dans
les boſquets d'été & d'automne, parce que les épis rouges
de celui de Virginie font un aſſez bel effet.
Il découle des inciſions qu'on fait au tronc des gros Sumacs, une ſubſtance réſineuſe qui eſt bien digne d'attention,
pour eſſayer d'en faire un vernis analogue à celui de la Chine.
Les feuilles du Sumac ſervent dans quelque pays à tanner
les cuirs. Je crois que la décoction des grappes eſt employée
à préparer les étoffes pour quelques eſpeces de teintures:
en Médecine on emploie cette décoction pour arrêter les flux

de fang : ces grappes bouillies dans le vin, calment l'inflammation des hémorroïdes.

Le bois du Sumac, principalement celui de l'espece n°. 2, est fort tendre ; mais il est d'une très-belle couleur verte, & de deux nuances qui font assez agréables.

On cultive à Trianon les especes n°. 5, 6 & 7. M. Richard en éleve, outre cela, un semblable à celui de Virginie, mais qui est plus grand, plus velu, dont le duvet est d'un pourpre vif, dont les fleurs font blanches, & les pannicules grandes & éparses.

BIBLIOTHÈQUE
R.F.

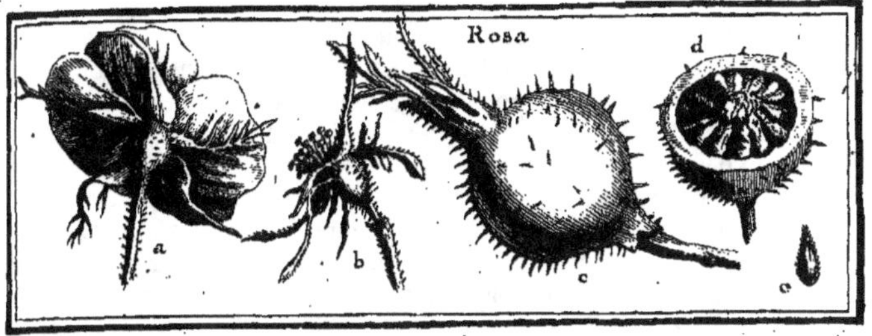

ROSA, Tournef. *&* Linn. ROSIER.

DESCRIPTION.

LES fleurs (*a*) des Rosiers font compofées d'un calyce (*b*) d'une feule piece, charnu par le bas, divifé par les bords en cinq grandes découpures qui fe terminent en pointe, d'où il part fouvent des appendices plus ou moins grandes.

Ce calyce porte cinq grands pétales arrondis, creufés en cuilleron, & fouvent échancrés en cœur. On y trouve auffi un grand nombre d'étamines fort courtes, & chargées de fommets triangulaires.

Le piftil eft compofé d'un grand nombre d'embryons qui font contenus dans la partie charnue du calyce, & d'un pareil nombre de ftyles qui fortent du calyce par une ouverture placée au milieu du difque de la fleur.

Les embryons deviennent autant de femences (*e*) oblongues & hériffées de poils.

Le fruit (*c*) du Rofier fe nomme vulgairement *Gratte-cul*; il eft charnu & formé par le calyce; il eft terminé par un umbilic; il contient (*d*) beaucoup de femences, & des poils ordinairement durs & piquants.

On conçoit bien que nous ne parlons que des Rofes fimples, quand nous difons que les fleurs n'ont que cinq pétales; les Rofes femi-doubles & les Rofes doubles en ont un bien plus grand nombre : alors les étamines se trouvent entre les pétales ; & ce qui fait que les Roses doubles donnent de bonnes semences, quoique la plupart des fleurs doubles n'en donnent point, c'est que souvent les pétales surnuméraires se forment aux dépens des étamines.

Les feuilles des Rosiers sont ordinairement composées de trois, cinq ou sept folioles ovales, dentelées par les bords, attachées deux à deux sur un filet qui est terminé par une foliole, & qui est accompagnée de stipules à son insertion sur les branches : ces feuilles sont posées alternativement sur les branches.

Presque toutes les especes du Rosier sont armées d'épines.

E S P E C E S.

1. *R O S A rubra simplex.* C. B. P.
   Rosier à fleur rouge, simple.

2. *R O S A rubra multiplex.* C. B. P.
   Rosier à fleur rouge, double.

3. *R O S A ex rubro nigricante, flore pleno.* Eyst.
   Rosier à fleur double rouge foncé.

4. *R O S A rubicunda, quæ non omninò dehiscit ut Plinii Græcula.* Cam. Hort.
   Rosier de Grece à fleur rouge qui ne s'épanouit pas entierement.

5. *R O S A rubra pallidior.* C. B. P.
   Rosier à fleur rouge pâle.

6. *R O S A rubra, pallidior, flore pleno.* C. B. P.
   Rosier à fleur double toute pâle.

7. *R O S A saturatiùs rubens.* C. B. P.
   Rosier à fleur pourpre.

8. *R O S A purpurea.* C. B. P.
   Grand Rosier à fleur pourpre, dit DE PROVIN

9. *R O S A purpurea flore simplici.* H. R. Par.
   Rosier simple pourpre, dit DE PROVINS.

10. *R O S A versicolor.* C. B. P.
    Rosier à fleur panachée.

11. *R O S A Anglica versicolor.* Pass.
    Rosier d'Angleterre à fleur panachée.

12. *R O S A Basilica ex albido colore & rubello varia.* D. de Bertinieres,
    Joncq. Hort.
    Rosier à fleur mi-partie de rouge & de blanc.

13. *R O S A Ciphiana, seu Rosa Pimpinella foliis minor, nostras flore eleganter*
    variegato. Scot. Maestr. Part.
    Rosier panaché, à feuille de Pimprenelle.

14. *R O S A maxima multiplex.* C. B. P.
    Rosier à cent feuilles; ou Rosier de Hollande très-double.

15. *R O S A multiplex media.* C. B. P.
    Petit Rosier à cent feuilles, ou très-double.

16. *R O S A alba, vulgaris major.* C. B. P.
    Grand Rosier à fleur blanche.

17. *R O S A flore albo, pleno.* Eyst.
    Rosier à fleur blanche double.

18. *R O S A alba minor.* C. B. P.
    Petit Rosier à fleur blanche.

19. *R O S A moschata major.* J. B.
    Grand Rosier à fleur musquée; ou Rose-muscade.

20. *R O S A moschata, simplici flore.* C. B. P.
    Rosier à fleur simple musquée; ou Rose-muscade simple.

21. *R O S A moschata, flore pleno.* C. B. P.
    Rosier à fleur musquée double; ou Rose-muscade double.

22. *R O S A moschata semper virens.* C. B. P.
    Rosier à fleur musquée, toujours verd.

23. *R O S A spinis carens, flore majore.* C. B. P.
    Grand Rosier sans épines.

24. *R O S A sine spinis, flore minore.* C. B. P.
    Rosier sans épines à petite fleur.

25. *R O S A folio crispo, flore rubello, sive incarnato.* J. B.
Rosier à feuille frisée, à fleur incarnate.

26. *R O S A silvestris vulgaris., flore odorato incarnato.* C. B. P.
Rosier sauvage à fleur rouge odorante.

27. *R O S A silvestris, flore majore & rubente.* C. B. P.
Rosier sauvage à grande fleur rouge.

28. *R O S A canina, duplicato flore, Burdigalensis quorumdam.* H. R. Par.
Rosier de Bordeaux; ou Eglantier à fleur double.

29. *R O S A silvestris, flore pleno.* C. B. P.
Rosier-Eglantier à fleur double.

30. *R O S A silvestris, foliis odoratis.* C. B. P.
Rosier-Eglantier à fleur odorante.

31. *R O S A silvestris odoratissimo rubro flore.* C. B. P.
Rosier sauvage à fleur rouge très-odorante.

32. *R O S A silvestris odorata, albo flore.* C. B. P.
Rosier sauvage à fleur blanche, odorante.

33. *R O S A odore cinnamomi, simplex.* C. B. P.
Rosier à fleur simple qui sent la canelle.

34. *R O S A odore cinnamomi, flore pleno.* C. B. P.
Rosier à fleur double qui sent la canelle.

35. *R O S A minor rubello flore, quæ vulgò, à mense Maio, maialis dicitur.* C. B. P.
Rosier de Mai.

36. *R O S A lutea, simplex.* C. B. P.
Rosier à fleur jaune, simple.

37. *R O S A lutea, multiplex.* C. B. P.
Rosier à fleur jaune, double.

38. *R O S A campestris spinosissima, flore albo, odoro.* C. B. P.
Petit Rosier très-épineux, à fleur blanche, odorante.

39. *R O S A pumila spinosissima flore rubro.* J. B.
Petit Rosier très-épineux, à fleur rouge.

40. *ROSA Alpina, pumila, montis Rosarum, pimpinella foliis minoribus ac rotundioribus, flore minimo lividè rubente.* H. Cathol.
Rosier des Alpes à petite fleur rouge pâle.

41. *ROSA silvestris, pumila, rubens.* C. B. P.
Petit Rosier sauvage à fleur rouge.

42. *ROSA silvestris, pomifera major.* C. B. P.
Grand Rosier sauvage à gros fruit épineux.

43. *ROSA arvensis candida.* C. B. P.
Rosier des champs à fleur blanche.

44. *ROSA campestris, repens, alba.* C. B. P.
Rosier des champs, rampant, à fleur blanche, qui porte le Kinorodon des Apothicaires; ou le Gratte-cul.

45. *ROSA minima.* J. B.
Le très-petit Rosier.

46. *ROSA campestris, spinis carens, biflora.* C. B. P.
Rosier sauvage, sans épines, qui fleurit deux fois l'année.

47. *ROSA omnium calendarum.* H. R. Par.
Rosier de tous les mois.

48. *ROSA omnium calendarum, flore albo.* H. R. Monsp.
Rosier de tous les mois, à fleur blanche.

49. *ROSA omnium calendarum, flore pleno, carneo.* D. Boutin. Joncq. Hort.
Rosier de tous les mois, à fleur double couleur de chair.

50. *ROSA omnium calendarum, flore simplici purpureo.* D. Boutin. Joncq. Hort.
Rosier de tous les mois, à fleur simple & pourpre.

51. *ROSA Punicea.* Corn.
Rosier d'Afrique.

52. *ROSA inapertis floribus, alabastro crassiore, Francofurtensis quibusdam.* H. R. Par.
Rosier à gros cul de Francfort.

53. *ROSA silvestris fructu majore hispido.* Raii. Synops.
Rosier sauvage à gros fruit épineux.

Tome II. F f

54. *ROSA silvestris Virginiensis.* Raii. Hist.
Rosier sauvage de Virginie.

55. *ROSA sine spinis, flore majore.* M. C.
Rosier sans épines, à grande fleur.

Il n'est pas douteux que nous comprenons dans cette liste beaucoup de variétés ; mais comme elles peuvent toutes servir à la décoration des Jardins, nous avons cru devoir les rapporter en détail.

CULTURE.

Les Rosiers sont des arbrisseaux très - peu délicats. On peut les élever de semences ; mais on a coutume de les multiplier par marcottes ; ils reprennent même de boutures ; on greffe les especes rares sur celles qu'on a en abondance. Les branches qui ont porté beaucoup de fleurs, périssent assez souvent ; mais les racines produisent de nouveaux jets gourmands qui réparent la perte que ces arbustes ont faite.

USAGES.

On sait qu'il n'y a point d'arbrisseau plus agréable que le Rosier, soit à fleurs simples, soit à fleurs doubles : toutes les variétés du Rosier, savoir, à fleur blanche, couleur de chair, rouge, pourpre, ponceau, panachée & jaune, peuvent seules, dans le mois de Juin, fournir la décoration d'un bosquet ; car, indépendamment de la beauté, de la variété & de l'éclat de leurs fleurs, la plupart répandent une odeur délicieuse.

Entre toutes ces variétés, on doit principalement cultiver les Roses de tous les mois, n°. 47, 48, 49 & 50, parce qu'elles fournissent des fleurs pendant toute l'année.

On trouve chez nos Jardiniers un petit Rosier nain qui porte des fleurs très-doubles d'une forme & d'une couleur charmante : je crois que c'est l'espece de J. B. n°. 45.

Les deux Roses jaunes, n°. 36 & 37, sont très-estimables : l'espece double avorte souvent ; mais l'espece simple a un éclat surprenant.

Les Roses canelles, n°. 33 & 34; les Roses muscades, n°. 19, 20, 21 & 22, exhalent une odeur charmante.

Enfin l'espece, n°. 4, & la Rose de Mai, n° 35, ont l'avantage d'être plus printanieres que les autres.

Il y a des Roses qui, du centre de la fleur, produisent une autre Rose, & quelquefois des feuilles : c'est une monstruosité qui les fait nommer *Proliferes.*

Les Roses blanches & les Roses pâles font très-purgatives; & sur-tout encore la Rose muscade qui vient des pays chauds.

Les Roses d'un rouge-foncé, qu'on nomme *Roses de Provins,* passent pour être astringentes.

Les Roses entrent dans beaucoup de préparations médicinales; on en fait de la conserve, des sirops simples & composés : l'eau simple de Roses distillées, s'emploie dans les offices dans quelques pâtisseries & dans plusieurs remedes : les Chirurgiens font des fomentations avec la décoction de Roses seches.

Tome II. Pl. 53.

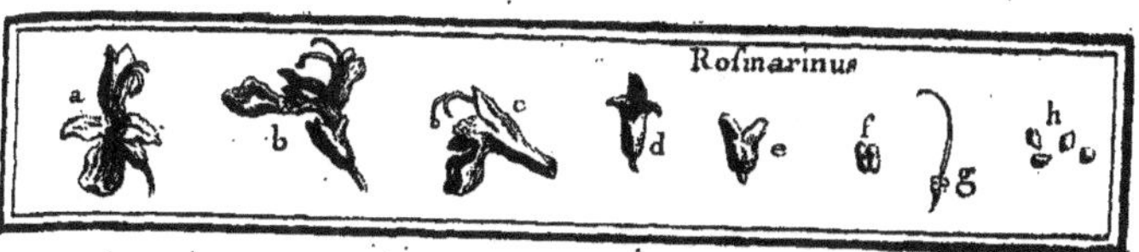

ROSMARINUS, Tournef. & Linn.

ROMARIN.

DESCRIPTION.

LE Romarin porte des fleurs labiées (*a b*), dont la partie inférieure est reçue dans un calyce (*d*) en cornet, qui est divisé à la partie supérieure par une grande découpure, & à la partie inférieure par deux plus petites.

La levre supérieure du pétale (*c*) est divisée en deux ; elle est ouverte, & se soutient droite ; la levre inférieure est divisée en trois & recourbée en dessous ; la découpure du milieu est plus grande que les deux autres ; elle est creusée en cuilleron, & étroite vers sa base : les échancrures latérales sont petites & pointues.

On apperçoit dans l'intérieur deux étamines recourbées vers la levre supérieure, & qui sont terminées par un sommet.

Le pistil (*g*) est formé d'un embryon divisé en quatre, & d'un style long & recourbé.

L'embryon se change en quatre semences (*f h*), recouvertes par le calyce même (*e*) qui leur sert d'enveloppe.

Les feuilles de cet arbrisseau sont simples, très-étroites, longues, divisées suivant leur longueur par une nervure ; elles sont opposées deux à deux sur les branches ; elles sont blanchâtres en dessous, & elles ne tombent point pendant l'hyver.

ESPECES.

1. *ROSMARINUS hortensis, latiore folio.* Mor. Hist.
ROMARIN cultivé, à feuille large.

2. *ROSMARINUS hortensis, angustiore folio.* C. B. P.
Romarin cultivé, à feuille étroite.

3. *ROSMARINUS Almeriensis, flore majore spicato purpurascente.* Inst.
Romarin d'Almérie, à grande fleur pourpre.

4. *ROSMARINUS hortensis, angustiore folio, argenteus.* H. R. Par.
Romarin à feuille étroite, & argenté.

5. *ROSMARINUS striatus sive aureus.* Park.
Romarin panaché de jaune.

CULTURE.

Le Romarin n'est point du tout délicat sur la nature du terrein: il se multiplie aisément de marcottes, & même de boutures; mais il craint les fortes gelées de nos hyvers. Nous en avons cependant des pieds qui subsistent depuis plus de dix ans le long d'un espalier, sans avoir jamais été couverts: il est vrai qu'ils ont beaucoup souffert de l'hyver de 1754. On a remarqué que ceux qui étoient à l'exposition du Couchant, & même à celle du Nord, avoient moins souffert que ceux qui, étant exposés au soleil, se trouvoient presque tous les jours couverts de verglas.

USAGES.

Comme cet arbrisseau ne quitte point ses feuilles, il seroit très-bien placé dans les bosquets d'hyver, s'il ne craignoit pas la gelée: cependant il n'est jamais si agréable que dans le mois de Juin, qui est le temps de sa fleur.

On sait que les feuilles & les fleurs du Romarin répandent une odeur très-agréable, & qu'elles entrent comme aromates dans les sachets & dans les pots-pourris; c'est de ses fleurs distillées avec le vin & l'eau-de-vie, qu'on fait cette eau si connue sous le nom d'*Eau de la Reine de Hongrie.* Outre ces propriétés, on regarde encore cet arbuste comme céphalique, antihystérique, & comme un puissant vermifuge.

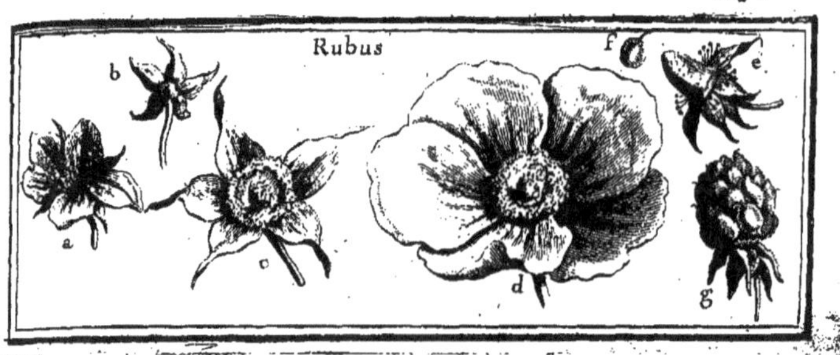

RUBUS, Tournef. *& Linn.* RONCE.

DESCRIPTION.

LA fleur (*a d*) de la Ronce a un calyce (*b c*) d'une feule piece, découpé en cinq lanieres affez longues & terminées en pointe; il fubfifte jufqu'à la maturité du fruit.

Ce calyce porte cinq pétales arrondis, difpofés en rofe, & qui font affez grands, fur-tout dans quelques efpeces.

On apperçoit dans l'intérieur grand nombre d'étamines qui partent du calyce; elles font terminées par des fommets arrondis & un peu comprimés.

Le piftil eft formé d'un grand nombre d'embryons raffemblés en forme de tête, & d'un pareil nombre de ftyles qui partent des côtés des embryons.

Ces embryons deviennent des graines (*f*) ou de petites baies fucculentes, qui font prefque toujours réunies les unes aux autres, & qui forment toutes enfemble un fruit conique (*g*): toutes ces baies font attachées à un placenta commun (*e*) qui occupe l'axe du fruit.

Chaque grain (*f*) renferme une femence oblongue.

La forme des feuilles varie; mais la plupart des Ronces les ont compofées de trois ou cinq grandes folioles dentelées par les bords, & qui font attachées aux extrêmités d'une queue commune: elles font hériffées d'épines crochues.

Toutes les Ronces ont leurs feuilles posées alternativement sur les branches.

ESPECES.

RONCES PROPREMENT DITES.

1. *RUBUS vulgaris fructu nigro.* C. B. P.
RONCE ordinaire à fruit noir.

2. *RUBUS vulgaris major, folio variegato,* M. C.
RONCE ordinaire à feuille panachée.

3. *RUBUS non spinosus, fructu nigro majore, Polonicus.* Barr. Icon.
RONCE de Pologne, à fruit noir & sans épines.

4. *RUBUS vulgaris major, fructu albo.* Raii.
RONCE ordinaire à fruit blanc.

5. *RUBUS flore albo pleno.* H. R. Monsp.
RONCE à fleur double blanche.

6. *RUBUS vulgaris, spinis carens.* H. R. Par.
RONCE ordinaire sans épines; ou RONCE de S. François.

7. *RUBUS spinosus, foliis & floribus eleganter laciniatis.* Inst.
RONCE épineuse, dont les feuilles sont profondément découpées; ou RONCE à feuille de Persil.

8. *RUBUS elegantissimus, rectus, humilis, trifolius, Rosæ spinulis, fructu colore & sapore Fragariæ.* Hort. Cathol.
Petite RONCE qui se tient droite, qui a trois feuilles & des épines comme le Rosier, dont le fruit a la couleur & le goût de la Fraise.

FRAMBOISIERS.

9. *RUBUS Idæus spinosus, fructu rubro.* J. B.
RONCE du mont Ida, épineux & à fruit rouge; ou FRAMBOISIER à fruit rouge.

10. *RUBUS Idæus spinosus, fructu albo.* C. B. P.
RONCE du mont Ida épineux, à fruit blanc; ou FRAMBOISIER à fruit blanc.

11. *R U B U S Idæus lævis.* C. B. P.
     RONCE du mont Ida sans épines ; ou FRAMBOISIER sans
     épines.

12. *R U B U S Idæus, fructu nigro, Virginianus.* Banister.
     RONCE du mont Ida à fruit noir; ou FRAMBOISIER à fruit
     noir de Virginie.

13. *R U B U S Idæus spinosus, fructu rubro serotino.* M. C.
     RONCE du mont Ida épineux, dont le fruit est tardif; ou
     FRAMBOISIER d'automne.

14. *R U B U S odoratus.* Cornut.
     RONCE odorante; ou FRAMBOISIER de Canada à fleur en
     rose.

15. *R U B U S Americanus, magis erectus, spinis rarioribus, stipite cæruleo.*
     Pluk.
     RONCE d'Amérique, qui a peu d'épines, & dont l'extrêmité
     des branches est bleuâtre ; ou FRAMBOISIER de Pensilvanie.

C U L T U R E.

Les Ronces proprement dites, poussent de grandes branches sarmenteuses, dont les unes se rament dans les buissons
qui se trouvent à leur portée, & les autres rampent à terre:
celles-ci prennent racines à tous les endroits qui touchent
immédiatement la terre ; par conséquent elles se multiplient
d'elles-mêmes de marcottes, & beaucoup plus qu'on ne veut.

Les Framboisiers ne rampent point ; leurs branches se tiennent droites : celles qui ont produit du fruit plusieurs années
de suite, meurent, & sont remplacées par de nouveaux jets
qui partent des racines. Ces jets fournissent une grande quantité de drageons enracinés, par lesquels on peut, tant qu'on
le veut, multiplier les Framboisiers. Tout le soin de la culture de cet arbuste se réduit seulement à lui donner quelques
labours, & à couper les vieux jets lorsqu'ils sont épuisés.

On voit par ce que nous venons de dire, qu'il est inutile
d'avoir recours aux semences pour multiplier les Ronces ; cependant si l'on vouloit en ramasser pour en envoyer au loin,

il faudroit écraser les fruits dans l'eau, de la même façon que nous l'avons dit en parlant des Mûriers. Voyez pour cet effet l'article *M o r u s.*

On a nommé les Framboisiers *Rubus Idæus*, *Ronce du mont Ida* : j'en ignore la raison; car les Framboisiers croissent naturellement dans toute la Zone tempérée; on en trouve aussi beaucoup dans la Zone glaciale, & encore, à ce que je présume, dans la Zone torride.

U S A G E S.

Les Ronces des haies, n°. 1, donnent des fruits semblables aux Mûres, qu'on nomme *Mûres-de-renard* : elles sont fades en comparaison des véritables Mûres; on les emploie en Médecine en place des Mûres noires, quand on manque de ce fruit. On s'en sert en Provence pour colorer le vin muscat blanc & pour faire le vin muscat rouge de Toulon. Comme les haies sont remplies de cette espece de Ronce, on se dispense de la cultiver dans les jardins : en Guienne, on ramasse ce fruit pour le donner aux pourceaux.

On peut cultiver par curiosité la Ronce à fruit blanc, n°. 4; & celle qui est sans épines, n° 3 & n°. 6, & encore celle à feuilles panachées, n°. 2 : mais l'espece qui mérite sur-tout d'être cultivée, est celle à fleurs doubles, n°. 5; car depuis le mois de Juin jusqu'au temps des premieres gelées, elle produit des fleurs larges comme un petit écu, & qui sont aussi belles que les Renoncules semi-doubles.

Les jeunes branches & les racines de la Ronce ordinaire, sont astringentes : leur décoction est recommandée en gargarisme pour les maux de gorge.

On cultive les Framboisiers à cause de leur fruit qui a beaucoup de parfum : on le mange crud mêlé avec les Fraises & les Groseilles; on en fait des confitures agréables, des compotes; enfin ce fruit entre dans la composition de plusieurs ratafias.

Les especes, n°. 14 & 15, donnent de fort jolies fleurs; elles méritent d'être cultivées dans les bosquets de la fin du printemps.

Tome II. *Pl.* 55.

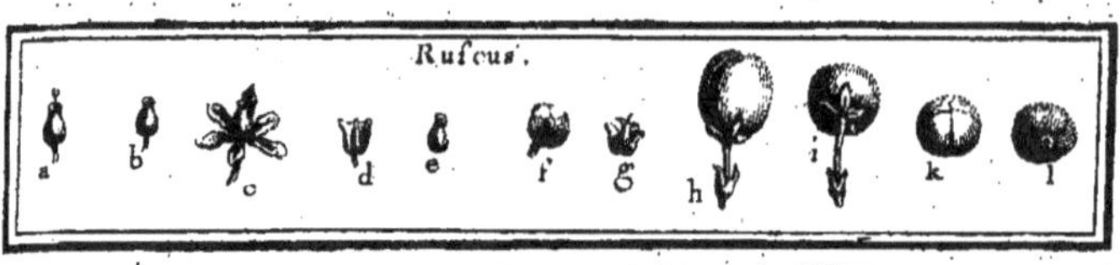

RUSCUS, Tournef. & Linn. FRAGON.

DESCRIPTION.

LES Fragons portent quelquefois des fleurs mâles & des fleurs femelles, & quelquefois auſſi des fleurs hermaphrodites.

Les fleurs mâles (*c*) ſont compoſées d'un calyce diviſé en ſix juſqu'à ſa baſe. On apperçoit dans l'intérieur, ſuivant M. de Tournefort, un pétale (*b*) en forme de grelot; & ſuivant M. Linneus, cette partie n'eſt point un pétale, mais un *nectarium*: en effet, les ſommets des étamines qui ſont au nombre de trois, lui ſont immédiatement attachés.

Les fleurs femelles ſont entierement ſemblables aux fleurs mâles, ſi ce n'eſt qu'on n'apperçoit point d'étamines; mais il y a dans l'axe du grelot (*e*) un piſtil (*d*) formé d'un embryon ovale, ſurmonté d'un ſtyle (*a*) qui ſe termine quelquefois par un ſtigmate, & quelquefois par trois (*g*).

L'embryon devient une baie charnue (*h i*) qui eſt diviſée en trois loges (*k l*), & qui devroit naturellement contenir autant de noyaux; mais communément on en trouve un ou deux avortés.

Aux fleurs hermaphrodites (*f*), les échancrures du calyce forment une eſpece de globe.

Le calyce ſubſiſte juſqu'à la maturité du fruit.

Les feuilles des Fragons ne tombent point pendant l'hyver; elles ſont poſées alternativement ſur les branches : leur forme varie ſuivant les eſpeces.

G g ij

ESPECES.

1. *RUSCUS Myrtifolius aculeatus.* Inft.
FRAGON à feuille de myrte pointue & piquante; ou HOUX-
FRELON; ou BUIS piquant; ou BRUSQUE; ou HOUSSON;
ou HOUX-FOURGON.

2. *RUSCUS latifolius, fructu folio innafcente.* Inft.
FRAGON à feuilles larges, dont le fruit vient fur la feuille; ou
LAURIER-ALEXANDRIN à feuilles larges, & qui porte
une foliole fur chaque feuille.

3. *RUSCUS anguftifolius, fructu folio innafcente.* Inft.
FRAGON à feuilles étroites, dont le fruit vient fur la feuille;
ou LAURIER-ALEXANDRIN à feuilles étroites, qui porte
une foliole fur chaque feuille.

4. *RUSCUS anguftifolius, fructu fummis ramulis innafcente.* Inft.
FRAGON à feuilles étroites, qui porte fes fruits à l'extrêmité des
branches; ou grand LAURIER-ALEXANDRIN.

5. *RUSCUS latifolius, è florum finu florifer & baccifer.* Dill. Hort. Elth.
FRAGON à grandes feuilles, qui porte fes fleurs & fes baies aux
aiffelles des feuilles; ou LAURIER-ALEXANDRIN qui porte
des fleurs mâles & des fleurs femelles.

CULTURE.

Les Fragons ne font abfolument point délicats : on pourroit
les élever de femences; mais comme les racines produifent
des jets en abondance, on trouve fuffifamment du plant autour des gros pieds. Le Houx-frelon, n°. 1, vient naturellement
dans les bois.

USAGES.

Le Houx-frelon ou Fragon, n°. 1, porte des feuilles fermes, dures, qui fe terminent par une pointe très-piquante.
Cet arbufte eft très-petit; mais comme il conferve fes feuilles
pendant l'hyver, & que fes fruits rouges font affez jolis, on
peut en mettre dans les bofquets de cette faifon, & en planter
dans les remifes.

On fait des houffoirs avec les branches de cet arbufte : fes
bayes ainfi que fes racines entrent dans les ptifannes apéritives : on dit que les jeunes pouffes peuvent fe manger en
guife d'afperges.

Les Lauriers-Alexandrins ont pareillement leurs feuilles
terminées en pointe , mais qui ne font point piquantes. Les
efpeces , n°. 2 & 3 , font fingulieres par une foliole en forme de levre qui fe détache du milieu de la feuille : l'efpece ,
n°. 4 , qui eft un peu plus grande que les autres , doit fur-
tout être cultivée dans les bofquets d'hiver.

Tome II. Pl. 57.

Tome II. Pl. 57.

RUTA, Tournef. & Linn. RUE.

D E S C R I P T I O N.

LE calyce (*b*) de la fleur (*a*) de la Rue eſt diviſé en quatre
juſqu'à ſa baſe; ou, ſi l'on veut, compoſé de quatre
feuilles aſſez petites: il ſubſiſte juſqu'à la maturité du fruit. Il
porte quatre pétales, rarement cinq, creuſés en cuilleron, dentelés par les bords, & diſpoſés en roſe: on apperçoit dans le
diſque de la fleur huit étaminesaſſez longues, & terminées par
de courts ſommets; au milieu eſt le piſtil (*d*) formé d'un embryon de la forme d'une poire poſée ſur la tête; & par le bout
qui eſt tronqué, il eſt diviſé en quatre par une croix.

Cet embryon devient une capſule renflée (*c*), compoſée de
quatre loges (*f*) diſtinguées l'une de l'autre par des ſillons,
& en partie diviſée intérieurement par des cloiſons. On trouve
dans ces différentes loges (*e*) des ſemences anguleuſes (*g*) qui
approchent ordinairement de la figure d'un rein.

La Rue fait un arbuſte plus ou moins grand, ſuivant les eſpeces: celle des jardins s'éleve, dans les terreins où elle ſe
plaît, juſqu'à quatre ou cinq pieds de hauteur.

Les feuilles ſont oppoſées ſur les branches; elles ſont compoſées de folioles rangées par paires ſur une nervure, terminée par une ſeule. Ces folioles ſont oblongues, charnues, ſub-
diviſées très - irrégulierement en d'autres folioles: elles ſont
épaiſſes, un peu graſſes, d'un verd tirant ſur le bleu, couvertes, comme les Prunes, d'une fleur ou roſée blanche.

Ses fleurs ſont d'un jaune verdâtre, & raſſemblées par épis
ou bouquets au bout des branches.

Toutes les efpeces connues de la Rue, ont une odeur forte
& defagréable.

E S P E C E S.

1. *RUTA hortenfis latifolia.* C. B. P.
 R u e des jardins à feuille large.

2. *RUTA filveftris major.* C. B. P.
 Grande R u e des bois.

Nous fupprimons les efpeces qui ne peuvent fubfifter en
pleine terre, ou qui ne font point des arbuftes.

C U L T U R E.

Quand la Rue eft plantée dans un terrein gras, elle devient
un grand arbufte : elle fubfifte cependant très-bien dans les
mauvaifes terres. On la multiplie aifément par les drageons
enracinés qui fe trouvent auprès des gros pieds.

U S A G E S.

Comme la Rue conferve fes feuilles pendant l'hyver, on
peut mettre la grande efpece dans les bofquets de cette faifon.
 La Rue appliquée extérieurement, eft très-réfolutive ; prife
intérieurement, elle eft antihyftérique ; on prétend encore qu'elle
fortifie l'eftomac : elle entre dans les remedes qu'on donne à
ceux qui font mordus d'un chien enragé.
 Quoique fon odeur nous paroiffe defagréable, les Alle-
mands, les Anglois & les Hollandois la font entrer dans plufieurs ragoûts.
 Les Maréchaux en font ufage dans les remedes qu'ils donnent aux chevaux.

S A B I N A,

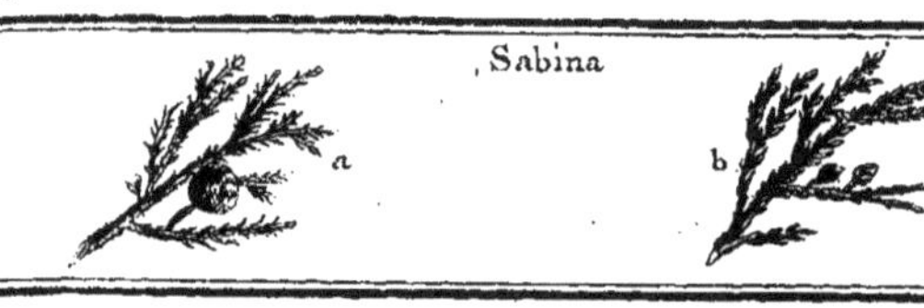

SABINA, TOURNEF. JUNIPERUS, LINN.
SABINE ou SAVINIER.

DESCRIPTION.

LA Sabine porte des fleurs mâles & des fleurs femelles
fur différents pieds.

Les fleurs mâles (*b*) étant groupées trois à trois fur un filet
commun, forment, par leur affemblage, un chaton conique
& écailleux : on n'y apperçoit aucun pétale, & les étamines qui
font au nombre de trois, ne font gueres perceptibles que dans
la fleur qui termine les chatons.

Les fleurs femelles (*a*) font compofées d'un calyce affez
petit, divifé en trois, & qui fubfifte jufqu'à la maturité du
fruit : on y apperçoit trois pétales durs & pointus qui fubfiftent autant que le calyce : le piftil eft compofé d'un embryon
arrondi qui fait partie du calyce, & de trois ftyles. L'embryon devient une baie charnue, arrondie, relevée de petites
éminences qui paroiffent par leur extrêmité être des écailles
immédiatement colées fur le fruit. Le calyce forme à fa bafe
trois tubercules, & les pétales font à fon extrêmité une efpece
de couronne à trois dents, qui borde l'umbilic.

On trouve dans la baie trois femences ou noyaux qui font
convexes d'un côté, & applatis fur les faces qui fe touchent.

Toute cette defcription convient également au Genevrier,
au Cedre & à la Sabine ; c'eft ce qui a fans doute engagé M.
Linneus à n'en faire qu'un feul genre.

Les feuilles de la Sabine font très-petites, & elles ne tom‐
bent point pendant l'hyver.

E S P E C E S.

1. *SABINA folio Tamarifci, Diofcoridis.* C. B. P. *five fœmina.*
　S A B I N E à feuilles de Tamarifque, ou femelle.

2. *SABINA folio Cupreffi.* C. B. P. *five mas.*
　S A B I N E à feuilles de Cyprès, ou mâle.

3. *SABINA folio variegato.* M. C.
　S A B I N E à feuilles panachées.

C U L T U R E.

Le Savinier ou la Sabine s'accommode affez bien de toutes
ortes de terres; cet arbufte fe multiplie par les femences,
par les marcottes, & même par boutures; il vient mieux à
l'ombre qu'au grand foleil.

La Sabine que nous cultivons ne fait qu'un arbriffeau. M. de
Tournefort, dans fon voyage du Levant, *in-8°. tom. III, pag.*
184, dit avoir vu des pieds de Sabine auffi gros que des Peu‐
pliers. Si je n'étois arrêté par la confiance qu'on doit avoir
au récit d'un Auteur auffi exact, je ferois tenté de croire que
les arbres qu'il dit avoir vus, font plutôt des Cedres; cette
méprife, au refte, ne feroit pas furprenante, puifque, comme
nous l'avons dit plus haut, ces deux genres fe reffemblent pref‐
que à tous égards.

U S A G E S.

Comme cet arbriffeau ne quitte point fes feuilles en hyver,
& qu'il eft d'un affez beau verd, il convient de le mettre dans
les bofquets de cette faifon.

Il eft regardé en Médecine comme un bon antihyftérique,
& comme un puiffant réfolutif.

Les Chirurgiens en emploient les feuilles en poudre pour
déterger les ulceres, pour guérir la galle & la teigne.

Les Maréchaux en font un grand ufage pour donner de
l'appétit aux beftiaux.

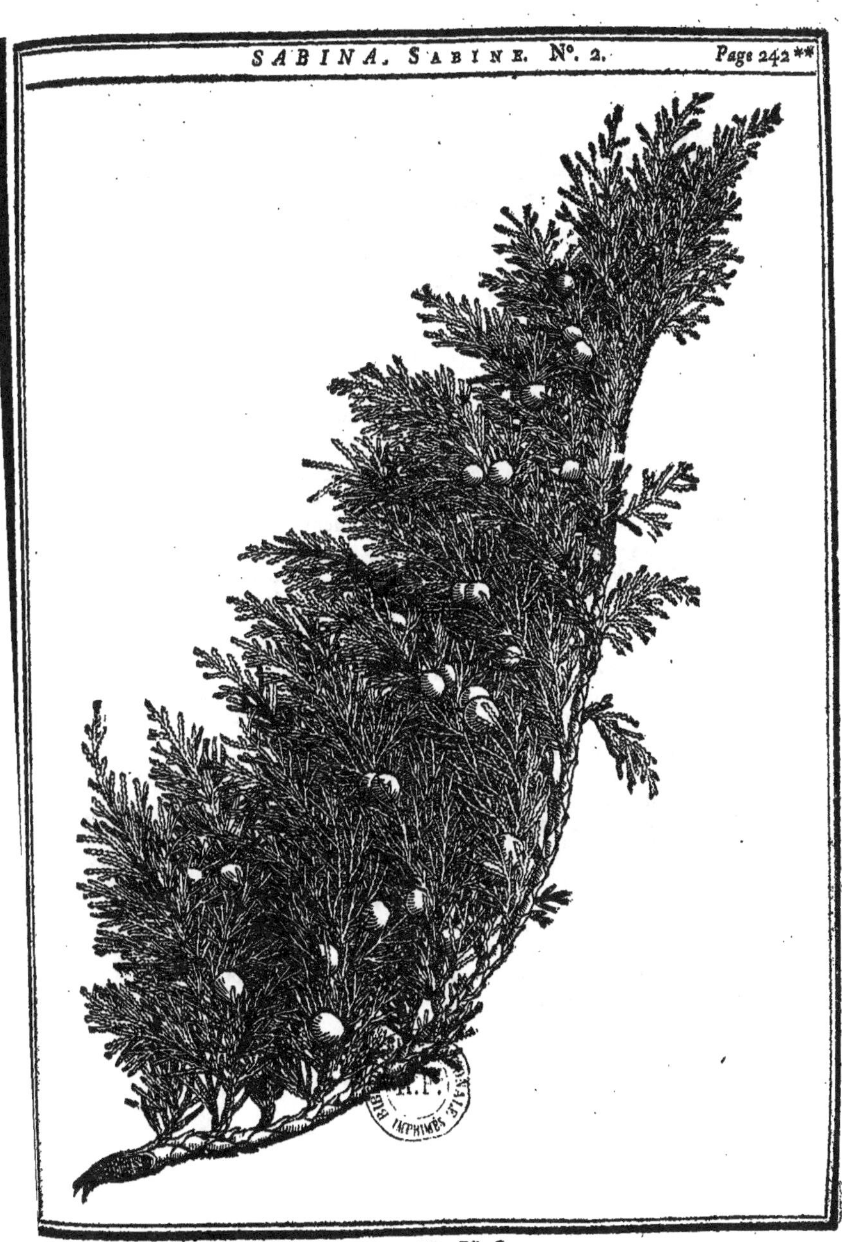

SALIX, TOURNEF. & LINN. SAULE.

DESCRIPTION.

LES Saules portent des fleurs mâles & des fleurs femelles fur différents individus.

Les fleurs mâles (*a d*) forment par leur affemblage des cha-tons écailleux; ces écailles font oblongues, plates: on n'ap-perçoit point de pétales; mais feulement deux étamines (*b*) qui partent d'un petit corps coloré, oblong (*c*) & un peu charnu (*nectarium*).

Il y a des efpeces qui portent quatre & même quelquefois cinq étamines affez longues & chargées de fommets.

Les fleurs femelles (*ef*) font difpofées en chatons écailleux comme les fleurs mâles. Elles n'ont ni pétales, ni étamines, mais feulement un piftil (*g*) qui part du petit corps charnu dont nous venons de parler: ce piftil eft formé d'un embryon oblong, furmonté par un ftigmate fourchu.

L'embryon devient une capfule (*h*) longue, qui s'ouvre par le haut (*i*), & dans laquelle (*k*) font renfermées nombre de femences menues & aigrettées (*l*); ce qui fait paroître ces chatons comme chargés d'un coton court & très-fin.

En comparant cette defcription avec celle du Peuplier, on apperçoit que ces deux genres ont beaucoup de rapport en-femble, & que la différence ne confifte que dans le nombre des étamines, & dans la forme du *nectarium*, lequel dans le

Peuplier eſt en godet, & en écailles dans les Saules : de plus
le ſtigmate du Peuplier eſt diviſé en quatre, & celui du Saule
ne l'eſt qu'en deux.

Les feuilles de la plupart des Saules ſont longues & pointues; il y a cependant des eſpeces qui les ont preſque rondes :
elles ſont toujours poſées alternativement ſur les branches, &
l'on ne connoît qu'une ſeule eſpece où elles ſoient oppoſées.

ESPECES.

1. *SALIX vulgaris alba, arboreſcens.* C. B. P.
 SAULE blanc ordinaire.

2. *SALIX folio Amygdalino, utrinque aurito, corticem abjiciens.* Raii.
 SAULE à feuilles d'Amandier, qui porte des ſtipules, & qui
 quitte ſon écorce.

3. *SALIX folio Amygdalino, utrinque virente, aurito.* C. B. P.
 SAULE à feuilles d'Amandier, vertes deſſus & deſſous, & qui
 porte des ſtipules.

4. *SALIX folio longiſſimo, anguſtiſſimo, utrinque albido.* C. B. P.
 SAULE à feuilles très-longues, étroites & d'un verd argenté.

5. *SALIX humilis anguſtifolia.* C. B. P.
 Petit SAULE à feuilles étroites.

6. *SALIX oblongo, incano, acuto folio.* C. B. P.
 SAULE à feuilles oblongues, pointues & d'un verd argenté.

7. *SALIX fragilis.* C. B. P.
 SAULE fragile, ou dont les branches rompent au lieu de ployer.

8. *SALIX humilis capitulo ſquamoſo.* C. B. P.
 Petit SAULE à tête écailleuſe.

9. *SALIX pumila, folio utrinque glabro.* J. B.
 Petit SAULE à feuilles liſſes.

10. *SALIX pumila, foliis utrinque candicantibus & lanuginoſis.* C. B. P.
 Petit SAULE à feuilles blanchâtres & velues.

11. *SALIX pumila, brevi anguſtoque folio incano.* C. B. P.
 Petit SAULE à feuilles courtes & velues.

12. *SALIX pumila, linifolia incana.* C. B. P.
Petit S A U L E à feuilles larges & velues.

13. *SALIX Alpina Pyrenaica.* C. B. P.
S A U L E des Alpes.

14. *SALIX Alpina, Serpilli folio lucido.* Boec.
S A U L E des Alpes à feuilles de Serpolet, & luifantes.

15. *SALIX Alpina anguftifolia, repens, non incana.* C. B. P.
S A U L E rampant des Alpes, à feuilles étroites & liffes

16. *SALIX folio longo, utrinque virente, odorato.* M. C.
S A U L E odorant à feuilles longues & qui font vertes deffus & deffous.

17. *SALIX vulgaris rubens.* C. B. P.
S A U L E rouge ordinaire, ou O s i e r rouge des Vignes.

18. *SALIX fativa, lutea, folio crenato.* C. B. P.
S A U L E jaune cultivé, dont les feuilles font dentelées, ou O s i e r
jaune.

19. *SALIX platyphyllos, leucophlœos.* Lugd.
S A U L E des marais.

20. *SALIX Orientalis, flagellis deorsùm pulchrè pendentibus.* Cor. Inft.
S A U L E du Levant, dont les branches font menues & pendantes.

21. *SALIX montana major, foliis Laurinis.* H. R. Par.
Grand S A U L E de montagne à feuilles de Laurier.

22. *SALIX fubrotundo, argenteo folio.* C. B. P.
S A U L E à feuilles rondes & argentées; ou M A R C E A U à feuilles
rondes.

23. *SALIX humilis latifolia, erecta.* C. B. P.
Petit S A U L E à feuilles larges; ou M A R C E A U nain à feuilles larges.

24. *SALIX latifolia repens.* C. B. P.
S A U L E rempant à feuilles larges; ou M A R C E A U rempant à
feuilles larges.

25. *SALIX Alpina, pumila, rotundifolia, repens, infernè fubcinerea.*
C. B. P.
Petit S A U L E rempant des Alpes à feuilles rondes, d'un verd
cendré par deffous; ou M A R C E A U rempant, &c.

26. *S A L I X pumila folio rotundo.* J. B.
   Petit S a u l e à feuilles rondes.

27. *S A L I X Alpina, Alni rotundo folio, repens.* Bocc.
   S a u l e des Alpes rempant, à feuilles d'Aune.

28. *S A L I X latifolia rotunda.* C. B. P.
   S a u l e à feuilles rondes & larges.

29. *S A L I X folio ex rotunditate acuminato.* C. B. P.
   S a u l e ou M a r c e a u à feuilles rondes qui se terminent en
   pointe.

30. *S A L I X Lusitanica, Salvia foliis auritis.* Inst.
   S a u l e de Portugal à feuilles de Sauge avec stipules.

31. *S A L I X latifolia rotunda variegata.* M. C.
   S a u l e à feuilles rondes & larges, panachées.

32. *S A L I X humilis, foliis angustis, subcœruleis, ex adverso binis.* Raii.
   Sinopf.
   Petit S a u l e à feuilles opposées.

C U L T U R E.

Quand il se trouve de la terre remuée sous les grands Saules, dans le temps qu'ils répandent leur graine, il en leve
quelquefois naturellement ; mais on ne s'avise point d'élever
des Saules de graine, parce qu'ils reprennent très-facilement
de bouture.

Les Saules aiment la terre de marais ou fort humide ; cependant ils ne profitent pas si bien quand ils sont submergés
ou plantés dans un fonds de tourbe.

On peut être assuré que tous les Saules qu'on mettra dans
un pré, y périront, si l'on n'apporte pas les précautions suivan-
tes. Quand on a mis en terre les plantards, c'est-à-dire, des
boutures de dix à douze pieds de haut, sur au moins six pouces
de circonférence vers le milieu ; il faut faire, à deux ou trois
pieds de distance des plantards, un fossé dont on rejette la
terre du côté des plantards ; si ces fossés retiennent en partie
l'eau, on peut être assuré que les Saules y viendront à merveille.

Pour faire une plantation de Saules, on coupe des perches pendant l'hyver: on met le pied de ces perches dans l'eau. Au printemps , avant que les Saules aient pouffé, on réduit ces perches à dix ou onze pieds de longueur ; on en appointit le gros bout avec une ferpe ; & pour les planter, on fait des trous en terre avec une pince ou groffe cheville de fer qu'on enfonce à coups de maffe ; on place enfuite dans ces trous le gros bout des plantards, jufqu'à un pied & demi ou deux pieds de profondeur , afin que le vent ne les renverfe pas. On fuit cette même méthode pour planter les Peupliers : au refte, il faut bien prendre garde de ne point meurtrir l'écorce des plantards ; car il fe formeroit des chancres aux endroits offenfés.

Quoique les Saules foient des arbres aquatiques, quelques efpeces qu'on nomme *Ofiers* , ne laiffent pas de venir affez bien dans les Vignes ; mais alors on les étête à un demi pied de terre, & on les plante de houffines groffes comme le doigt.

On plante les Ofiers que les Vanniers emploient, de la même maniere que l'on plante la Vigne. Il faut que le terrein foit élevé de deux ou trois pieds au deffus de l'eau, & entouré de bons foffés. On leur donne un labour auffi-tôt que l'on a cueilli l'Ofier ; & dans le courant de l'année, on a foin de détruire de temps en temps l'herbe qui croît deffous : ces Ofiers n'ont point de tige ; on les étête comme ceux des Vignes.

Les *Saules* qu'on plante dans les vallées fur la berge des foffés, peuvent être élevés à haute tige, ou étêtés à huit ou dix pieds de haut ; alors on les appelle *Têtards.*

Les Saules à feuilles larges, qu'on nomme *Marceaux*, fe plaifent, ainfi que les Saules ordinaires, dans les marais ; cependant on en voit plufieurs efpeces qui fubfiftent dans des terroirs affez fecs.

USAGES.

Les Saules font des arbres très-utiles. Une belle Sauffaie bien entretenue de foffés, dont les arbres font vigoureux & bien nettoyés du menu bois inutile & qui dérobe la feve aux perches ; une telle Sauffaie, quoique plantée de Têtards , c'eft-à-dire, d'arbres qu'on étête tous les huit à neuf ans, fait un fort bel effet. D'ailleurs il y a peu d'arbres d'un plus beau port qu'un Saule vigoureux, à qui l'on a ménagé une belle tige, & que l'on n'a point étêté : nous avons des plants de ces Saules qui font l'admiration de tous ceux qui les voient. Cet arbre peut donc fervir à décorer les parties marécageufes des parcs ; car fi le lieu eft trop humide pour qu'on puiffe s'y promener, on a du moins l'agrément d'avoir de beaux points de vue.

Pour ce qui eft de l'utilité des Saules, on fait que celui de l'efpece, n°. 17, que l'on nomme *Ofier*, & qu'on plante ordinairement dans les Vignes, fert à accoller les ceps. Il fert encore à plufieurs autres égards pour le jardinage : on n'emploie ordinairement à ces ufages que les menues branches de l'Ofier ; on refend en deux ou en trois les gros brins, fuivant leur groffeur, & ils fervent alors aux Tonneliers pour lier leurs cerceaux. Les Vignerons s'occupent pendant l'hyver à refendre l'Ofier de leur récolte, quand la rigueur de cette faifon ne leur permet pas de faire d'autres travaux.

L'Ofier de différentes efpeces, & particulierement celui à écorce jaune, n°. 18, fert aux Vanniers pour différents ouvrages : les Ofiers menus ou d'efpeces fujettes à rompre, s'emploient avec leur écorce aux ouvrages les plus communs. L'Ofier jaune qui eft de belle venue, ne s'emploie qu'écorcé ; & pour cela, les Vanniers confervent ces Ofiers en bottes dans leurs caves, jufqu'à ce qu'ils pouffent & qu'ils foient en pleine feve ; alors ils emportent facilement l'écorce en les paffant dans une machoire de bois, & ils affujettiffent avec des liens ces Ofiers écorcés par bottes, pour empêcher qu'ils ne fe contournent en différents fens. Lorfqu'ils veulent les employer, ils les mettent tremper dans l'eau pour les rendre plus fouples.

Les Saules fragiles, c'eft-à-dire, qui rompent au lieu de ployer, quand on veut en faire des liens, de même que les Marceaux, fourniffent de grandes & de petites perches : les petites perches font vendues aux Vanniers qui les refendent en lattes pour en faire la charpente de leurs ouvrages ; les plus groffes perches font refendues en deux ou en trois, & l'on en fait des cerceaux qui ne font pas à la vérité de longue durée ; enfin les plus grandes perches font refendues en trois ou quatre pour fervir d'échalas dans les Vignes ; ou bien on les

refend

refend pour en faire des éclifses pour les fromages; ou des ferches qui fervent de bordures aux cribles.

Pour tirer parti de ces échalats, il faut les conferver pendant un an en bottes bien liées, afin d'empêcher qu'ils ne fe recourbent; autrement, étant courbés, ils fe rompent quand on les enfonce en terre : au bout de ce temps, ils font prefque d'un auffi bon ufage que ceux de Chêne qu'on emploie aujourd'hui, & qui ne font fouvent que d'Aubour.

Les gros Saules qu'on a laiffé venir en futaie fans les étêter, fervent à faire des planches que l'on emploie comme celles du Tilleul & du Peuplier.

L'écorce que les Vanniers enlevent de deffus l'Ofier, fert aux Jardiniers dans le temps de la greffe, pour lier leurs écuffons.

On attribue à l'écorce du Saule une vertu aftringente.

Les Saules croiffent naturellement à la Louyfiane & au Canada. On nous a envoyé de ce pays un Saule dont les feuilles font prefque auffi grandes & auffi fermes que celles du *Nerion.*

Tome II. Pl. 64.

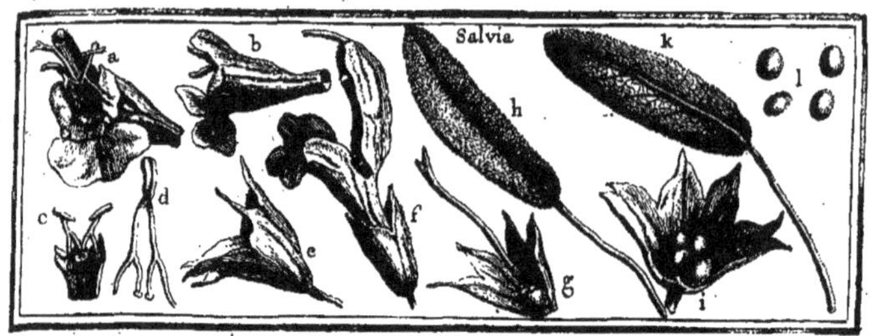

SALVIA, Tournef. & Linn. SAUGE.

DESCRIPTION.

LA Sauge porte des fleurs (*f*) labiées qui font reçues dans un calyce (*e*) d'une feule piece : elles font figurées en cornet comprimé fur les côtés, & divifé en deux levres principales, dont la fupérieure eft fubdivifée en trois petites dentelures, & l'inférieure en deux.

La levre fupérieure du pétale (*a b*), eft grande, comprimée fur les côtés, & un peu courbée en faucille ; la levre inférieure eft large, divifée en trois ; la partie du milieu eft grande & arrondie.

On trouve dans l'intérieur deux étamines entieres, & encore affez fouvent deux autres qui font avortées (*c*) : ces étamines font attachées enfemble & d'une façon finguliere, par un filet fourchu (*d*), qui fert à diftinguer les plantes de ce genre.

Le piftil (*g*) eft formé de quatre embryons & d'un ftyle affez long, terminé par un ftigmate qui fe divife en deux.

Les embryons deviennent autant de femences arrondies (*i l*).

Les feuilles (*h k*) de la Sauge font ovales, relevées en deffous d'arêtes affez faillantes, & creufées en deffus de fillons profonds ; elles font pofées deux à deux fur les branches.

ESPECES.

1. *SALVIA major. An SPHACELUS Theophrafti ?* C. B. P. Grande SAUGE.

I i ij

2. *SALVIA major foliis verficoloribus.* C. B. P.
Sauge en arbrifleau, dont les feuilles font de plufieurs couleurs.

3. *SALVIA major, foliis ex luteo & viridi variegatis.* H. R. Par.
Grande Sauge à feuilles panachées de jaune & de verd.

4. *SALVIA altera, perelegans, tricolor argentea Belgarum.* H. R. Par.
Très-belle Sauge de trois couleurs, & argentée.

5. *SALVIA minor aurita, & non aurita.* C. B. P.
Petite Sauge.

6. *SALVIA latifolia ferrata.* C. B. P.
Sauge à grandes feuilles dentelées.

7. *SALVIA folio fubrotundo.* C. B. P.
Sauge à feuilles rondes.

8. *SALVIA folio tenuiore.* C. B. P.
Sauge à petites feuilles.

9. *SALVIA Hifpanica, Lavandula folio.* Inft.
Sauge d'Efpagne à feuilles de Lavande.

CULTURE.

La Sauge n'eft point délicate fur la nature du terrein ; elle
fe multiplie par des drageons enracinés qui fe trouvent auprès des gros pieds : elle n'exige d'autre attention que d'être de
temps en temps arrachée & replantée un peu plus profondément.

USAGES.

Comme les Sauges confervent leurs feuilles pendant l'hyver ;
elles peuvent fervir à décorer les bofquets de cette faifon ;
fur-tout les efpeces panachées, n°. 2, 3 & 4 : toutes font un
bel effet dans le mois de Juin, quand elles font en fleurs ; c'eft
pour cela que l'on en fait des bordures dans les potagers.

La Sauge paffe pour être céphalique, cordiale, alexitère :
on l'ordonne en infufion comme le Thé : on en fait des fomentations fur les membres paralytiques ou engourdis. On
fume la Sauge en guife de Tabac pour débarraffer le cerveau.
M. de Tournefort dit qu'il a vu au Levant des Galles fort
groffes fur les Sauges ; qu'elles font bonnes à manger, & qu'on
les confit au fucre.

SAMBUCUS, Tournef. & Linn. SUREAU.

DESCRIPTION.

LES fleurs du Sureau font raffemblées en ombelles & en grappes.

Chaque fleur (*a*) eft compofée d'un calyce affez petit ; d'une feule piece, divifé en cinq , & qui fubfifte jufqu'à la maturité du fruit; & d'un feul pétale (*b*) figuré en rofette & divifé en cinq: on voit dans l'intérieur cinq étamines termi-nées par des fommets arrondis, & qui prennent leur origine du pétale: au milieu de la fleur eft le piftil (*cd*) formé par un embryon ovale qui fait partie du calyce : en place du ftyle l'on n'apperçoit qu'un corps glanduleux, renflé & furmonté de trois ftigmates.

L'embryon devient une baie fphérique (*e*) qui renferme trois femences arrondies, plates d'un côté, & tranchantes du côté où elles fe touchent.

Les feuilles font compofées de grandes folioles pointues, découpées, & dentelées par les bords; elles font, dans une ef-pece, profondément laciniées : ces feuilles font oppofées deux à deux fur les branches.

ESPECES.

1. *SAMBUCUS fruğu in umbella nigro.* C. B. P.
   Sureau à fruit noir, difpofé en ombelles.

2. *SAMBUCUS fruğu in umbella viridi.* C. B. P.
   Sureau à fruit verd, difpofé en ombelles.

3. *SAMBUCUS laciniato folio.* C. B. P.
   Sureau à feuilles découpées ou à feuilles de Perfil.

4. *SAMBUCUS humilior frutescens, foliis eleganter variegatis.* H. Edimb.
Petit Sureau en arbre qui a les feuilles panachées.

5. *SAMBUCUS fructu albo.* Lob. Icon.
Sureau à fruit blanc.

6. *SAMBUCUS vulgaris, foliis ex luteo variegatis.* M. C.
Sureau ordinaire à feuilles panachées de jaune.

7. *SAMBUCUS racemosa rubra.* C. B. P.
Sureau à fruit rouge, disposé en grappes.

Nous supprimons toutes les Hiebles, parce que ces especes du Sureau perdent leur tige toutes les années.

CULTURE.

Il y a peu d'arbre qui soit moins délicat sur la nature du terrein, & qui soit plus facile à multiplier que le Sureau : il reprend très-aisément par marcottes, & même par boutures; c'est ce qui fait que l'on ne s'avise gueres de l'élever de semences. On trouve rarement de gros pieds de Sureaux, si ce n'est derriere les maisons, près des étables, ou dans de vieilles masures.

USAGES.

Les Sureaux font de grands arbrisseaux, très-jolis, sur-tout dans le mois de Juin, quand ils font chargés de fleurs. Les especes du Sureau en grappes, n°. 1 & 2, plaisent beaucoup quand ils font garnis de leurs fruits : l'espece, n°. 3, dont les feuilles font découpées, est très-agréable par la seule beauté de son feuillage : enfin on peut cultiver les especes, n°. 4 & 6, à cause de l'agrément de leurs feuilles panachées. Les différentes especes de Sureaux peuvent donc être employées pour la décoration des bosquets de la fin du printemps & de l'été.

On fera bien d'en planter aussi dans les remises, parce que cet arbrisseau qui, comme nous l'avons dit, n'est point délicat sur la nature du terrein, porte un fruit qui attire les oiseaux.

Nous en avons fait un autre usage qui n'est point à négliger : nous en avons planté dans des endroits dont on ne veut point interdire l'ufage au bétail : l'odeur des feuilles du Sureau qui leur déplaît mettra l'arbre à l'abri d'être endommagé par ces animaux ; & en bordant ces endroits avec ces buiffons, on les rendra agréables; & on en fera des retraites pour le gibier.

On voit auffi qu'en plufieurs endroits on en fait des haies pour border les héritages.

On fait que les jeunes branches de Sureau font remplies d'une moëlle abondante, & que les enfans fe fervent de ces jeunes branches pour en faire des canonnieres & des farbacanes. On ne trouve point de moëlle dans les gros troncs ; alors le bois du Sureau qui eft très-dur & liant , fert à faire différents ouvrages. Les Tourneurs en font des Boîtes, & les Tablet-tiers des peignes communs, pour lefquels, après le Buis, c'eft un des meilleurs bois qu'on puiffe employer.

On confeille la décoction des fleurs & des branches du Su-reau, pour déterger les ulceres, & pour faire des fomenta-tions fur les parties affligées d'éréfipelles. Le vinaigre aroma-tifé avec les fleurs de Sureau, eft agréable pour l'ufage de la table.

L'écorce de Sureau infufée dans le vin blanc, eft purgative & puiffamment diurétique; enfin on fait des gâteaux avec les baies de Sureau & de la farine de Seigle, qui font très-eftimés pour arrêter les diarrhées & les dyffenteries.

Tome II. Pl. 65.

SANTOLINA, Tournef. *&* Linn.

SANTOLINE.

DESCRIPTION.

LES fleurs (*b*) de la Santoline font du genre de celles que M. de Tournefort a appellées *Fleurs à fleurons*, c'eft-à-dire, celles où un nombre de fleurons font raffemblés en maniere de tête dans un calyce commun (*a*), hémifphérique, écailleux, & dont les écailles, appliquées les unes fur les autres, font ovales, oblongues & pointues. Chaque fleuron (*c*) eft compofé d'un pétale en tuyau, divifé par le bout en cinq fegments qui repréfentent une étoile : on trouve dans ce pétale cinq étamines affez courtes, terminées par des fommets réunis en forme de cylindre.

Le piftil eft compofé d'un embryon oblong à quatre angles, & d'un ftyle qui traverfe l'efpece de gaîne cylindrique que lui forment les étamines : ce piftil eft furmonté de deux ftigmates oblongs.

L'embryon qui fupporte le pétale, devient une femence (*d*) oblongue & ornée d'une très-petite aigrette.

On apperçoit entre les fleurons des efpeces de petites feuilles ou écailles (*e*) qui font creufées en gouttiere.

Les femences reftent renfermées dans le çalyce (*f*).

Les feuilles des Santolines font de figure très-différente, fuivant les efpeces ; mais elles ne tombent point pendant l'hyver.

ESPECES.

1. *SANTOLINA foliis teretibus.* Inft.
  SANTOLINE à feuilles rondes.

2. *SANTOLINA flore majore, foliis villofis & incanis.* Inft.
  SANTOLINE à grandes fleurs, dont les feuilles font blanchâtres & velues.

3. *SANTOLINA foliis Ericæ, vel Sabinæ.* Inft.
  SANTOLINE à feuilles de Bruyere.

4. *SANTOLINA foliis Cupreffi.* Inft.
  SANTOLINE à feuilles de Cyprès.

5. *SANTOLINA foliis minùs incanis.* Inft.
  SANTOLINE dont les feuilles font peu blanchâtres.

6. *SANTOLINA foliis obfcurè virentibus.* Inft.
  SANTOLINE à feuilles d'un verd foncé.

CULTURE.

La Santoline fe multiplie fi facilement par les drageons enracinés qui fe trouvent auprès des gros pieds, qu'on n'eft gueres dans l'ufage d'en élever de femences. Cette plante s'accommode affez de toutes fortes de terreins; mais il eft bon d'arracher de temps en temps les vieux pieds pour les planter plus avant en terre.

USAGES.

Les Santolines font des buiffons toujours verds : on peut les mettre dans les bofquets d'hyver; ils font un affez bel effet dans le mois de Juin, temps où leurs fleurs font épanouies.

La Santoline eft recommandée comme un bon vermifuge ; comme antihyftérique : l'on en fait des fomentations fur les membres attaqués de paralyfie.

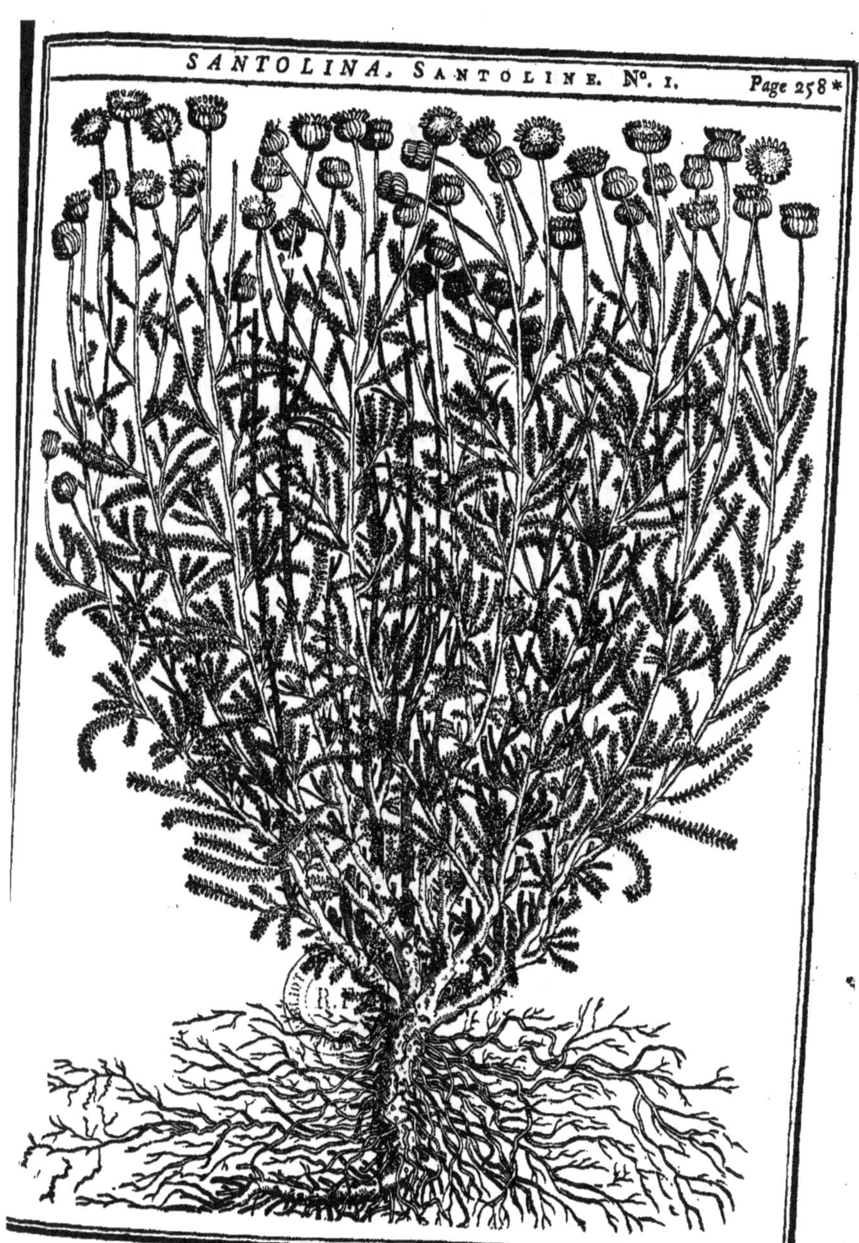

SIDEROXILON, Dill. & Linn.

DESCRIPTION.

LE calyce de la fleur (*a*) du Sideroxilon eſt petit, d'une ſeule piece, diviſé en cinq parties juſqu'à la moitié ; ſes décou-pures qui ſont collées contre le pétale, ſe terminent en pointe.

Cette fleur n'a qu'un pétale diviſé en cinq, & chaque di-viſion porte en bas deux eſpeces d'oreilles ou petites décou-pures : la principale découpure, qui eſt celle du milieu, eſt aſſez grande ; & quand la fleur eſt nouvellement épanouie, cette grande découpure ſe roule, & forme un cornet qui em-braſſe le filet des étamines ; les ſommets de ces étamines for-ment au deſſus du cornet une eſpece de bec d'oiſeau, comme on le voit repréſenté en (*b*), où toutes les parties ſont deſſi-nées plus grandes que le naturel.

Les étamines (*d*), au nombre de cinq, ſont formées d'un filet, au haut duquel eſt un ſommet oblong, qui y eſt attaché environ aux deux tiers de ſa longueur, dans une ſituation preſ-que horizontale.

On apperçoit au milieu de la fleur pluſieurs feuilles (*nečta-rium*) blanches, minces, qui ſe rabattent & recouvrent le piſtil ; elles prennent naiſſance des découpures du pétale en forme de levre (*c*), & les filets des étamines s'implantent en-tre cette levre & le pétale.

Le piſtil (*e*) eſt formé d'un embryon ovale ſurmonté d'un ſtyle délié & aſſez court.

L'embryon devient une baie (*f*) figurée en poire ; cette baie reſte enchâſſée par le bas dans le calyce ; elle eſt terminée vers le haut par le reſte du ſtyle ; elle renferme un noyau (*g*) aſſez dur & oblong.

K k ij

SIDEROXILON.

Les feuilles du Sideroxilon font ovales, fermes, unies, non dentelées, & reffemblent un peu à celles du Laurier ; elles font pofées alternativement fur les branches : elles tombent pendant l'hyver.

Les fleurs & les épines font placées aux aiffelles des feuilles.

Toutes les parties de cet arbriffeau répandent un fuc laiteux.

ESPECE.

SIDEROXILON fpinofum, foliis deciduis ; five Lycioides. Hortt Cliff.

Sideroxilon épineux de la Louyfiane : on le nomme dans ce pays, Arbrisseau-Laiteux.

CULTURE.

Nous avons élevé cet arbriffeau des femences qui nous ont été envoyées de la Louyfiane : nous le cultivons encore dans des vafes ; mais comme il paffe l'hyver en pleine terre en Angleterre, il y a lieu d'efpérer que les gros pieds pourront fupporter l'hyver de notre climat.

USAGES.

Le feuillage de cet arbriffeau eft fort beau : c'eft auffi tout fon mérite ; car fes fleurs font très-petites, & les baies n'offrent rien de fort éclatant.

Je ne fais pourquoi on l'a nommé en Angleterre, *Thé de Boerhaave* ; car on ne lui connoît, ni le parfum, ni les autres vertus du Thé ordinaire.

On connoît encore une autre efpece de Sideroxilon ; mais nous n'en parlons point ici, parce qu'il exige de trop grandes précautions contre le froid de nos hyvers.

Tome II. Pl. 68.

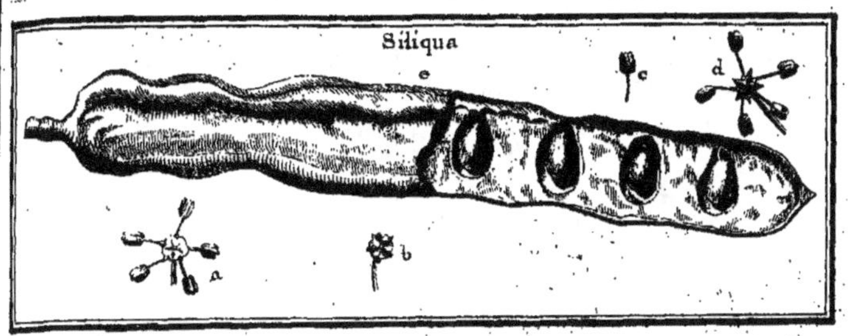

SILIQUA, Tournef. CERATONIA, Linn.
CAROUBIER ou CAROUGE.

DESCRIPTION.

LES Caroubiers portent, fur différents inividus, des fleurs mâles & des fleurs femelles.

Les fleurs mâles (*d*) ont un calyce affez grand, divifé en cinq; point de pétales, mais cinq étamines (*c*) affez longues, qui font terminées par des fommets fort gros.

Le calyce des fleurs femelles (*b*) eft d'une feule piece: il eft formé de cinq tubercules fans pétales; mais il a un piftil formé d'un embryon charnu, furmonté d'un ftyle terminé par un ftigmate en forme de tête.

L'embryon devient une grande filique (*e*) qui renferme des femences applaties, & contenues dans des loges tranfverfales, creufées dans une pulpe fucculente, qui remplit l'intérieur de la filique.

J'ai lieu de croire que l'on trouve auffi des fleurs herma-phrodites.

Le Caroubier fait un grand arbre fort branchu: fes feuilles font compofées de folioles prefque rondes, nerveufes, dures, feches, d'un verd bleuâtre, & attachées deux à deux fur une nervure qui fouvent n'eft point terminée par une foliole uni-

que. Ces feuilles ne tombent point en hyver: elles font pofées
alternativement fur les branches.

ESPECE.

SILIQUA edulis. **C. B. P.** *mas & fœmina.*
Caroubier dont le fruit eft bon à manger; ou Carouge.

CULTURE.

Le Caroubier croît en Provence, dans le Royaume de Naples, en Efpagne & en Egypte: dans les climats tels que
celui des environs de Paris, il fera difficile d'élever cet arbre
en pleine terre, à moins qu'on ne le mette à un bon abri, &
qu'on n'ait foin de le bien couvrir pendant l'hyver.

USAGES.

Dans les Provinces méridionales du Royaume, on pourra
mettre les Caroubiers dans les bofquets d'hyver.

Les feuilles du Caroubier font aftringentes; les fruits ont un
goût défagréable quand ils font verds; mais lorfqu'ils font
fecs, la moëlle en eft aftringente & affez gracieufe à manger;
on la regarde comme un bon béchique : dans les pays où cet
arbre eft commun, on en donne les filiques aux beftiaux.

Le bois de cet arbre eft dur, & propre aux mêmes ufages
que celui du Chêne-verd.

Tome II. Pl. 69.

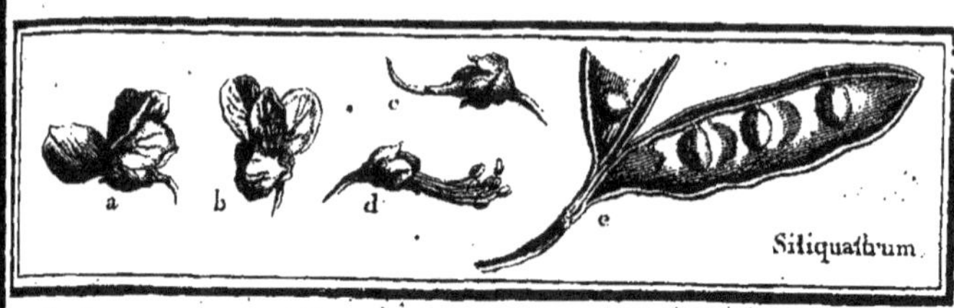

SILIQUASTRUM, Tournef. *CERCIS*, Linn.
GUAINIER *ou* ARBRE DE JUDÉE.

DESCRIPTION.

LES fleurs (*a*) du Guainier font légumineufes.
Le calyce (*c*) de cette fleur eft court, d'une feule piece;
renflé par le bas, divifé en cinq; il porte cinq pétales (*b*). Le
pavillon (*vexillum*) eft ovale, étendu, terminé par une pointe
obtufe. Les aîles (*alæ*) font grandes, attachées au calyce par
un long appendice, en forte que, contre l'ordinaire des fleurs
légumineufes, elle furmonte le pavillon. La nacelle (*carina*)
eft compofée de deux pétales courts, larges, mais bien diftinéts
l'un de l'autre; ils fe rapprochent par le bas, & repréfentent
la figure d'un cœur.

On apperçoit outre cela un corps glanduleux auprès de l'embryon, que M. Linneus nomme, *nectarium.*

On trouve dans l'intérieur de la fleur dix étamines (*d*) bien
diftinctes, dont quatre font plus longues que les autres; elles
portent des fommets oblongs.

Le piftil eft compofé d'un embryon allongé qui fe termine
par le ftyle, à l'extrêmité duquel eft un ftigmate obtus.

L'embryon devient une filique (*e*) large, longue, mince &
relevée de boffes aux endroits des femences qui font ovales.

Les feuilles des Guainiers font rondes, fermes, d'un beau
verd, unies, non dentelées, fupportées par d'affez longues

queues fuffifamment fortes pour foutenir les feuilles qui font pofées alternativement fur les branches.

ESPECES.

1. *SILIQUASTRUM.* Caft. Dur. *Vel SILIQUA filveftris rotundifolia,* C. B. P.
GUAINIER OU ARBRE DE JUDÉE.

2. *SILIQUASTRUM flore albo.* Inft.
GUAINIER à fleurs blanches.

3. *SILIQUASTRUM Canadenfe.* Inft.
GUAINIER de Canada.

CULTURE.

Le Guainier s'éleve très-aifément de femences : il vient bien dans les terreins un peu fecs, pourvu que la terre y foit bonne. Quand on le tond au cifeau & au croiffant, il branche beaucoup ; c'eft pourquoi on peut en faire des paliffades, des boules, & en couvrir des tonnelles.

USAGES.

Le Guainier eft un arbre de moyenne grandeur, & des plus beaux qu'on puiffe cultiver : j'en ai vu dont le tronc avoit au moins neuf à dix pouces de diametre. Ses feuilles, qui font grandes & fermes, font un très-bel effet ; elles ne font point fujettes à être endommagées par les infectes.

C'eft principalement dans le mois de Mai que cet arbre eft dans toute fa beauté, parce qu'alors il eft chargé d'une prodigieufe quantité de fleurs pourpres ou blanches, qui viennent non-feulement fur les jeunes branches, mais auffi fur les plus groffes, & même fur le tronc : ces fleurs confervent leur éclat pendant près de trois femaines. Cet arbre doit donc faire une des principales décorations des bofquets printaniers.

Son bois eft d'une affez belle couleur, médiocrement dur & affez caffant.

On confit au vinaigre les boutons des fleurs : ils ont cependant peu de goût, & ils font ordinairement fort durs.

Les

Les fleurs font raſſemblées à l'extrêmité des branches ; il
en vient auſſi , comme nous l'avons dit , de gros bouquets
ſur les principales branches & ſur le tronc : elles paroiſſent
avant les feuilles , & elles ſont preſque entierement paſſées
lorſque les feuilles ſont parvenues à leur grandeur naturelle.

Le Guainier de Canada n°. 3 , eſt moins beau que l'eſpece
n°. 1. Ses fleurs ſont plus petites, ſes branches plus menues ,
& ſes feuilles moins étoffées ſe terminent plus en pointe que
celles des deux autres eſpeces.

Tome II. Pl. 70.

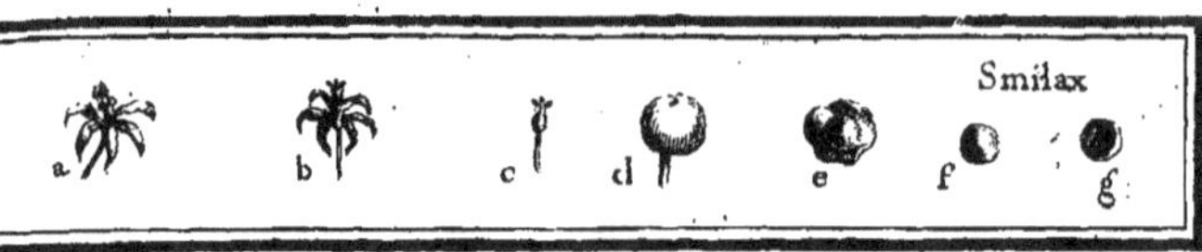

SMILAX, Tournef. & Linn.

DESCRIPTION.

LES *Smilax* portent fur des individus différents des fleurs mâles & des fleurs femelles.

Les fleurs mâles (*a*) font compofées d'un calyce (*b*) d'une piece, ou, fi l'on veut, d'un pétale divifé en fix découpures longues & étroites. On trouve dans l'intérieur fix étamines terminées par des fommets oblongs.

Les fleurs femelles different des mâles en ce qu'on trouve dans la fleur, en place d'étamines, un piftil (*c*) qui eft formé par un embryon ovale & par trois ftyles courts, terminés par des ftigmates oblongs, velus & recourbés.

L'embryon devient une baie (*d*) fucculente, qui contient ordinairement deux femences rondes (*e*), dont il y a prefque toujours une qui avorte; alors la femence qui refte unique, eft ronde (*f*); mais lorfqu'il y en a deux, elles font applaties d'un côté (*g*).

Les *Smilax* font de petites plantes farmenteufes & épineufes, garnies de mains.

Les feuilles fe terminent en pointe comme un fer de lance; elles font pofées alternativement fur les branches.

ESPECES.

1. *SMILAX afpera fruѐtu rubente.* C. B. P.
   SMILAX piquant à fruit rougeâtre.

2. *SMILAX afpera fruѐtu nigro.* Cluf. Hift.
   SMILAX piquant à fruit noir.

L l ij

3. *SMILAX viticulis asperis Virginiana, folio Hederaceo levi Zarza no-bilissima.* Pluk.
Smilax de Virginie à feuille de Lierre; ou Sarce-pareille.

4. *SMILAX Orientalis, sarmentis aculeatis, excelsas arbores scandenti-bus, foliis non spinosis.* Cor. Inst.
Smilax du Levant, qui s'éleve jusqu'à la cime des plus grands arbres.

Nous supprimons plusieurs especes qui ne peuvent subsister en pleine terre: nous ne pouvons encore rien dire de quelques especes que nous élevons des semences qui nous ont été envoyées de Canada & de la Louysiane, entre lesquelles nous croyons qu'il y en a une qui est la vraie Sarce-pareille.

CULTURE.

Les *Smilax* s'accommodent de toutes sortes de terreins; ils se multiplient aisément par des drageons enracinés qui se trouvent auprès des gros pieds.

USAGES.

Cette plante n'est pas d'un grand usage pour la décoration des jardins; on peut néanmoins en mettre quelques pieds dans les bosquets d'automne: elle convient dans les remises où elle fera des buissons très-touffus, qui serviront d'asyle au gibier; d'ailleurs ses semences y attireront les oiseaux.

Aux environs de Montpellier, on en fait des haies qui ne font cependant gueres propres à protéger beaucoup les héritages.

La racine de la plante n°. 1. passe pour être sudorifique; c'est pour cela qu'on la nomme *fausse Sarce-pareille.*

SOLANUM, Tournef. & Linn. MORELLE.

DESCRIPTION.

LA Morelle porte des fleurs (*b*) dont le calyce (*a e*), qui ſubſiſte juſqu'à la maturité du fruit, eſt d'une ſeule piece découpée en cinq parties pointues.

Ce calyce porte un pétale diviſé en cinq, & qui repréſente une étoile ou une roſette dont les dents ſont longues & pointues.

On apperçoit au milieu de la fleur cinq étamines (*d*) courtes, terminées par des ſommets aſſez longs (*c*), & qui ſe rapprochent tellement les uns des autres, qu'ils forment tous enſemble une pyramide (*d*), dans l'axe de laquelle eſt poſé le piſtil formé d'un embryon arrondi, & d'un ſtyle terminé par un ſtigmate obtus.

Cet embryon devient une baie (*f*) ſucculente, liſſe, arrondie & terminée par un petit bouton; elle contient grand nombre de ſémences (*g*) qui ſont ordinairement applaties.

Les feuilles qui ont des figures très-variées, ſuivant les eſpeces, & même ſur un ſeul pied, ſont poſées alternativement ſur les branches.

ESPECES.

1. *SOLANUM ſcandens; ſeu Dulcamara.* C. B. P.
   MORELLE grimpante; ou VIGNE DE JUDÉE des Jardiniers.

2. *SOLANUM ſcandens; ſeu Dulcamara foliis variegatis.* H. R. Par.
   MORELLE grimpante à feuilles panachées.

3. *SOLANUM ſcandens; ſeu Dulcamara flore albo.* C. B. P.
   MORELLE grimpante à fleurs blanches.

4. *SOLANUM ſcandens; ſeu Dulcamara flore pleno.* Inſt.
   MORELLE grimpante à fleurs doubles.

5. *SOLANUM lignosum; seu Dulcamara marina.* Raii. Sinopf.
MORELLE ligneuse & maritime.

6. *SOLANUM fruticosum, bacciferum.* C. B. P.
MORELLE en arbriffeau; dit AMOMUM.

7. *SOLANUM Bonariense arborefcens, Pappas floribus.* Dill.
SOLANUM de Buenos-aires, qui a les fleurs comme le Solanum,
dit PALATTES.

Nous ne comprenons point dans ce catalogue plufieurs efpeces de *Solanum* qui perdent leurs tiges en hyver, ou qui
font trop délicats pour être elevés en pleine terre.

CULTURE.

Les Morelles grimpantes, n°. 1, 2, 3 & 4, fe multiplient
aifément par des drageons enracinés qui fe trouvent auprès
des gros pieds, & elles viennent très-bien dans toutes fortes
de terreins. Les *Solanum*, n°. 6 & 7, s'élevent par les femences; mais ils font un peu délicats à la gelée, & je ne les ai
compris dans ce catalogue, que parce qu'ils ont paffé l'hyver de
1753 en pleine terre, ayant été fimplement couverts de litiere.

USAGES.

Les *Solanum* grimpants, n°. 1, 2, &c. portent de jolies
grappes de fleurs d'un beau bleu ou blanches : ils font chargés en automne de grappes de fruits d'un beau rouge : l'efpece,
n°. 2, mérite outre cela d'être cultivée à caufe de la panache
de fes feuilles. Je n'ai point vu l'efpece n°. 4. Ces plantes peuvent fervir à garnir des terraffes baffes; l'on fera bien auffi d'en
mettre dans les remifes.

L'efpece appellée *Amomum*, n°. 6, fait un joli arbufte quand
il eft chargé de fes fleurs blanches; & encore plus en automne,
lorfqu'il eft garni de fes fruits, qui font gros comme des Cerifes, &
d'un fort beau rouge : il eft commun d'en voir dans les orangeries.

Le *Solanum* de Buenos-aires, n°. 7, eft charmant : fes feuilles
font grandes, auffi-bien que les fleurs, dont il eft couvert pendant les mois de Juin, Juillet & Août. Cette efpece ayant
perdu fes tiges dans l'hyver de 1754, les racines en ont produit de nouvelles au printemps fuivant.

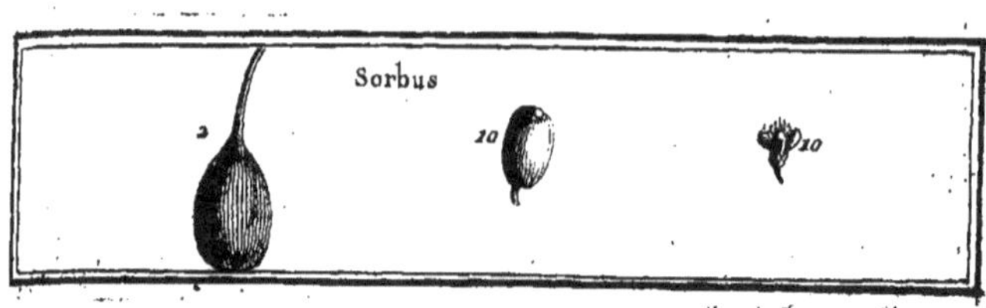

SORBUS, Tournef. & Linn. SORBIER, ou vulgairement CORMIER.

DESCRIPTION.

LE calyce de la fleur du Cormier eſt d'une ſeule piece ; diviſé en cinq par les bords ; il forme un godet évaſé ; il ſupporte cinq pétales arrondis, creuſés en cuilleron : on apperçoit dans l'intérieur environ vingt étamines qui portent des ſommets arrondis ; le piſtil, qui occupe le milieu, eſt formé d'un embryon qui fait partie du calyce, & de trois ſtyles qui ſont terminés par des ſtigmates arrondis.

L'embryon devient un fruit charnu, preſque rond dans quelques eſpeces, & dans d'autres en forme de poire ; l'un & l'autre ſont couronnés par les échancrures du calyce. On trouve dans l'intérieur de cet embryon, trois loges qui contiennent ordinairement chacune un pepin.

On voit qu'il y a peu de différence entre la fleur & le fruit du Cormier, & la fleur & le fruit du Poirier : la plus frappante conſiſte en ce que dans la fleur du Poirier, on trouve cinq ſtyles, & dans ſon fruit cinq loges qui renferment chacune deux pepins ; au lieu que dans les Cormiers il n'y a que trois ſtyles & trois loges qui contiennent chacune un pepin.

Le *Cratægus* ne differe du Cormier, qu'en ce que le fruit du Cormier contient ordinairement trois ſemences ; au lieu que le plus ſouvent le *Cratægus* n'en contient que deux ; mais je crois que cette différence ne fait pas une regle générale; & que le nombre des femences varie.

Les feuilles des Cormiers font rangées alternativement fur les branches, & font compofées d'un nombre de folioles longues, pointues, dentelées affez profondément par les bords, & rangées par paires fur une nervure commune, qui eft terminée par une foliole unique: à l'infertion des feuilles fur les branches, on apperçoit des ftipules.

E S P E C E S.

1. *SORBUS fativa.* C. B. P.
Cormier ou Sorbier cultivé.

2. *SORBUS fativa magno fructu turbinato, pallidè rubente.* Inft.
Cormier cultivé à gros fruit rouge & figuré en poire.

3. *SORBUS fativa magno fructu, nonnihil turbinato, rubro.* Inft.
Cormier cultivé à gros fruit rouge pâle, qui approche de la figure d'une poire.

4. *SORBUS fativa fructu Pyriformi, medio rubente.* H. Cathol.
Cormier cultivé, dont le fruit eft rouge d'un côté, & qui a la forme d'une poire.

5. *SORBUS fativa fructu ovato, medio rubente.* H. Cathol.
Cormier cultivé, dont le fruit eft en partie rouge, & qui eft ovale.

6. *SORBUS fativa fructu ferotino minori, turbinato, rubente.* Inft.
Cormier cultivé à petit fruit rougeâtre, tardif, & qui a la figure d'une poire.

7. *SORBUS fativa fructu turbinato, omnium minimo.* Inft.
Cormier cultivé à très-petit fruit.

8. *SORBUS filveftris, foliis domeftica fimilis.* C. B. P.
Cormier des bois, qui reffemble au cultivé.

9. *SORBUS filveftris, foliis ex luteo variegatis.* M. C.
Cormier des forêts, dont les feuilles font panachées de jaune.

10. *SORBUS aucuparia.* J. B.
Cormier dont les fruits arrondis & d'un beau rouge, viennent par bouquets; ou Cochesne,

CULTURE.

C U L T U R E.

On trouve des Cormiers qui viennent naturellement dans les forêts ; leurs fruits, lorfqu'ils tombent d'eux-mêmes, fe pourriffent fur terre; alors les pepins germent, & ils fourniffent du jeune plant qu'on éleve en pépiniere: on peut greffer les efpeces rares fur celles qui fe trouvent dans les bois.

Les Cormiers aiment les terres fubftancieufes, qui ont beaucoup de fond; ils craignent les expofitions brûlées du foleil.

U S A G E S.

On peut ranger les Sorbiers ou Cormiers en deux claffes; favoir, ceux qui portent des fruits femblables à de petites Poires, & ceux qui produifent des fruits d'un beau rouge orangé & raffemblés par bouquets : les Bucherons appellent les premiers *Cormiers*, & les autres *Cochênes*. Toutes ces efpeces croiffent lentement ; le Cochêne néanmoins vient affez promptement dans les terreins qui lui conviennent.

Tous les Cormiers font de beaux arbres : leurs tiges font droites; leurs branches fe foutiennent bien ; leur tête forme une pyramide très-garnie de feuilles qui font dans la plupart des efpeces d'un verd argenté; elles ont d'ailleurs l'avantage d'être rarement endommagées par les infectes. Dans le mois de Mai ils font quelquefois tout couverts de fleurs blanches. Si l'on a des terreins où les Cormiers fe plaifent, on pourra en décorer les bofquets du printemps, & en garnir de petites allées.

On voit auprès de Limoges de belles allées de Cochênes qui ont été plantés par M. de Tourny, Intendant de la Province.

Les fruits des Cormiers font une bonne nourriture pour les bêtes fauves & pour les oifeaux; ceux du Cochêne rendent les arbres très-agréables en automne; ils attirent les grives.

Le bois des Cormiers eft le plus dur de tous les arbres que nos forêts produifent : les Menuifiers le recherchent pour monter leurs rabots & la plupart de leurs autres outils; les Tonneliers en font leurs colombes, & les Ebéniftes l'emploient à plufieurs ouvrages. On préfere ce bois à tout autre pour faire des vis de preſſoir & de preſſes, des rouleaux pour différents métiers, des fuſeaux & des aluchons pour les moulins ; enfin on en met dans les parties des machines qui ſont expoſées à de grands frottements : ce bois eſt malheureuſement un peu ſujet à ſe tourmenter.

On peut faire avec le ſuc des Sorbes ou des Cormes infuſées dans l'eau, une aſſez bonne boiſſon : ſi l'on a cependant aſſez de ces fruits pour ſe paſſer du ſecours de l'eau, on en obtient un cidre plus fort que celui de Pommes. On cueille les Cormes en automne ; on les conſerve ſur la paille ; & quand elles ſont molles, elles ſont alors préférables aux meilleures Neffles. Avant qu'elles ſoient parvenues à une parfaite maturité, on les emploie en Médecine pour arrêter le flux de ſang & les dévoiements.

Tome II. Pl. 73.

SPARTIUM, Tournef. GENISTA, Linn.

DESCRIPTION.

LES *Spartium* de M. de Tournefort font de vrais Genêts, avec cette différence, que les fleurs qui font légumineufes, font ordinairement fort petites, & que le pavillon (*vexillum*) au lieu d'être étendu & renverfé en arrierè, eft rabattu en gouttiere fur les aîles (*alæ*) & fur la nacelle (*carina*); outre cela le fruit eft une filique courte qui ne renferme qu'une feule femence.

Les *Spartium* pouffent de longues branches menues, fouples, blanchâtres & pliantes.

ESPECES.

1. *SPARTIUM flore albo.* C. B. P.
   SPARTIUM à fleurs blanches.

2. *SPARTIUM alterum Menifpermum, femine reni fimili.* C. B. P.
   SPARTIUM à fleurs jaunes.

M. Linneus a compris dans fes *Spartium*, qui font les Genifta de M. de Tournefort, les Cytifes épineux.

CULTURE.

Les *Spartium* s'élevent de femences comme les Genêts: il fera bon de ne les mettre en pleine terre que quand ils feront un peu gros, parce qu'ils craignent les grandes gelées.

M m ij

U S A G E S.

Quoique les fleurs des Spartium foient fort petites; ces arbuftes font affez jolis dans le temps qu'ils fleuriffent, parce
qu'ils portent une prodigieufe quantité de fleurs.

On dit que les fommités & les fleurs de cette plante font
très-purgatifs.

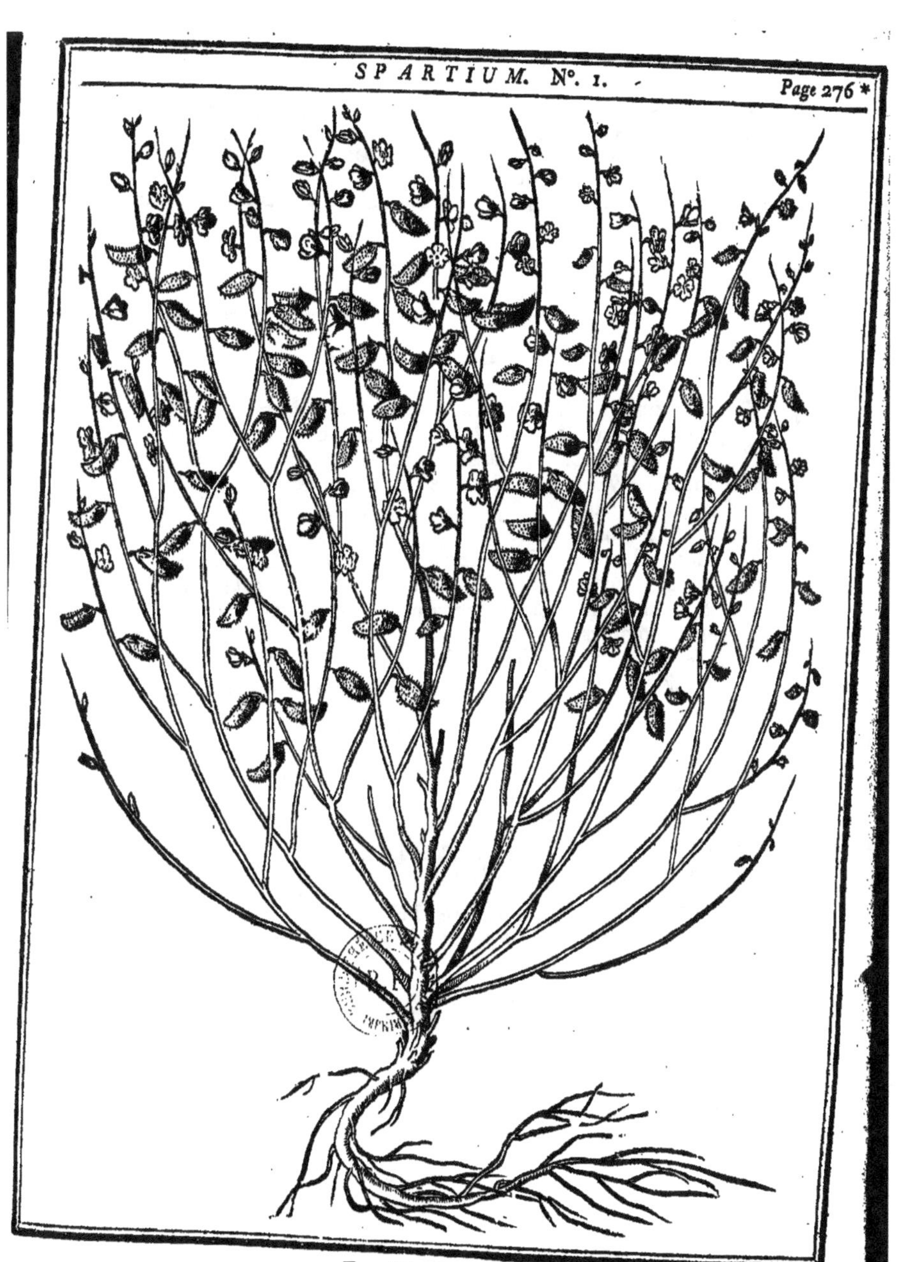

Tome II. Pl. 74.

SPIRÆA, TOURNEF. & LINN.

DESCRIPTION.

LES fleurs (*a b*) du *Spiræa* font compofées d'un calyce (*c d*) applati, divifé en cinq longues découpures pointues; il fubfifte jufqu'à la maturité du fruit: ce calyce porte cinq pétales ronds, environ vingt étamines affez courtes & chargées de fommets arrondis.

Le piftil eft formé de trois ou cinq embryons, & d'un pareil nombre de ftyles. Ces embryons deviennent un fruit (*e*) compofé de cinq capfules (*f*) applaties, oblongues, qui fe terminent par une pointe, & qui renferment (*g*) quelques femences menues & pointues (*h*).

Les feuilles ont des formes très-différentes, fuivant les efpeces; mais elles font pofées alternativement fur les branches.

ESPEÇES.

1. *SPIRÆA Salicis folio.* Inft.
 SPIRÆA à feuilles de Saule.

2. *SPIRÆA Ameritana, floribus coccineis.* D. Mitchel.
 SPIRÆA d'Amérique à fleurs rouges.

3. *SPIRÆA Hyperici folio, non crenato.* Inft.
 SPIRÆA à feuilles de Mille-pertuis, qui ne font point découpées par le bout.

4. *SPIRÆA Hifpanica, Hyperici folio crenato.* Inft.
 SPIRÆA d'Efpagne à feuilles de Mille-pertuis, dentelées par le bout.

5. *SPIRÆA Opuli folio.* Inft.
 SPIRÆA à feuilles d'Obier.

6. *SPIRÆA Pentocarpos, integris, ferratis foliis parvis, fubtus incanis;
 vel ULMARIA.* Virg. Pluk.
 Petit SPIRÆA de Virginie à feuilles entieres, dentelées & blanches par deſſous.

C U L T U R E.

Les *Spiræa* ſe multiplient très-facilement par les marcottes;
& ſouvent on trouve des drageons enracinés auprès des gros
pieds : au reſte, ils ne ſont pas délicats, & ils réuſſiſſent à
merveille, même dans des terreins un peu ſecs, pourvu que
la terre y ſoit bonne.

Le *Spiræa Opuli folio*, nº. 5, ſe plaît beaucoup dans les terres
humides : l'eſpece *Salicis folio*, nº 1, ne fait que languir dans
les terreins ſecs & trop expoſés au ſoleil.

Les *Spiræa*, nº. 1 & 5, ſont très-communs en Canada : M.
Sarazin nous a écrit qu'il y avoit trouvé deux fois dans les
prés, l'eſpece, nº. 6, qui ne s'éleve qu'à un pied ou un pied
& demi de terre.

U S A G E S.

Quoique les eſpeces, nº. 1 & nº. 2, ſoient nommées à feuilles
de Saule, leurs feuilles cependant reſſemblent peu à celles de
cet arbre; elles ſont larges vers la queue, longues, fort pointues, & dentelées aſſez profondément ſur les bords; les branches
ſont terminées par des épis de fleurs purpurines, fort jolies,
& qui s'épanouiſſent dans le mois de Juin.

Le *Spiræa Opuli folio*, nº. 5, a ſes feuilles ſemblables à celles du Groſeillier à grappes, & ſi reſſemblantes à celles de
l'Obier, qu'on auroit peine à diſtinguer ces deux arbriſſeaux,
quand ils n'ont ni fleur ni fruit, ſi l'on ne faiſoit pas attention
que les feuilles du *Spiræa* ſont poſées alternativement ſur les
branches, au lieu que celles de l'*Opulus* ſont oppoſées : peut-
être que par la ſuite, en examinant de plus près cet arbriſſeau, on le retranchera du nombre des *Spiræa*. Ses fleurs viennent en bouquets, & ſont aſſez jolies.

Les *Spiræa*, n°. 3 & 4, ont de petites feuilles ovales, non dentelées par les bords, affez femblables à celles du Mille-pertuis : l'efpece, n°. 4, a feulement quelques découpures ou crénelures au bout des feuilles.

Les fleurs de toutes les efpeces de cet arbufte font blanches, affez femblables à de petites fleurs d'Aube-pin : elles viennent tout le long des branches, & forment de longs épis ou bour-dons d'un pied & demi ou deux pieds de longueur : ces ar-buftes font en pleine fleur au commencement de Mai.

On voit par ce que nous venons de dire, que les *Spiræa*, n°. 3, 4 & 5, doivent fervir à la décoration des bofquets du premier printemps, d'autant que les efpeces, n°. 3 & 4, fleu-riffent au commencement de Mai ; & celles, n°. 5, vers la fin. A l'égard des efpeces, n°. 1 & 2, comme elles ne fleu-riffent qu'en Juin, elles doivent être placées dans les bofquets du commencement de l'été.

Tome II. Pl. 75.

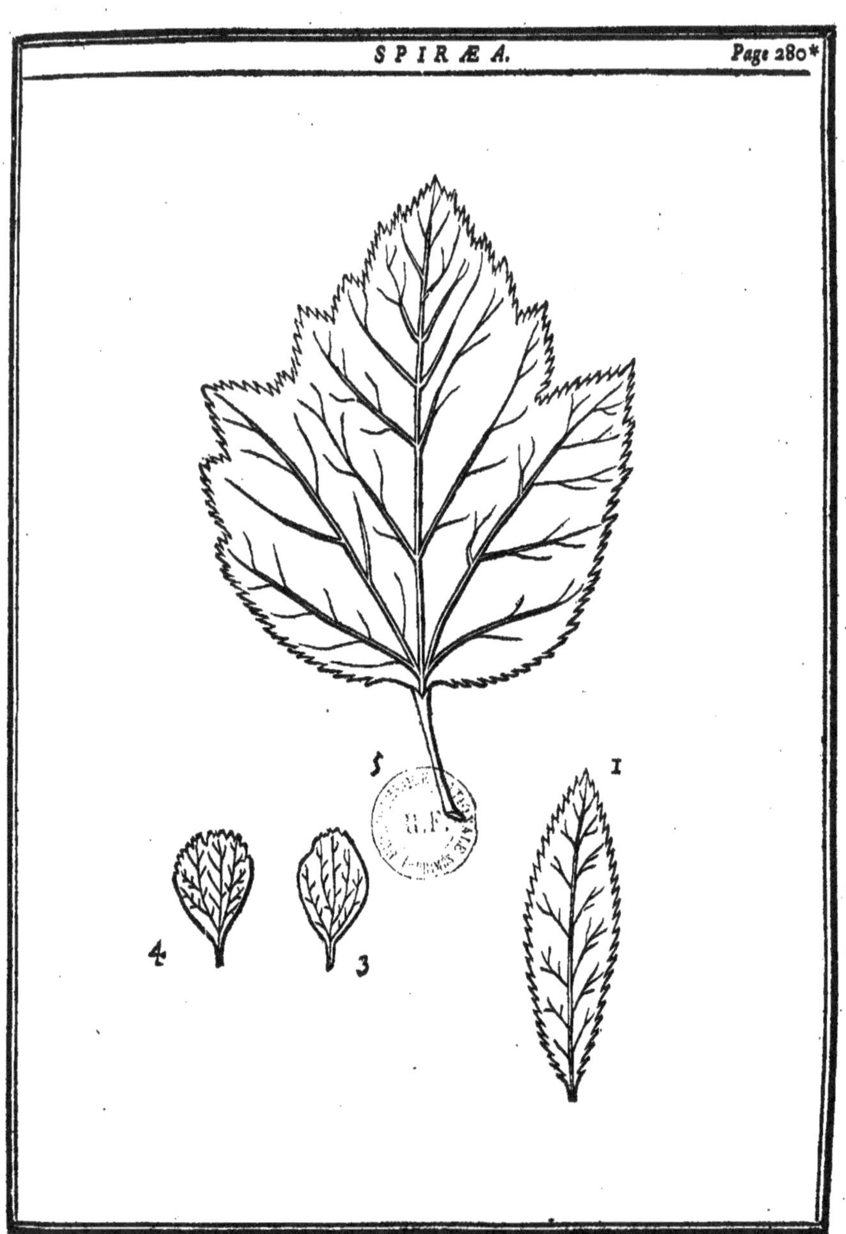

5
1
4
3

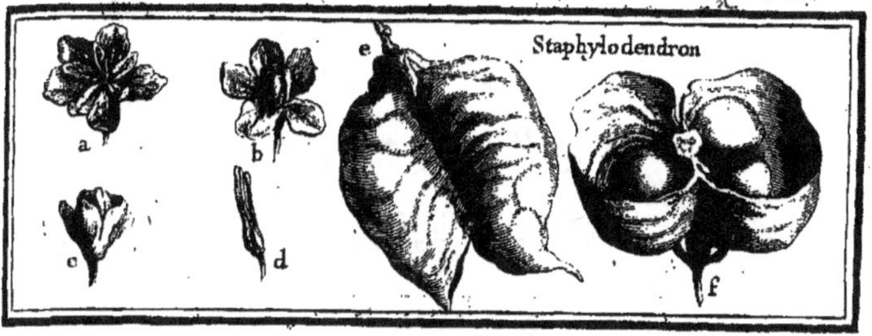

STAPHYLODENDRON, Tournef.
STAPHYLÆA, Linn. NEZ-COUPÉ.

DESCRIPTION.

LES fleurs (*b*) du Nez-coupé viennent par grappes pendantes : elles ont un calyce (*c*) divifé en cinq parties affez grandes, colorées, arrondies, creufées en cuilleron. Ce calyce porte cinq pétales ordinairement moins grands que les découpures du calyce. Les fleurs font longuettes, difpofées en rofe ; mais elles ne forment point un difque ouvert : on trouve dans leur intérieur cinq étamines (*a*) affez longues, & un piftil (*d*) compofé d'un embryon affez gros, divifé en deux ou en trois, avec autant de ftyles.

L'embryon devient un fruit (*e*) membraneux, ou plutôt une veffie remplie d'air, divifée en deux ou en trois par des cloifons membraneufes. On trouve dans l'intérieur du fruit deux ou trois noyaux arrondis, fort durs, dans lefquels eft une amande.

Les feuilles de cet arbriffeau font compofées de trois ou cinq folioles ovales, attachées à une nervure commune : elles font oppofées fur les branches.

ESPECES.

1. *STAPHYLODENDRON.* Math.
Nez-coupé, ou Faux-pistachier.

2. *STAPHYLODENDRON Virginianum triphyllum.* Inſt.
Nez-coupé de Virginie, dont les feuilles ſont compoſées de trois folioles.

CULTURE.

Pour peu que la terre ſoit bonne, le Nez-coupé vient très-bien : on pourroit le multiplier par les ſemences ; mais on a coutume d'en tirer des marcottes qui pouſſent aiſément des racines.

Si l'on a ſoin de couper avec la ſerpette les branches qui pouſſent avec trop de vigueur, les Nez-coupés forment d'eux-mêmes des buiſſons fort jolis.

USAGES.

Comme les Nez-coupés ſont en fleurs au mois de Mai, & dans le même temps que les Cytiſes des Alpes, on ne peut mieux faire que de planter enſemble ces deux arbres : l'un porte des grappes blanches, & l'autre des grappes jaunes ; ce qui fait un très-agréable effet dans les boſquets du printemps.

Les fruits du Nez-coupé mûriſſent ſi mal dans ce pays-ci, & les amandes en ſont ſi petites, qu'on n'en peut faire uſage ; mais dans les climats plus chauds, on dit que l'huile qu'on retire par expreſſion des amandes du Nez-coupé, eſt réſolutive : les enfans mangent ces amandes, quoiqu'elles aient un goût deſagréable.

Les Religieuſes font des chapelets avec les noyaux du Nez-coupé, qui reſſemblent au bois de Coco.

L'eſpece du *Staphylodendron*, n°. 2, croît en Canada, & elle commence à ſe multiplier en France. Elle diffère de celle de Mathiole, par ſes feuilles qui ne ſont formées que de trois folioles, & par ſes fruits qui ſont diviſés en trois loges ouvertes par un bout.

Tome II. Pl. 78.

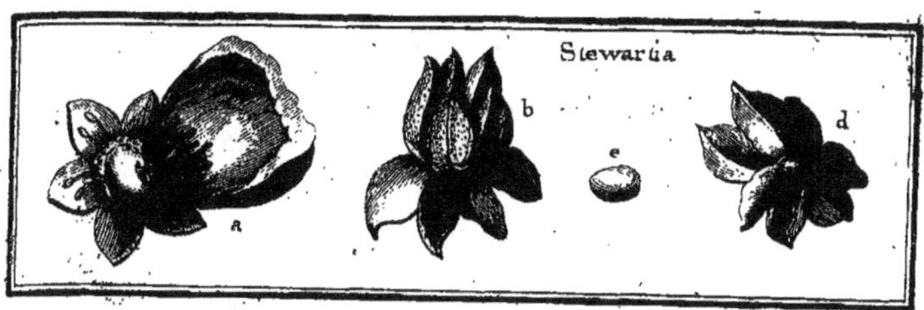

STEWARTIA, Linn.

DESCRIPTION.

LE calyce (*d*) de la fleur (*a*) du *Stewartia* eft d'une feule piece, divifé en cinq parties creufées en cuilleron & évafées. Il porte cinq grands pétales ovales, arrondis par le bout, & difpofés en rofe : il fubfifte jufqu'à la maturité du fruit.

On apperçoit dans le difque une houppe d'étamines affez longues, qui font terminées par des fommets arrondis.

Le piftil eft formé d'un embryon ovale & velu, qui eft re-couvert par les étamines : au milieu de ces étamines, on apperçoit le ftyle couronné par un ftigmate charnu, divifé en cinq.

L'embryon devient un fruit fec (*b*), qui s'ouvre en cinq parties, & qui a cinq loges, dans chacune defquelles on trouve une femence (*e*) ovale & applatie.

Les feuilles font grandes, ovales, dentelées par les bords, terminées en pointe, & pofées alternativement fur les branches.

E S P E C E.

STEWARTIA. Linn. Act. Upf.

CULTURE.

Cet arbriffeau croît en Virginie & en Canada ; c'eft tout ce que nous en pouvons dire, parce qu'il eft encore fort rare en France & en Angleterre.

USAGES.

Comme le *Stewartia* porte de grandes fleurs blanches, ainfi que celles du *Ketmia*, il doit faire un bel effet dans le temps de fa fleur.

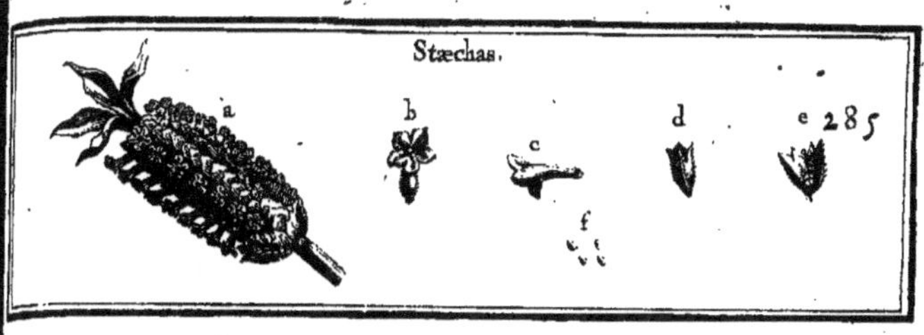

STŒCHAS, Tournef. *LAVANDULA*, Linn.

DESCRIPTION.

LA fleur (*b*) du *Stœchas* est labiée : son calyce (*d*) est petit, d'une seule piece, & divisé en cinq par les bords.

Cette fleur n'a qu'un pétale (*c*) divisé en deux levres principales : la supérieure est relevée & subdivisée en deux; l'inférieure est partagée en trois : cependant comme ces découpures sont presque égales, on prendroit presque cette fleur pour un tuyau divisé en cinq, plutôt que pour une fleur labiée.

On trouve dans l'intérieur de la fleur quatre étamines qui n'excedent pas le pétale, & dont deux sont plus petites que les deux autres.

Le calyce donne naissance à un pistil (*e*) formé d'un style assez court, qui n'excede pas le pétale, & qui est implanté sur un embryon arrondi, qui se change en quatre semences (*f*), auxquelles le calyce même sert d'enveloppe.

La forme des feuilles du *Stœchas* varie, suivant les especes : elles sont opposées sur les branches.

On voit par cette description, que les parties de la fructification de cet arbuste, sont semblables à celles de la Lavande. M. de Tournefort en avoit déja averti les Botanistes; & en conséquence il avoit établi la différence de ces deux genres, sur ce que la fleur de la Lavande forme des épis simples, au lieu que celles du *Stœchas* sont rangées par bandes (*a*) régulieres autour d'une espece de colonne qui est surmontée de quelques feuilles. Nous jugeons cependant, ainsi que M. Linneus, qu'on peut, sans difficulté, réunir les différentes especes de *Stœchas* au même genre que la Lavande; & en cela nous ne nous écartons pas du sentiment de M. de Tournefort. Voyez *LAVANDULA*.

STYRAX, Tournef. & Linn.

DESCRIPTION.

LE calyce (*d*) des fleurs (*a b*) du *Styrax* est d'une seule piece, figuré en tuyau, divisé en cinq par les bords : le pétale (*c*) est figuré en entonnoir dont le bord est divisé en cinq grandes découpures oblongues : du bout inférieur du pétal, s'élevent environ douze étamines terminées par des sommets allongés. Au milieu est un pistil (*e*) composé d'un embryon arrondi & d'un style. Cet embryon devient une baie (*f*) un peu charnue, dans laquelle (*i*) on trouve ordinairement deux noyaux (*g*) qui contiennent une amande (*k*) assez grosse : ces noyaux sont applatis du côté qu'ils se touchent, & convexes de l'autre : la figure (*h*) repréfente la coquille d'un noyau.

Les feuilles du *Styrax* font simples, ovales, point dentelées, couvertes d'un duvet très-fin, posées alternativement sur les branches.

ESPECE.

STYRAX folio Mali Cotonei. C. B. P.
STYRAX, ou STORAX, à feuilles de Coignassier : en Provence, ALIBOUFIER.

CULTURE.

Le *Styrax* peut se multiplier par marcottes ou par semences ;

mais on ne parviendra gueres à en élever qu'en les tenant à
l'ombre fous de grands arbres. Cet arbre croît naturellement en
Syrie, en Cilicie, & en Provence dans les bois de la Chartreufe de Montrieu.

Au Levant on cultive, aux environs de Stanchir, les arbres
qui donnent le Storax, & on les multiplie par marcottes.

Cet arbre croît auffi à la Louyfiane, d'où on en a envoyé
des fruits & des branches à M. de Juffieu; mais les noyaux de
cette efpece étoient plus petits que ceux qui croiffent en Provence.

U S A G E S.

Les *Styrax* font de grands arbriffeaux fort jolis, fur-tout au
printemps, quand ils font chargés de leurs fleurs: mais cet arbre
eft encore plus eftimable par le baume d'une odeur fort agréable, qui découle des incifions qu'on fait à fon tronc & à fes
branches. Ce baume eft une gomme-réfine qu'on vend dans
les boutiques fous le nom de *Storax*. Pour être réputée bonne,
cette réfine doit être nette, mollaffe, graffe, d'une odeur
douce & agréable: elle eft réfolutive, & on l'emploie comme
aromate.

Je trouve dans quelques Lettres d'un Voyageur avec lequel
j'ai été en correfpondance, que l'arbre qui donne le Storax
croît dans l'Ethiopie & dans la Syrie, où ce Voyageur dit
qu'il en a vu plufieurs pieds. Il ajoute que cet arbre eft de la
hauteur d'un Coignaffier, auquel il reffemble; que les feuilles
en font cependant plus petites; qu'elles font blanchâtres en
deffous; que fes fleurs font blanches comme celles de l'Oranger; que fes fruits font femblables à de petites Avelines, couverts d'une peau lanugineufe, blanchâtre; & qu'enfin la femence eft contenue dans ce fruit.

Cette defcription ne permet pas de douter que l'arbre de
Syrie ne foit notre *Styrax folio Mali Cotonei.* Un petit vermif-
feau, dit encore notre Voyageur, s'attache à cet arbre, ronge
fon écorce, & laiffe, en fe retirant, un trou qui donne iffue
au Storax en larme, qui, par cet accident, découle de l'arbre, tout couvert d'une fubftance farineufe.

Les Habitants falfifient le Storax, en mêlant celui qui eft le
plus

plus gras avec une portion de cire, & ils expofent ce mélange pendant plufieurs jours à l'ardeur du foleil : quand ces deux fubftances font bien incorporées, & dans l'inftant que cette matiere eft toute chaude, ils la paffent par le tamis, & ils la reçoivent dans de l'eau fraîche.

L'odeur du Storax eft fi forte, qu'on a peine à s'apperce-voir de cette fraude, fur-tout quand il eft nouveau.

J'ai trouvé en Provence, près de la Chartreufe de Mon-trieu, fur de gros Aliboufiers, des écoulements affez confidé-rables d'un baume très-odorant. Il n'eft pas douteux, ce me femble, que ces Aliboufiers ne fourniffent du Storax ; néan-moins, fi l'on veut confulter ce que nous avons dit da ns l'ar-ticle *LIQUIDAMBART*, on ne pourra s'empêcher de conclure que ce dernier n'en fourniffe également : il fe peut bien faire cependant, qu'en comparant les baumes produits par ces deux différents arbres, on y découvriroit quelques différences.

Nous croyons devoir joindre ici ce que M. Cartheufer a dit fur ce fujet dans fon excellent Traité de la Matiere médicale : *LIQUIDAMBARUM, five ambra liquida ejufdem fermè odoris quo Styrax folida, arbor quæ vulnerata hunc balfamum fundit, in America crefcit, & à Botanicis nuncupatur.....PLATANUS Vir-giniana, Styracem fundens; five STYRAX Mexicana Aceris folio.* Cartheufer, de Materia medica, feĉt. 12, cap. 37, lin. 10.

Voici encore ce qu'il ajoute fur le Styrax : *STORAX, five STYRAX in folidam & liquidam dividitur, arbor quæ Styracem folidam largitur, Malo Cotoneæ non diſſimilis eft, & à Botanicis nuncupatur......STYRAX folio Mali Cotonei crefcit in Syria Perfia, in America, & non nullis traĉtibus Europæ meridionalis ; tamen ex Afia tantùm affertur : olim calamis feu fiſtulis inclufa advehebatur ; huic Styracis calamita nomen adepta eft.* Ibid. feĉt, 12, cap. 34, 14.

On voit par ces textes que nous venons de rapporter, que M. Cartheufer s'accorde affez à penfer la même chofe que nous fur le *Liquidambart* & le *Styrax* ; favoir que le *Liquidambart Aceris folio*, fournit un baume qu'on appelle quelquefois *Liqui-dambart*, & quelquefois *Styrax* liquide ; & comme nous avons dit qu'il croît au Levant un arbre peu différent de celui qui vient à la Louyfiane, il pourroit être que les baumes que fourniffent ces deux arbres, fuffent auffi un peu différents l'un de l'autre ; en forte que le baume de celui de la Louyfiane fe nommeroit *Liquidambart.* Ce que nous pouvons affurer , c'eft que nous avons vu de ce baume dont l'odeur eft très-agréable. À l'égard de l'arbre du Levant, nous favons de M. Peyffonel, qu'il fournit une efpece de *Styrax* que nous croyons être liquide : nous en ferons plus certains dans peu , parce que M. Peyffonel nous en doit encore envoyer. J'ai dit que les femences que ce zélé Correfpondant nous a envoyées , ont bien levé dans nos jardins ; je dois ajouter qu'il nous a depuis envoyé des feuilles de cet arbre , & que ces feuilles reffemblent entierement à celles de l'Erable , ou au *Liquidambart* de la Louyfiane. Quant au *Styrax* folide , il eft très-probable que c'eft une produ&ion du *Styrax folio Mali Cotonei ,* dont nous avons parlé dans cet article.

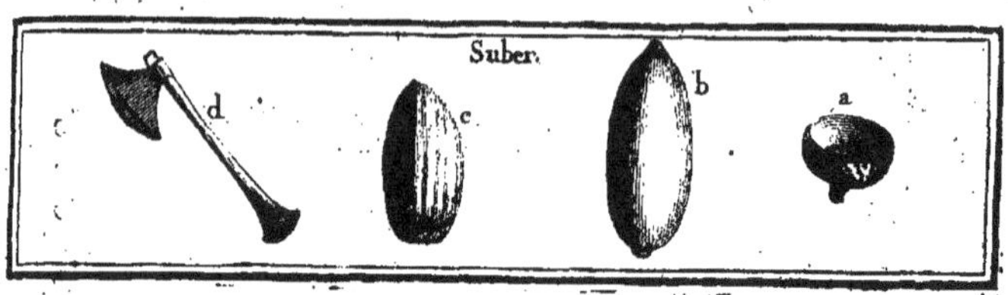

SUBER, Tournef. *QUERCUS*, Linn. LIEGE.

DESCRIPTION.

IL n'y a aucune différence par les parties de la fructification, entre le Chêne, le Chêne-verd & le Liege : ces arbres portent des fleurs mâles raffemblées en chatons compofés d'un calyce découpé en quatre ou cinq parties, entre lefquelles on voit des étamines fort courtes.

Les fleurs femelles des mêmes arbres font formées par un calyce charnu plus ou moins raboteux, fans découpures; elles ont un piftil formé d'un embryon & de plufieurs ftyles.

Les fruits des Lieges (*b*) font pareillement des Glands enchâffés dans un calyce (*a*) formé en coupe : ils contiennent une amande (*c*). Les feuilles du Liege font entierement femblables à celles du Chêne-verd. On peut donc conclure que les Lieges font de véritables Chênes-verds, dont l'écorce eft flexible, légere & fpongieufe. Voyez *ILEX*.

Les fleurs femelles du Liege & du Chêne-verd ont trois ftyles; & celles des Chênes ordinaires n'en ont qu'un : cette différence eft affez légere.

ESPECES.

1. *SUBER latifolium, perpetuò virens.* C. B. P.
LIEGE à feuilles larges, toujours verd.

2. *SUBER anguftifolium non ferratum.* C. B. P.
LIEGE à feuilles étroites, non dentelées.

C U L T U R E.

Les Lieges, ainſi que le Chêne-verd, ne s'élevent que de ſemences : ils ſe plaiſent ſingulierement dans les terres ſabloneuſes. L'écorce des Lieges plantés dans des terres fortes, n'eſt pas ordinairement ſi eſtimée.

Cet arbre ne vient point ſous la Zone torride ; il eſt ſi ſenſible au froid, qu'il ne peut ſupporter les gelées des Provinces ſeptentrionales de la France. On n'en trouve point en Suéde, ni en Dannemarck : nous en avons cependant élevés ici qui ſubſiſtent en pleine terre depuis près de douze ans : on en trouve une grande quantité dans les pays de Condom, de Nerac, & dans les Landes de Bazas, qui s'étendent juſqu'à Bayonne : on en voit encore en Eſpagne, en Italie, en Provence & en Languedoc. Dans la plupart de ces Provinces, tous les Lieges furent gelés lors du grand hyver de 1709 ; mais peu à peu ce dommage s'eſt réparé, & les Lieges y ſont maintenant auſſi communs qu'ils l'étoient avant cet accident.

Nous avons dit qu'on ſemoit les Glands de Liege comme les autres eſpeces de Chêne. Si on les cultive, ils croiſſent plus vîte, & donnent plus promptement leur écorce ; mais auſſi elle eſt moins parfaite que lorſque, ſans leur donner aucune culture, on les abandonne à eux-mêmes.

Il eſt bon d'élaguer les jeunes Lieges pour leur former une tige unie de dix à douze pieds de hauteur ; après quoi il faut les laiſſer croître tout naturellement.

On prétend que le retranchement de l'écorce de cet arbre, bien loin de lui faire tort, lui eſt en quelque façon néceſſaire.

U S A G E S.

Comme les Lieges ne perdent point leurs feuilles pendant l'hyver, on pourra en mettre avec des Chênes-verds dans les boſquets de cette ſaiſon. Les Glands des Lieges paſſent pour être aſtringents : le bois de cet arbre peut être employé aux mêmes uſages que celui du Chêne-verd ; mais la partie la plus utile de cet arbre, eſt, ſans contredit, ſon écorce extérieure ;

on en fait des bouchons de bouteilles, des feaux pour rafraîchir le vin, des talons de fouliers, des bouées pour les vaiffeaux, des chapelets pour foutenir les filets des Pêcheurs à la
furface de l'eau, & quantité d'autres ufages. On brûle encore
cette écorce dans des vaiffeaux bien fermés, pour en obtenir
une poudre noire qui s'emploie dans les arts: c'eft ce qu'on
nomme *Noir d'Efpagne.* Son Gland fert à la nourriture du
bétail & de la volaille; & comme il eft affez doux, les hommes
mêmes s'en font quelquefois nourris dans les années de difette :
on prétend que les Éfpagnols le mangent grillé comme les
Châtaignes. Il ne nous refte plus qu'à expliquer comment on
détache l'écorce extérieure de cet arbre : on nomme cette écorce *Liege*, ainfi que l'arbre même.

Lorfque les Lieges ont atteint l'âge de douze à quinze ans,
on peut faire la premiere *tire*, c'eft-à-dire, enlever l'écorce
pour la premiere fois; alors elle n'eft propre qu'à brûler. Sept
ou huit ans enfuite on fait une feconde *tire*; mais cette écorce
ne peut fervir qu'à faire des bouées ou à d'autres ufages
groffiers. La troifieme *tire* fe fait encore au bout de huit autres années, ou plutôt, fi l'écorce fe trouve avoir acquis affez
d'épaiffeur pour en faire des bouchons; c'eft le temps où elle
commence à être de bonne qualité : l'écorce des arbres les
plus vieux, eft la meilleure de toutes.

Un arbre qu'on écorce ainfi tous les huit, neuf ou dix
ans, peut durer cent cinquante ans & plus ; ce qui prouve
que le retranchement de cette écorce ne lui eft nullement
préjudiciable.

La véritable faifon pour enlever l'écorce, eft pendant la feconde
feve de Juillet & d'Août. Alors avec une petite coignée (d),
dont le manche fe termine en coin par le bout, on fend
l'écorce des Lieges, à commencer vers les branches jufqu'auprès des racines ; enfuite on termine ces extrêmités par une
coupe circulaire. Suivant que l'arbre eft plus ou moins gros,
on fait trois ou quatre incifions longitudinales ; enfuite, avec
le dos ou la douille de la coignée, on frappe fur l'écorce pour
l'aider à fe détacher, & l'on acheve de l'enlever en introdui-
fant l'extrêmité du manche de la coignée entre le bois & l'é-
corce,

Il faut sur-tout prendre garde de ne pas endommager une peau fine qui est adhérente au corps de l'arbre: les Bayonnois appellent cette peau *le Lard*; c'est ce que l'on peut nommer *Liber*: cette peau produit le Liege; si elle étoit enlevée, il ne pourroit plus s'en former jusqu'à ce que ce *Lard* se fût rétabli; mais pour cela il faut attendre plusieurs années.

On raccourcit ces planches de Liege à la longueur d'environ quatre à cinq pieds; puis on en coupe les bords avec un couteau propre à cela, & on les gratte ensuite avec une espece de plaine semblable à celle dont se servent les Boisseliers, afin d'en rendre la superficie plus unie. Enfin on les flambe avec le mauvais Liege qu'on destine à brûler: on prétend que cette derniere opération resserre les pores du Liege, & contribue beaucoup à sa bonne qualité. On lave ensuite toutes les planches; on les range de plat les unes sur les autres, puis on les charge avec des pieces de bois ou avec des pierres pour les redresser.

On prépare quelquefois le Liege sans le faire passer par le feu; on le met alors simplement tremper dans l'eau pour le redresser; mais ce Liege, qu'on appelle en cet état *Liege blanc*, est beaucoup moins estimé que celui que l'on nomme *Liege noir*, à cause de la couleur que le feu du charbon a communiqué à sa superficie. Le Liege, pour être de bonne qualité, doit être souple, ployant sous le doigt, élastique, point ligneux ni poreux, & de couleur rougeâtre: celui dont la couleur tire sur le jaune est moins bon; le blanc est de la plus mauvaise qualité.

Outre la consommation du Liege que l'on fait dans le Royaume, on en envoye beaucoup en Hollande, en Angleterre & dans les autres pays du Nord.

Le charbon du Liege broyé avec le Sain-doux, est recommandé pour les hémorroïdes: on est dans l'usage d'attacher des colliers de Liege aux chiennes & aux autres animaux à qui l'on veut faire perdre le lait.

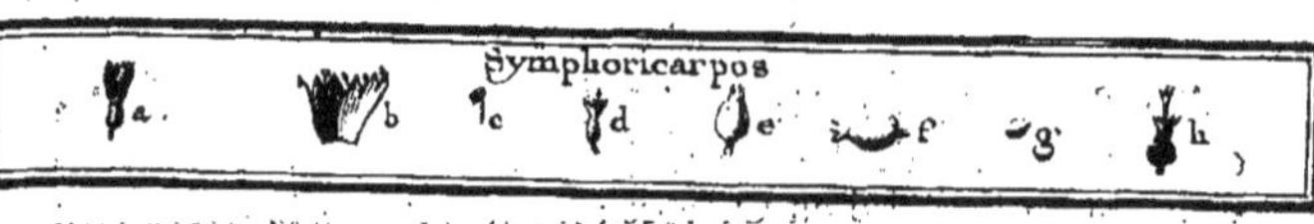

SYMPHORICARPOS, DILL. *LONICERA*, LINN.

DESCRIPTION.

LES parties de la fructification du *Symphoricarpos*, reſſem-blent beaucoup à celles du *Periclymenum*; c'eſt pour cela que M. Linneus a compris ces deux genres dans celui qu'il nomme *Lonicera*.

La fleur (*a d*) eſt compoſée d'un petit calyce diviſé en cinq, & d'un pétale (*b*) dont les bords ont cinq diviſions égales comme le *Periclymenum*; ce pétale repréſente preſque une cloche ouverte; cinq étamines (*c*) partent de ſes parois intérieures; on apperçoit un piſtil (*h*) au milieu de la fleur: ce piſtil eſt compoſé d'un embryon arrondi & d'un ſtyle; l'embryon, qui fait partie du calyce, devient une baie (*e f*) diviſée intérieurement en deux par une cloiſon: il n'y a qu'une ſemence (*g*) dans chaque loge.

Le *Symphoricarpos* n'eſt point une plante rempante; c'eſt un aſſez grand arbuſte: ſes feuilles ſont de médiocre grandeur, preſque rondes, oppoſées deux à deux ſur les branches: les fleurs qui ont peu d'apparence viennent par petits bouquets aux aiſſelles des feuilles, & ſe recourbent vers le bas: les fruits ſont de petites baies rouges.

ESPECE.

SYMPHORICARPOS foliis alatis. Dill. Hort. Elth.

CULTURE.

Cet arbuſte ſe multiplie très-aiſément par les marcottes: il n'eſt point délicat. Il nous a été apporté de la Caroline & de la Virginie.

USAGES.

Le *Symphoricarpos* fait un joli buiſſon : on peut le tondre
en boule ; il fleurit dans le mois de Septembre , & ſes fruits
viennent en maturité en Octobre : il peut ſervir à la décoration
des boſquets d'automne.

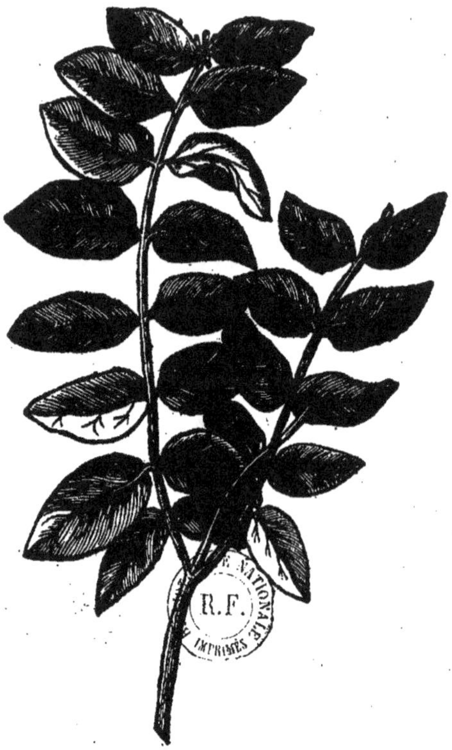

Tome II. Pl. 82.

SYRINGA, Tournef. *PHILADELPHUS*, Linn. SERINGA.

DESCRIPTION.

LE calyce (*b*) de la fleur (*a*) du Seringa eſt d'une ſeule piece diviſée en quatre parties; il ſubſiſte juſqu'à la maturité du fruit.

Ce calyce qui eſt aſſez grand, porte quatre grands pétales arrondis & diſpoſés en roſe : on apperçoit dans la fleur environ vingt étamines aſſez longues, terminées par des ſommets découpés en quatre parties : du milieu de ces étamines s'éleve le piſtil compoſé d'un embryon aſſez gros, & de quatre ſtyles (*c*).

L'embryon qui fait partie du calyce, devient une capſule (*d e*) ronde, entourée vers ſon grand diametre par les échancrures du calyce (*d*); cette capſule eſt diviſée intérieurement en quatre loges (*f*); elle s'ouvre en quatre par la pointe, & l'on trouve dans l'intérieur beaucoup de ſemences (*h*) menues & longuettes.

Les feuilles du Seringa ſont ſimples, aſſez grandes, terminées en pointe, dentelées par les bords, & oppoſées ſur les branches.

On voit que les parties de la fructification du Seringa, different peu de celles du *Cratægus*, du *Sorbus*, du *Mespilus*, & même du *Pyrus*; c'eſt pour cela que nous avons fait remarquer que le Seringa a quatre ſtyles, & que ſon fruit contient beaucoup de ſemences menues & oblongues.

Tome II.   P p

ESPECES.

1. *SYRINGA alba*; *sive* Philadelphus *Athanei.* C. B. P.
Seringa à fleurs blanches.

2. *SYRINGA flore albo pleno.* C. B. P.
Seringa à fleurs blanches doubles.

3. *SYRINGA flore albo simplici, foliis ex luteo variegatis.* M. C.
Seringa à feuilles panachées de jaune.

4. *SYRINGA nana, nunquam florens.* M. C.
Seringa nain qui ne porte point de fleurs.

5. *SYRINGA Caroliniana, flore albo majore, inodoro:* Vel Philadelphus
foliis integerrimis. Linn. Spec. Plant.
Seringa de la Caroline à grandes fleurs blanches sans odeur.

CULTURE.

Cet arbrisseau n'est point délicat sur la nature du terrein; il
se multiplie par des drageons enracinés qui se trouvent auprès
des gros pieds.

USAGES.

Les Seringa à fleurs doubles que j'ai vus, n'avoient que quelques pétales de plus que ceux à fleurs simples; ainsi l'espece,
n°. 2, est une variété qui n'a rien d'ailleurs d'estimable.

L'espece, n° 1, fleurit à la fin du mois de Mai : ses fleurs
rassemblées par bouquets font un très-joli effet; de plus, elles
répandent une odeur assez agréable de loin; mais elle est trop
forte quand on la sent de près.

L'espece, n°. 3, a l'avantage d'avoir ses feuilles panachées :
l'espece, n°. 4, n'a aucun mérite qui la rende particulierement
estimable.

Il est, je pense, inutile de dire que ces arbrisseaux doivent
servir à la décoration des bosquets du printemps.

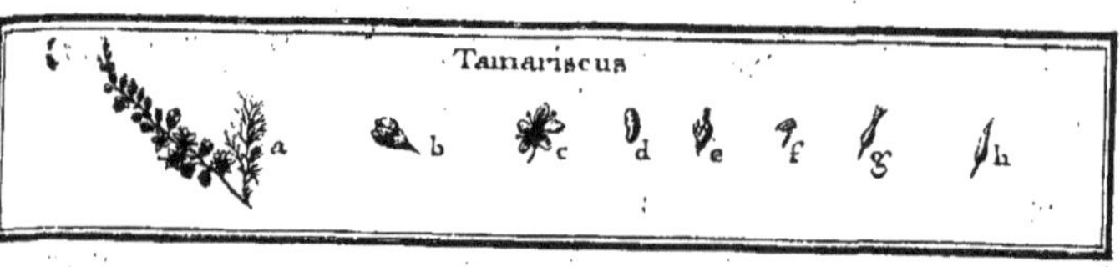

TAMARISCUS, Tournef. *TAMARIX*, Linn. TAMARISC.

DESCRIPTION.

LE calyce (*b*) des fleurs (*c*) du Tamarifc, eft petit, d'une feule piece, divifé en cinq.; il fubfifte jufqu'à la maturité du fruit: il porte cinq pétales (*d*) ovales, creufés en cuilleron, & difpofés en rofe (*c*). On trouve dans l'intérieur, fuivant les efpeces, cinq ou dix étamines (*f*) furmontées de fommets arrondis: au milieu de la fleur eft placé le piftil (*e*) formé d'un embryon pointu, furmonté immédiatement de trois ftigmates (*g*) oblongs & velus.

L'embryon devient une capfule (*h*) triangulaire, oblongue; dans laquelle on trouve des femences menues & garnies d'une membrane.

Les fleurs font blanches ou purpurines; elles font raffemblées par bouquets ou épis (*a*).

Les Tamarifcs pouffent de longues branches menues, pliantes, chargées de petites feuilles longues, rondes, menues & un peu reffemblantes à celles du Cyprès; mais elles font d'un verd blanchâtre: ces feuilles font pofées alternativement fur les branches.

ESPECES.

1. *TAMARISCUS. Germanica* Lob. *TAMARIX fruticofa, folio craffiore; five Germanica.* C. B. P.
 TAMARISC d'Allemagne.

P p ij

2. *TAMARISCUS Narbonensis.* Lob. Tꜱᴍᴀʀɪx *altera folio tenuiori,*
sive Gallica. C. B. P.

Tᴀᴍᴀʀɪsᴄ ordinaire, ou de France.

CULTURE.

Quoique les Tamariscs soient des arbrisseaux maritimes, ils
s'élevent cependant très-bien dans nos jardins. On les multiplie ordinairement par boutures ou par marcottes: ils se plaisent dans les terres légeres, qui ont beaucoup de fond, & qui
ne sont point trop seches; celui d'Allemagne aime sur-tout
les lieux humides.

USAGES.

Les Tamariscs sont de grands arbrisseaux; ils ont un port
singulier: leurs branches menues, pendantes, peu garnies de
feuilles, n'offrent rien de fort agréable à la vue, si ce n'est
au printemps où ils sont en fleur. Comme ils ne quittent point
leurs feuilles, on peut les placer dans les bosquets d'hyver.

On fait des tasses avec le bois du Tamarisc; & l'on prétend
que si l'on s'en sert pour boire, elles préviennent les opilations
de la rate.

Les feuilles du Tamarisc passent pour être antihystériques;
le sel lixiviel de cet arbre est d'un assez grand usage en Médecine.

Tome II. Pl. 85.

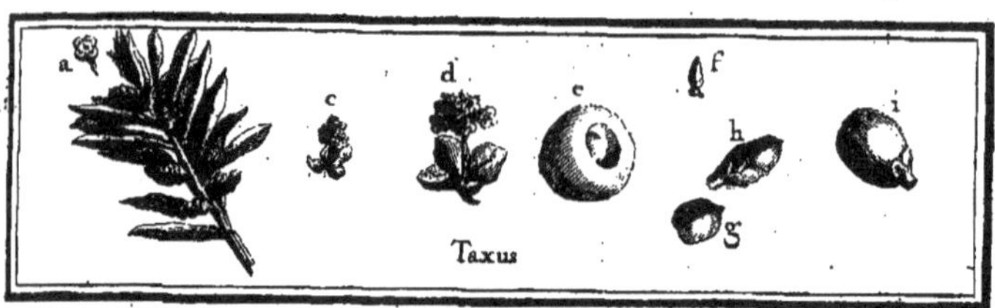

TAXUS, Tournef. & Linn. IF.

DESCRIPTION.

L'IF porte des fleurs mâles & des fleurs femelles fur dif-férentes parties du même arbre.

Les fleurs mâles (*c d*) n'ont pour calyce que les écailles du bouton dont elles fortent ; ce calyce eft compofé de quatre feuilles, & il renferme quantité d'étamines qui font toutes raf-femblées par le bas, où elles forment comme une colonne ; les fommets (*a*) reffemblent à des rofettes octogones.

Les fleurs femelles ont au lieu des étamines dont nous ve-nons de parler, un piftil (*f*) compofé d'un embryon ovale, fur lequel eft un ftigmate obtus, fans ftyle.

Cet embryon devient une baie (*i*) fucculente, dans laquelle eft un noyau (*g*); mais ce qu'il y a de fingulier, c'eft que la chair de cette baie eft ouverte par le bout du fruit (*e*), & laiffe voir le noyau à nud, de forte que la chair forme un corps qui reçoit le noyau; quelquefois même le noyau eft retenu dans cette chair comme un gland l'eft dans fa cupule : on voit ce noyau en (*h*).

Les feuilles des Ifs (*k*) font étroites, longues, prefque fem-blables à celles du Sapin, & rangées, ainfi que les barbes d'une plume, aux deux côtés d'une petite branche.

E S P E C E S.

1. *TAXUS.* J. B. *Taxus foliis approximatis.* Linn. Spec. Plant.
   If ordinaire.

2. *TAXUS foliis variegatis.* H. R. Par. App.
   If à feuilles panachées.

C U L T U R E.

Les Ifs s'élevent de femences & de boutures; ceux-ci ne
montent jamais bien droits; ils fe courbent tantôt d'un côté,
tantôt de l'autre; les autres au contraire s'élevent très-droits,
& font une belle tête bien touffue: ainfi, quand on veut tailler
des Ifs en boule ou en pyramide, il faut en choifir qui foient
venus de femences. Au refte les Ifs ne font point délicats, &
ils s'accommodent affez bien de toutes fortes de terres; mais
ils fe plaifent à l'ombre.

Quoique l'on ait vu des Ifs endommagés par l'hyver de 1709,
ils fupportent affez bien les grands hyvers: fuivant M. Sarazin,
on en trouve en Canada; cependant l'If n'eft point connu aux
environs de Quebec, ni à Montréal. Cet arbre eft commun
en France.

U S A G E S.

Comme l'If ne quitte point fes feuilles, il convient d'en
mettre dans les bofquets d'hyver: mais le verd de fes feuilles
eft foncé & obfcur.

On fait qu'il n'y a point d'arbre qui fe taille mieux au cifeau; & dans tous les grands parterres, on voit de petites pyramides & de petites boules d'If qui font un affez joli effet.
On s'en fert encore pour revêtir les murailles, fur-tout celles
qui font à l'expofition du Nord; car, comme nous l'avons
dit, cet arbre fe plaît à l'ombre: ces paliffades d'If ont cette
incommodité, qu'elles forment des retraites aux limaçons qui
dévorent toutes les plantes qui font aux environs.

On fera bien de mettre des Ifs dans les remifes: leur

fruit attire les oifeaux, qui d'ailleurs profitent de leur abri pendant l'hyver.

On dit que les feuilles & les fleurs de l'If font un poifon, & que fes fruits caufent la dyffenterie à ceux qui en mangent; j'ai cependant vu des enfans en manger quantité fans en être incommodés.

Le bois de l'If eft très-dur & très-pliant; il prend un fort beau poli; il eft d'une très-belle couleur rouge, & nous n'avons pas de bois qui reffemble plus au bois des Ifles.

Comme les jeunes branches de l'If font très-flexibles, on peut en faire des harts ou liens excellents.

Il faut, pour la repréfentation du fruit, préférer celle qui eft gravée dans la vignette, à celle de la planche, où fa concavité n'eft point marquée.

Tome II. Pl. 86.

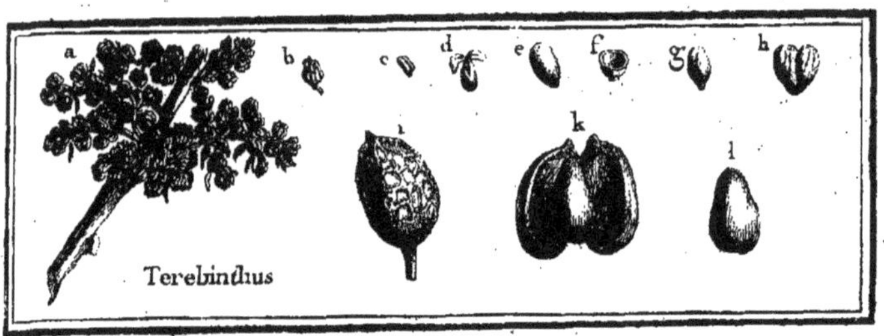

TEREBINTHUS, Tournef. PISTACHIA, Linn.
TEREBINTHE ou PISTACHIER.

DESCRIPTION.

L'Arbre qui fournit les amandes qu'on nomme *Pistaches*, est du même genre que ce qu'on appelle en Provence *Térébinthe*, lequel effectivement produit aussi des pistaches qui ne font pas plus grosses que des pois. La différence qu'il y a donc entre M. de Tournefort & M. Linneus, est que l'un a choisi le nom de l'espece sauvage pour tout le genre, & que l'autre a préféré pour le nom générique celui qu'on donne aux especes cultivées.

Les fleurs mâles viennent fur des arbres différents de ceux qui portent des fleurs femelles; ainsi l'on doit distinguer dans ces arbres les individus mâles d'avec les individus femelles. M. Coufineri, Correspondant de M. Peyssonel, dit qu'il y a aussi des especes hermaphrodites; mais ces arbres jusqu'à présent nous font inconnus.

Les fleurs mâles viennent en grappe (*a*); & outre un calyce commun qui est composé de petites écailles, chaque fleur a un petit calyce qui lui est propre; il est d'une feule piece, divisé en cinq. Les parties les plus apparentes de la fleur (*b*), font cinq petites étamines (*c*) chargées de gros sommets qui ressemblent à des prismes quadrangulaires,

Tome II.   Q q

Cet arbre fleurit ici en Mai; & à Chio, au commencement d'Avril.

Les fleurs femelles viennent pareillement en grappe; chaque fleur a son petit calyce particulier, qui est divisé en trois; avec un pistil (*d*) qui est formé d'un gros embryon ovale & d'un style court, chargé de gros stigmates velus.

L'embryon devient un fruit ovale (*e*) formé par un noyau (*f*), dans lequel est contenue une amande (*g*); il est recouvert d'une chair qui se desseche en mûrissant, & qui ne laisse qu'une peau ridée, peu épaisse (*i*); le bois qu'elle recouvre est assez mince, mais flexible, comme corné, difficile à rompre. Ce noyau se partage en deux coquilles qui ressemblent assez bien à une moule (*k*). L'amande est verte, & quelquefois couverte d'une peau d'un fort beau rouge: de ce nombre est la Pistache cultivée (*l*). Il se trouve quelques fruits qui ont deux cavités (*h*). Si l'on examine attentivement les Pistaches, on apperçoit presque toujours auprès du gros fruit, deux autres petits & avortés. Si cette circonstance étoit reconnue générale, elle fourniroit un moyen de distinguer les Térébinthes des Lentisques.

Les feuilles des Térébinthes font compofées de folioles assez grandes, qui font attachées deux à deux fur une nervure terminée par une feule; c'est ce qui fert à distinguer les Térébinthes des Lentisques qui n'ont point de folioles uniques: les feuilles de ces deux arbres font pofées alternativement fur les branches.

ESPECES.

1. *TEREBINTHUS vulgaris.* C. B. P. *mas & fœmina.*
TEREBINTHE ordinaire; ou PISTACHIER fauvage.

2. *TEREBINTHUS peregrina, fructu majore, Piftaciis fimili eduli.* C. B. P. *mas & fœmina.*
TEREBINTHE à gros fruit; ou PISTACHIER.

3. *TEREBINTHUS Indica Theophrafti.* PISTACIA *Diofcoridis, mas & fœmina.*
TEREBINTHE des Indes; ou PISTACHIER cultivé.

4. *TEREBINTHUS feu* PISTACIA *trifolia.* Inft. *mas & fœmina.*
PISTACHIER à trois feuilles.

5. *TEREBINTHUS Cappadocica.* H. R. *mas & fœmina.*
TEREBINTHE de Cappadoce.

CULTURE.

Les Térébinthes & les Piſtachiers s'élevent très-aiſément de
ſemences, quoique ces arbres viennent de pays plus tempérés que le nôtre; ſavoir, Chypre, l'Iſle de Chio, l'Eſpagne,
le Languedoc, le Dauphiné & la Provence : ils ſupportent
beaucoup mieux la gelée que les Lentiſques; néanmoins il
convient de les ſêmer dans des terrines, & de les élever dans
les orangeries juſqu'à ce qu'ils aient acquis une certaine groſſeur : j'en ai cependant élevé tout-à-fait en pleine terre; mais on
court riſque de les perdre, ſi dans la premiere ou la ſeconde
année les hyvers ſont fort rudes. Si l'on a la précaution de
ne les mettre en pleine terre que lorſqu'ils ſont un peu gros,
ils réuſſiſſent très-bien : quand les individus mâles & femelles
ſe trouvent plantés les uns près des autres, tous les Térébinthes donnent du fruit.

Il eſt bon d'être prévenu que les Piſtaches que l'on achete
chez les Epiciers, levent très-bien, quand elles ſont nouvellement arrivées.

USAGES.

Le bois des Térébinthes eſt fort dur & très-réſineux : cet
arbre fournit la réſine qu'on nomme *Térébenthine de Chio* ou
Scio, qui eſt fort rare & très-eſtimée. Il ſe forme à l'extrêmité
des branches du Térébinthe, n°. 1, des veſſies remplies d'in-
ſectes : on trouve dans ces veſſies quelque peu d'une térébenthine fort claire & de bonne odeur : j'en ai vu ſur ceux de
Provence.

Un Médecin qui a long-temps demeuré à Chio, nous a
écrit que la térébenthine de cette Iſle ſe retire d'une eſpece
de Lentiſque. Cela ne contredit pas ce que nous venons de
dire; car les Lentiſques reſſemblent tellement aux Térébinthes
que M. Linneus, comme nous l'avons dit, n'en a fait qu'un
même genre. Le Médecin déja cité, ajoute qu'on ſofiſtique

à Chio même cette térébenthine, en la mêlant avec celle de Ve-
nife, qui, en la rendant plus claire, en augmente la quantité:
comme la térébenthine que l'on tire du Térébinthe eft rare
même dans cette Ifle, ceux qui connoiffent cette fraude donnent
la préférence à la térébenthine qui eft la plus épaiffe & la plus
gluante: on verra un plus grand détail à ce fujet, en lifant
ci-après les éclairciffements que M. Coufineri nous a envoyés
fur le Térébinthe.

On attribue à l'écorce & aux feuilles du Térébinthe, une
vertu aftringente & diurétique: la térébenthine que l'on en
tire, s'emploie comme celle de l'*Abies Tax° folio.*

Tout le monde fait que les amandes des Piftachiers, n°. 3,
font agréables à manger; qu'on en fait grand ufage dans les
offices pour la préparation de plufieurs mets, & qu'on en fait
de très-bonnes dragées.

Suivant une Lettre que j'ai reçue d'un Voyageur, habile ob-
fervateur, le baume blanc ou baume de la Meque, découle
d'un petit Térébinthe ou d'un Lentifque.

*Je ne puis mieux terminer cet article qu'en plaçant ici un Mé-
moire très-détaillé, que M. Coufineri a bien voulu nous envoyer.*

LE TEREBINTHE appellé en grec τέρμινθος ou τερέβινθος;
eft un arbre de la grandeur d'un Orme; il a la feuille petite;
fept ou neuf folioles rangées par paires & terminées par une
feule, forment la feuille: ces feuilles tombent en hyver.

Il y a trois fortes de Térébinthes, un mâle, un femelle &
un androgyne. Ils fleuriffent tous au commencement d'Avril.

Le Térébinthe femelle porte un fruit en forme de grappe
de Raifin, rougeâtre au commencement, & qui devient, en
mûriffant, d'un verd bleuâtre; quand le fruit eft en cet état,
on le fale pour le conferver & en pouvoir manger plus long-
temps.

La pulpe ou chair qui couvre le noyau, eft fort mince;
l'amande qu'on y trouve après l'avoir caffé, reffemble par le
goût, & encore plus par fa couleur, à la Piftache. J'ai demandé aux Médecins du pays s'ils employoient ce fruit dans
quelque remede; mais j'ai apperçu par leur réponfe, que l'ufage
leur en étoit inconnu. Si on ne cueille point ce fruit quand

il est en état d'être salé, il brunit un peu & tombe bientôt de lui-même; ce qui arrive au mois d'Octobre. A Chio on nomme ce fruit τζικουδον *Tchicoudon*, à cause du bruit qu'il fait sous la dent, quand on l'y presse pour le casser : ce nom pourroit convenir également aux Pistaches & à beaucoup d'autres fruits. Les Paysans appellent le Térébinthe, τζικουδία; *Tchicoudia*; ce qui, suivant le génie de la Langue grecque, signifie, arbre qui porte le fruit appellé τζικουδον, *Tchicoudon* : pour parler correctement, on doit dire, τζικουδον τῆς τερμίνθȣ, *Tchicoudon tês Terminthou*; c'est-à-dire, graine de Térébinthe.

Le Térébinthe mâle ne porte aucun fruit; ses fleurs tombent à la fin d'Avril. Le Térébinthe androgyne a des fleurs mâles & des fleurs femelles dans le même temps, & en égale quantité : les fleurs femelles tombent les premieres, & il ne reste à leur place que les grappes où le fruit commence à paroître; les fleurs mâles tombent environ quinze jours plus tard, sans laisser aucune marque de fruit. Les graines du Térébinthe androgyne, sont plus petites que celles du Térébinthe femelle; & parmi ces dernieres, il y en a qui en portent de plus grosses que d'autres du même genre.

Les gens du pays sont dans l'opinion que le Térébinthe ne peut être reproduit par son fruit, si on le seme selon la méthode ordinaire pour en former des pépinieres; mais ils disent que les grives, les merles & autres oiseaux qui s'en sont nourris, laissent tomber leur fiente dans les champs, & qu'il en croît des Térébinthes. En examinant des graines qui étoient tombées d'elles-mêmes d'un de ces arbres femelles, j'en ai trouvé deux qui avoient germé sur terre; je les ai envoyées séparément à M. Peyssonel, Consul de France à Smyrne : elles étoient dans un paquet qui contenoit de pareilles graines choisies au même endroit : M. Peyssonel m'a fait l'honneur de m'écrire dernierement, que trois de ces graines qu'il avoit semées sur sa terrasse, y ont fort bien pris, & qu'elles y font des progrès surprenans. On ne croit pas non plus que ces arbres puissent être plantés de boutures.

Parmi les Térébinthes qui croissent d'eux-mêmes, il s'en trouve plus de mâles que d'autres : on les ente à la broche pour avoir de leur fruit, dont les Habitants de la campagne font quelque cas. Les Térébinthes femelles qui ne font point entés, ne portent pas des graines auffi groffes que ceux qui ont été entés.

Ces arbres ne demandent aucune culture; & ils donnent également de la térébenthine fans qu'on puiffe y remarquer aucune différence, ni dans la quantité, ni dans la qualité.

Il ne faut pas beaucoup d'art, ni un grand travail, pour extraire cette réfine; il ne s'agit que d'entamer l'écorce de l'arbre, & c'eft ce qu'on peut faire très-facilement avec une petite hache: chaque coup de cet outil fait à l'arbre une bleffure fuffifante pour procurer l'écoulement de cette fubftance. Les attentions qu'il faut apporter pour cette opération, font de très-peu d'importance: on tient la hache de la main droite, & on donne le coup de haut en bas, de façon que le fer de la hache faffe, avec le tronc de l'arbre, un angle d'environ quarante-cinq degrés: ces bleffures doivent être à trois pouces de diftance l'une de l'autre; on les difpofe autour du tronc, & depuis le bas du même tronc jufqu'aux branches, qu'on ne doit point bleffer, à moins qu'elles n'aient quinze ou dixhuit pouces de circonférence: on place autour du pied de l'arbre des pierres plates d'un pied en quarré ou plus, & de deux ou trois pouces d'épaiffeur, & on remplit les intervalles qu'elles laiffent néceffairement entr'elles, avec de petites pierres qu'on ajufte le mieux qu'il eft poffible. Le premier lit de ces pierres étant achevé, on en forme un fecond en procédant de la même maniere que pour le premier; on obferve feulement de placer les pierres du fecond lit de façon qu'elles recouvrent entierement les jointures de l'autre, afin que fi par hazard il tomboit de la réfine dans quelque jointure, elle fût reçue fur le plein de la pierre du premier lit, qui n'eft mife là que pour l'empêcher de couler jufqu'à terre. Les pierres qu'on emploie à cet ufage, font les mêmes que celles dont on couvre les toîts des maifons de la campagne dans quelques Provinces du Royaume.

On commence à bleffer les Térébinthes le 25 du mois de Juillet: la réfine commence à en découler le premier du mois d'Août, & elle continue ainfi jufqu'à la fin de Septembre: les pluies de l'automne déterminent le temps auquel elle ceffe de couler.

On amasse cette résine tous les matins avant le lever du soleil, parce que la fraîcheur de la nuit lui donne la consistance nécessaire pour pouvoir être détachée de la pierre, avec une spatule de bois ou la lame d'un couteau dont le tranchant doit être émoussé : non-seulement on amasse la résine qui est tombée sur les pierres, mais on enleve encore avec le même instrument, celle qui est restée adhérente au tronc de l'arbre. Quelque précaution que l'on prenne, on ne peut empêcher qu'il ne se mêle dans cette résine des brins d'écorce, & la poussiere qui se détache des pierres. Pour la purifier, on la met dans de petits paniers de trois ou quatre pouces de diametre, & d'autant de profondeur ou environ; on expose ces paniers au soleil; sa chaleur liquefie la résine, au point qu'elle passe à travers le tissu des paniers; elle se filtre ainsi & tombe dans plat de terre, placé au dessous pour la recevoir : pour faire cette opération, on peut suspendre les paniers avec des ficelles, ou les placer chacun sur deux baguettes parallelement posées sur les bords d'un plat.

Les Térébinthes ne croissent que dans la partie orientale de l'Isle, aux environs de la Ville de Chio; ils ne s'étendent point au-delà de deux lieues ou deux lieues & demie; ils ne croissent pas au même endroit que les Lentisques dont on extrait le mastic. J'ai parcouru en chassant à ce dessein, tout le pays des Térébinthes, & je puis assurer qu'on n'y trouve pas même un Lentisque sauvage. Je n'ai pû visiter aussi exactement le territoire des Villages du mastic; il seroit trop périlleux de le tenter; mais je n'ai point encore vu de Térébinthe aux endroits où j'ai été; & tous ceux à qui j'ai fait des questions à ce sujet, m'ont assuré qu'on n'y en trouvoit pas un seul.

Le produit du Térébinthe en résine est bien peu de chose, relativement à sa grandeur : quatre de ces arbres âgés de soixante ans, & à peu près égaux, dont les troncs ont cinq pieds de circonférence & environ dix pieds de hauteur, n'ont donné l'année derniere 1753, qu'une ocque de résine; l'ocque est un poids d'environ deux livres neuf onces six gros, poids de marc; elle se vend une piastre ou trois livres de notre monnoie: chaque Térébinthe n'a donc rendu que quinze sols en résine.

Il faut ajouter à ce produit, celui du fruit; mais comme il n'y a gueres que les Payfans qui en mangent, on en porte très-rarement au marché, où à peine trouveroit-on à le vendre à un prix qui pût dédommager de la peine de le cueillir. Ceux qui en recueillent beaucoup, le falent, & en font des envois à Conftantinople, où il fert de nourriture aux pauvres Marchands Turcs qui expofent aux coins des rues des marchandifes de vil prix : leur repas ne confifte le plus fouvent qu'en une poignée de ces graines falées, ou d'olives noires préparées de la même façon, un morceau de pain de la valeur d'un fol, & une bardaque d'eau.

Il y a un moyen affuré d'augmenter le rapport des Térébinthes, c'eft d'enter le Piftachier fur le Térébinthe qui ne donne pour cela pas moins de réfine; on y trouve cet avantage que les Piftaches en font beaucoup plus belles, & l'on m'a affuré que ces Piftachiers duroient plus long-temps que les autres; ce qui eft bien probable. On choifit pour cette opération un Térébinthe de fept à huit ans, fort haut de tige; alors, fans raccourcir cette tige, on ente deux ou trois des branches principales à quelques pouces du tronc; ou bien on raccourcit la tige, mais fort peu, & l'on procede à la ente, comme on a coutume de faire celle des Oliviers. Ce fut chez M. Grimaldy, Conful de Naples, que je vis pour la premiere fois de ces Piftaches; je fus furpris de leur beauté : il me montra dans fon jardin l'arbre qui les avoit portées; il étoit enté fur Térébinthe, & il m'affura que ces Piftachiers donnoient toujours de plus beau fruit que les autres.

Depuis ce temps j'en ai vu plufieurs autres, & je fuis étonné qu'ils ne foient pas multipliés autant qu'ils devroient l'être : j'en ai demandé la raifon à des perfonnes de toutes conditions, qui ont des Térébinthes dans leurs domaines; mais je n'en ai pu découvrir d'autre que leur propre nonchalance.

Matthiole dit, dans fon Commentaire fur Diofcoride, que le Térébinthe produit certains étuis figurés comme des cornes de chevre, & que dans ces étuis on trouve des moucherons avec une certaine liqueur. Je ne fais s'il veut défigner par-là des efpeces de baies qu'on trouve autour d'une partie des feuilles de quelques-uns de ces arbres; elles font rondes, d'un

très-beau

très-beau rouge, & presque aussi grosses que le fruit : on en
trouve quelquefois deux autour d'une feuille, quelquefois quatre, & j'en ai compté jusqu'à dix ; ces baies sont souvent sépa-
rées les unes des autres ; mais plus souvent encore elles se
touchent, & ne forment ensemble qu'un même corps con-
tinu, sur lequel on peut distinguer les grains dont il a été
formé. D'autres fois ce n'est qu'un seul grain long d'un pouce,
un peu plus mince aux extrêmités que vers son milieu, où il
a environ une ligne & demie d'épaisseur : cette espece de bourrelet est un peu courbe, & est attaché à la feuille par toute
la longueur d'un de ses côtés. Les feuilles autour desquelles
font ces baies & ces bourrelets, n'ont plus conservé leur forme
naturelle ; il semble qu'une partie a été employée pour les
former, d'autant que cette portion y manque. Le bourrelet
est quelquefois placé au bout de la feuille, alors il semble qu'elle
ait été roulée jusques vers son milieu ; le bourrelet est souvent
appliqué à un des côtés, & alors ce côté de la feuille se
trouve mutilé. En ouvrant ces bourrelets, on trouve dans leur
capacité de petits insectes de couleur rousse, un peu moins
gros que les poux qui s'attachent aux hommes mal propres.
On m'a assuré que ces excroissances étoient une maladie propre au Térébinthe : cela peut être vrai ; car je me suis apperçu
que ceux qui en étoient atteints, étoient dépouillés de la plupart de leurs feuilles ; mais ils étoient d'ailleurs aussi chargés de
fruit que les autres, & ils ne m'ont pas paru donner moins de
résine, puisque cette maladie n'avoit pas empêché les Propriétaires de les saigner.

On trouve sur cet arbre une autre production à laquelle peut
se rapporter encore ce que dit Matthiole ; cette production
est attachée tantôt à une partie, tantôt à une autre de la
feuille : c'est une espece de sac formé d'une peau épaisse, &
assez ferme pour ne pas fléchir sous les doigts, quel que fortement qu'on la presse ; cette excroissance est de la grosseur d'une
petite Noix ; elle est jaune & de diverses figures ; quelques-
unes font faites comme des Poires, & d'autres comme les Cour-
ges dans lesquelles les Bergers tiennent leur boisson. Si on les
ouvre avec un couteau, on y trouve les mêmes insectes que
dans les gousses rouges : peut-être que dans une autre saison

ces excroiffances prennent la figure d'une corne de chevre : au refte elles fe trouvent fur les Térébinthes de tous les genres, mais cependant fur les rouges plus rarement que fur les jaunes.

Il n'y a point de fi mauvais terrein où le Térébinthe ne puiffe croître ; il croît entre les pierres & fur les rochers comme le Pin : ainfi en Provence on ne manque pas de terrein convenable pour l'y tranfplanter. Quoique le terrein où croiffent ordinairement les Térébinthes foit pierreux, j'ai cependant obfervé qu'on ne voit point de ces arbres au plus haut des montagnes, foit qu'ils craignent d'être trop expofés au vent, ou que le hazard feul en ait décidé. La plaine où ils font plantés, eft occupée par des Orangers, au-delà defquels on trouve des vignes qui s'étendent jufqu'au quart ou au tiers de la montagne au plus ; ces vignes font bornées par un cordon de Térébinthes : au-delà de ce cordon, on trouve d'autres Térébinthes épars çà & là fans aucun ordre, & prefque toujours fort éloignés les uns des autres ; ils s'étendent ainfi jufqu'aux deux tiers ou aux trois quarts de la hauteur de la montagne. Ceci doit s'entendre du gros des Térébinthes ; car on en trouve quelques-uns dans les vignobles, & même dans les orangeries, mais en très-petite quantité ; & c'eft fur ces derniers qu'on ente les Piftachiers.

L'endroit de Provence qui paroîtroit le plus convenable pour y planter ces arbres, feroit l'étang de Berre, qui s'avance à trois lieues dans les terres, & qui eft entouré d'une plaine bornée de tous les côtés par des montagnes : on trouve dans cette plaine des prairies, des terres de labour, des Mûriers & des Oliviers. Ces terres ne font labourées que jufqu'au tiers des montagnes ou environ, le refte eft inculte, & ne fert qu'à y faire paître le bétail : fans rien changer à cette deftination, on pourroit fort bien y planter des Térébinthes qui y croîtroient auffi-bien qu'à Chio ; car il y gele moins fouvent, il y tombe beaucoup plus rarement de la neige, & en été il y fait des chaleurs exceffives.

J'ai fait ce que j'ai pu pour découvrir la quantité de réfine que donnent chaque année les Térébinthes de l'Ifle de Chio ; mais je n'ai encore découvert aucun moyen qui ait pu me conduire à cette connoiſſance. Le premier qui ſe préſentoit étoit de connoître combien il en ſortoit de cette Iſle dans le courant d'une année ; parce que comme elle eſt aſſujettie à un droit de ſortie, il étoit naturel d'avoir recours à la Douane pour fixer cette quantité ; mais j'ai trouvé que le Douanier ne conſerve point les regiſtres des droits qu'il perçoit ; il ſe contente de les écrire ſur un cahier, qu'il renouvelle toutes les ſemaines après avoir rendu compte de ſa recette au Muſſelin à qui elle appartient depuis deux ans, & le Muſſelin déchire ces cahiers dès qu'il les a vérifiés. Je n'ai pu rien apprendre de certain des Marchands même que j'ai interrogés ſur ce ſujet. Cependant, en faiſant attention au petit nombre de Térébinthes qu'il y a dans le canton de l'Iſle qui leur eſt affecté, on peut juger que la quantité de réſine qu'ils peuvent donner, doit à peine aller à deux milliers peſant, poids de marc : je crois même évaluer trop ce produit ; car j'ai trouvé pluſieurs perſonnes qui la fixoient à treize cens peſant ou environ. Toute cette térébenthine, à peu de choſe près, eſt envoyée par les Marchands de Chio à leurs correſpondants Grecs établis à Veniſe, & delà elle eſt diſtribuée dans toute l'Europe ſous le nom de *Térébenthine de Veniſe.* C'eſt avec raiſon qu'on lui a donné ce nom ; car alors elle eſt ſi fort ſophiſtiquée, qu'il ne s'y trouve peut-être pas une vingtieme partie de celle de Chio ; & il faut bien que cela ſoit, puiſque je n'ai payé cette térébenthine à Marſeille que quinze ſols la livre, dans l'année même qu'elle en valoit vingt-quatre à Chio. Il eſt vrai qu'on y en vend auſſi ſous le nom de *Térébenthine de Chio,* que l'on m'a fait payer vingt ſols ; mais elle n'étoit différente de celle de Veniſe, qu'en ce qu'elle étoit enfermée dans des pots ſemblables à ceux dont on ſe ſert dans cette Iſle. On pourroit dire que le prix n'eſt pas une preuve de la fraude que les Marchands pratiquent, attendu que l'on voit ſouvent que la même marchandiſe eſt à Marſeille à un prix bien au deſſous de celui qu'elle a été achetée dans le pays étranger ; les cottons nous en fourniſſent journellement un exemple : un Négociant qui en a acheté au Levant pour trois cens piſtoles, s'eſtime heureux, s'il peut revendre la même quantité à un tiers de perte à Marſeille ; mais il eſt bon d'obſerver que cela n'arrive jamais fur les drogues , ou du moins que ce cas eſt très-rare.

Nota. M. Peyſſonel, Conſul de France à Smyrne, nous a en-voyé des branches deſſéchées des Térébinthes mâles & femelles de Chio : leurs feuilles reſſemblent beaucoup à ceux que j'ai vus fur les montagnes de Provence.

Tome II. Pl. 87.

Tome II. Pl. 88.

Les embryons deviennent autant de femences rondes (*g*); auxquelles le calyce (*f*) fert d'enveloppe.

La figure des feuilles varie fuivant les efpeces; elles font oppofées fur les branches.

Si l'on veut conferver la diftinction que M. de Tournefort a mife entre le *Teucrium* & le *Chamædris*, on remarquera, 1°. que le calyce du *Teucrium* eft de la forme d'une cloche, au lieu que celui du *Chamædris* eft plus allongé & en forme de tuyau: 2°. les fleurs du *Chamædris* viennent dans les aiffelles des feuilles, comme verticillées, & formant des efpeces d'épis; celles des *Teucrium* viennent affez éloignées les unes des autres & le long des tiges.

ESPECES.

1. *TEUCRIUM.* C. B. P. Chamædris *frutefcens : Teucrium vulgo* Inft.

Teucrium; ou Germendrée en arbriffeau.

2. *TEUCRIUM Bœticum.* C. L. Hift.

Teucrium d'Efpagne.

Nous fupprimons plufieurs efpeces de *Teucrium* & de *Chamædris*, qui perdent leurs tiges toutes les années.

CULTURE.

On peut multiplier les *Teucrium* par les femences, & auffi en faifant des marcottes: celui d'Efpagne, n°. 2, fouffre quand les hyvers font rudes.

USAGES.

J'ai vu ces petits arbuftes faire un affez joli effet en les paliffant fur des treillages fort bas.

Mais les fleurs de l'efpece, n°. 1, qui fe deffechent fur la plante au lieu de tomber, rendent cet arbufte affez défagréable quand la fleur en eft paffée: il faut alors couper les tiges.

Ces plantes paffent pour déterfives, réfolutives & apéritives;

THUYA, Tournef. *&* Linn. ARBRE DE-VIE.

DESCRIPTION.

LES *Thuya* portent des fleurs mâles & des fleurs femelles fur les mêmes pieds.

Les fleurs mâles font raffemblées fur un filet commun; elles forment de petits chatons ovales & écailleux; entre ces écailles on a peine à découvrir quatre étamines qui appartiennent à chaque fleur, car les fommets de ces étamines font prefque attachés à la bafe des écailles.

Les fleurs femelles paroiffent dans les aiffelles des feuilles, ou à l'extrêmité des rameaux, fous la forme de petits boutons (*b*) terminés en couronne, dans le milieu defquels on apperçoit des piftils (*c*), ordinairement au nombre de deux, attachés à des écailles; ces piftils font formés d'un embryon & d'un petit ftigmate; ils deviennent autant de femences oblongues, bordées dans leur longueur d'une aîle membraneufe: toutes enfemble forment un fruit (*E e*) qui a la figure d'un cône écailleux, dont les écailles font relevées d'une boffe vers leur extrêmité.

Les feuilles font petites, comme articulées les unes aux autres, & elles reffemblent à celles du Cyprès: elles font pofées les unes fur les autres ainfi que des écailles attachées à des tiges applaties. Le *Thuya* de la Chine porte des fruits ronds, compofés d'écailles relevées vers leur extrêmité d'une boſſe plus ſaillante & plus pointue que les fruits du *Thuya* de Canada.

J'avertis que les figures de la vignette, qui ſont indiquées par les lettres majuſcules, appartiennent au *Thuya* de Canada; & que les autres ont été deſſinées ſur le *Thuya* de la Chine.

ESPECES.

1. *THUYA Theophraſti.* C. B. P. *THUYA ſtrobilis lævibus, ſquamis obtuſis.* Hort. Cliff. *ARBOR-VITÆ Cluſii.*
   THUYA de Canada; ou ARBRE-DE-VIE.

2. *THUYA Theophraſti, foliis eleganter variegatis.* M. C.
   THUYA de Canada à feuilles panachées.

3. *THUYA ſtrobilis uncinatis, ſquamis reflexo-acuminatis.* Roy. Lugd. B.
   THUYA de la Chine.

CULTURE.

Toutes les eſpeces de *Thuya* ſe peuvent élever de ſemences; celles des n°. 1 & 2 ſe multiplient par les marcottes.

Quoique les *Thuya* viennent aſſez bien dans les terreins ſecs, les eſpeces, n°. 1 & 2, ſe plaiſent ſingulierement dans les terres fort humides.

USAGES.

Comme les *Thuya* conſervent leurs feuilles pendant l'hyver, on doit les mettre dans les boſquets de cette ſaiſon: l'eſpece, n°. 3, qui vient de la Chine, fait un bien plus bel arbre que celles du Canada, n°. 1 & n°. 2.

Il ſort des *Thuya* de Canada, des grains de réſine, jaunes & tranſparents comme de la copale; mais cette réſine n'eſt point dure; & en la brûlant, elle répand une odeur de galipot.

Quoique le bois de cet arbre ſoit moins dur que le Sapin, il eſt néanmoins d'un bon uſage; il eſt preſque incorruptible.

En Canada on emploie le bois de cet arbre pour paliſſa-

der

der les fortifications & pour faire les clôtures des jardins , parce qu'il réfiste plus long-temps aux injures de l'air, & qu'il n'eft pas fi fujet à la pourriture que tout autre bois : en le travaillant, il répand une mauvaife odeur.

On lui attribue en Médecine une vertu fudorifique : fes jeunes branches & fes feuilles qui ont une odeur affez forte , produifent à peu près les mêmes effets que la Sabine.

On a repréfenté dans la planche une branche de *Thuya* de Canada , chargée de fleurs mâles & de fleurs femelles ; & dans le bas de la même planche , on a placé deux petites branches de *Thuya* de la Chine, l'une chargée de fleurs mâles, & l'autre garnie de fruits.

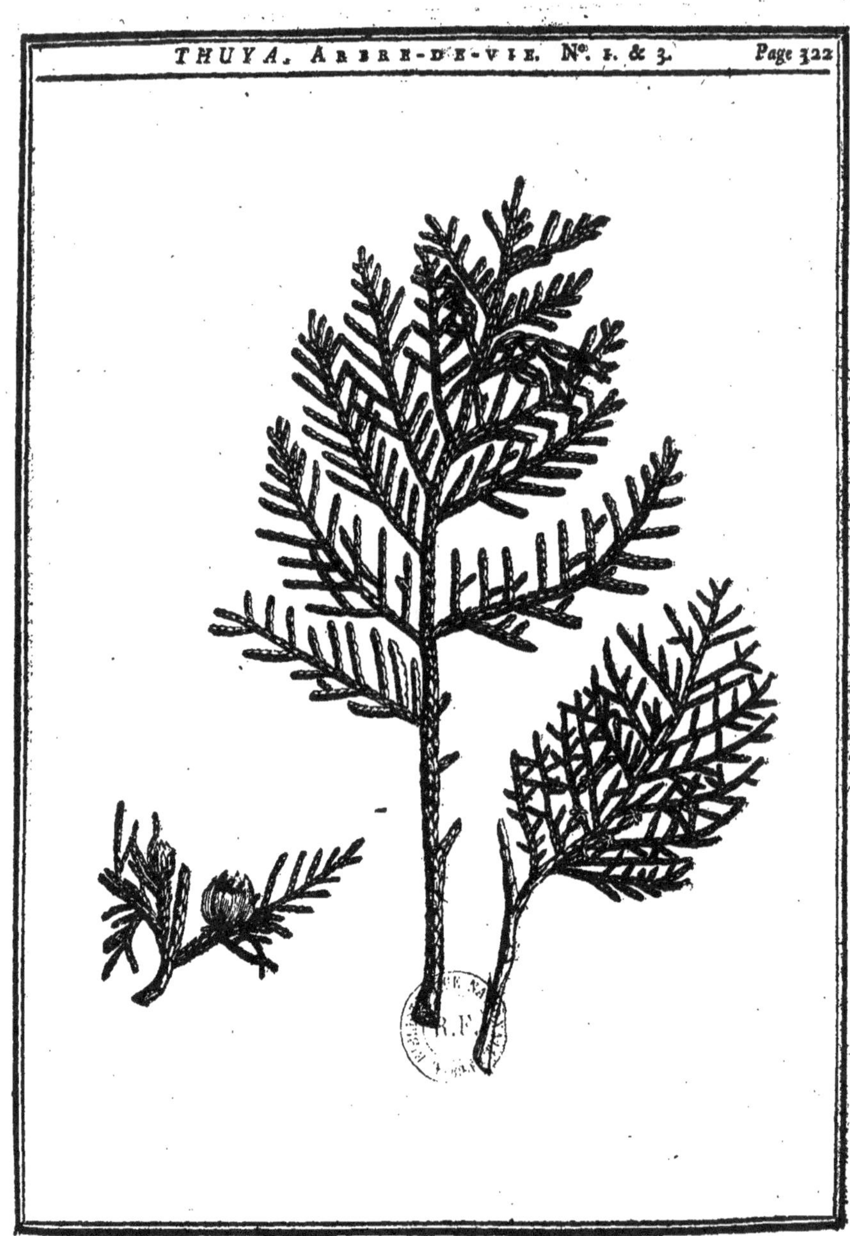

THYMELÆA, Tournef. *DAPHNE;*
vel PASSERINA, Linn. GAROU.

DESCRIPTION.

LES fleurs (*b*) du *Thymelæa* n'ont point de calyce ; elles fortent ordinairement trois à la fois d'un même bouton (*a*) ; elles n'ont qu'un pétale (*c*) en forme de tuyau qui n'eft point ouvert par le bas, & dont l'extrêmité eft divifée en quatre parties ovales & terminées en pointe.

En ouvrant ce tuyau, on trouve huit étamines, dont quatre, alternativement, font plus courtes que les autres ; elles font terminées par des fommets arrondis & divifés en deux.

Le piftil eft formé par un embryon arrondi, fur lequel repofe immédiatement un ftigmate applati & fans ftyle.

L'embryon devient un fruit (*d*) qui, dans quelques efpeces, eft fucculent, & qui, dans d'autres, eft fec : dans les uns & dans les autres eft contenue une femence ovale (*e*).

Les feuilles font plus ou moins longues, fuivant les efpeces ; elles font toujours entieres, & pofées alternativement fur les branches ; elles font oppofées dans le *Thymelæa* de la Chine, qui n'eft point compris, dans ce catalogue : quelques efpeces confervent leurs feuilles pendant l'hyver ; mais la plupart les perdent dans cette faifon.

M. Linneus divife les *Thymelæa* de M. de Tournefort en

deux genres qu'il nomme *Daphne* & *Pafferina*. Les différences qu'on trouve entre ces deux genres, font celles-ci :

1°. Au *Daphne* il fort trois fleurs d'un même bouton ; au *Pafferina*, une feule.

2°. Le tuyau qui forme le pétale du *Pafferina*, eft renflé par le bas, les échancrures font creufées en cuilleron ; au lieu que le tuyau du *Daphne* eft menu, & les échancrures font plates & ouvertes.

3°. Les filets des étamines du *Daphne* font plus courts qu'au *Pafferina* : les fommets du *Daphne* font arrondis ; les fommets du *Pafferina* font fort ovales : enfin au *Daphne*, les étamines prennent naiffance de l'intérieur du pétale ; & au *Pafferina*, elles font attachées à l'extrêmité fupérieure du pétale.

4°. Le ftyle du *Daphne* eft fort court, & le ftigmate ap-plati ; au lieu que le ftyle du *Pafferina* eft de la longueur du tuyau, & le ftigmate en forme de tête velue.

5°. Au *Daphne*, l'embryon devient une baie qui contient une femence arrondie ; la femence du *Pafferina* eft ovale, terminée en pointe, & renfermée dans une enveloppe coriacée.

M. Linneus a encore établi un genre qu'il appelle *Struthia* : ce genre ne diffère du *Pafferina* que parce que la fleur eft compofée de quatre petits pétales qui tombent dès que la fleur fe paffe.

Nous allons ranger les *Thymelæa* en deux articles, fuivant la diftinction de M. Linneus.

ESPECES.

I. DAPHNE.

1. *THYMELÆA Lauri folio, femper virens ; feu LAUREOLA, mâs.* Inft. *DAPHNE racemis axillaribus, foliis lanceolatis, glabris.* Linn. Spec. Plant.
   GAROU à feuilles de Laurier, qui ne tombent point en hyver ; ou LAUREOLE.

2. *THYMELÆA Lauri folio, femper virens, foliis ex luteo variegatis.* M. C. *DAPHNE.* Linn.
   GAROU à feuilles de Laurier, qui ne tombent point en hyver.

& qui font panachées de jaune ; ou L A U R E O L E à feuilles panachées.

3. *THYMELÆA Lauri folio deciduo ; five L A U R E O L A fœmina.* Inft.
*D A P H N E floribus feffilibus, ternis, caulinis, foliis lanceolatis, deci-
duis.* Linn. Spec. Plant.
G A R O U à feuilles de Laurier, qui tombent en hyver ; ou M E-
Z E R E O N ; ou B O I S - G E N T I à fleurs rouges.

4. *THYMELÆA Lauri folio deciduo, flore albido, fruĉtu flavefcentĕ.*
Inft. *D A P H N E.* Linn.
G A R O U à feuilles de Laurier, qui tombent en hyver, dont
les fleurs font blanches & les fruits d'un jaune pâle ; ou M E-
Z E R E O N ; ou B O I S - G E N T I à fleurs blanches.

5. *THYMELÆA Lauri folio deciduo, foliis ex albo variegatis.* M. C.
D A P H N E. Linn.
G A R O U à feuilles de Laurier, qui tombent en hyver, & qui
font panachées de blanc ; ou B O I S - G E N T I à feuilles panachées de blanc.

6. *THYMELÆA Lauri folio deciduo, flore rubente.* M. C. *D A P H N E.*
Linn.
G A R O U à feuilles de Laurier, qui tombent en hyver, dont les
fleurs font d'un rouge-pâle ; ou B O I S - G E N T I à fleurs rouges-
pâles.

7. *THYMELÆA foliis Polygala glabris.* C. B. P. *D A P H N E floribus
feffilibus, axillaribus, foliis lanceolatis, caulibus fimpliciffimis.* Linn.
Spec. Plant.
G A R O U à feuilles de Polygala, qui ne font point velues.

8. *THYMELÆA foliis candicantibus, & ferici inftar mollibus.* C. B. P.
*D A P H N E floribus feffilibus aggregatis, axillaribus, foliis ovatis,
utrinque pubefcentibus, nervofis.* Linn. Spec. Plant.
G A R O U à feuilles blanchâtres & foyeufes : on l'appelle en Provence, T A R T O N - R A I R E.

9. *THYMELÆA Pontica, Citrei foliis.* Cor. Inft. *D A P H N E pedun-
culis lateralibus bifloris, foliis lanceolato-ovatis.* Linn. Spec. Plant.
G A R O U Pontique, à feuilles de Citronnier.

10. *THYMELÆA Cantabrica, Juniperi folia, ramulis procumbentibus.*
Inft. *An C H A M E L Æ A Alpina, folio utrinque incano ?* C. B. P.

DAPHNE floribus seffilibus, aggregatis, lateralibus, foliis lanceolatis, obtufiufculis, fubtùs tomentofis. Linn. Spec. Plant.
GAROU de Navarre à feuilles de Genevrier, dont les rameaux font pendants.

11. *THYMELÆA Pyrenaica, Juniperi folia, ramulis furrectis.* Inft. *DAPHNE.* Linn.
GAROU des Pyrénées à feuilles de Genevrier, dont les rameaux fe foutiennent droits.

12. *THYMELÆA foliis Lini.* C. B. P. *DAPHNE panicula terminali, foliis linearii-lanceolatis, acuminatis.* Linn. Spec. Plant.
GAROU à feuilles de Lin.

13. *THYMELÆA Alpina, Lini-folia, humilior, flore purpureo odoratiffimo.* Inft. *CNEORUM.* Matth. *DAPHNE floribus congeftis, terminalibus, feffilibus, foliis lanceolatis, nudis.* Linn. Spec. Plant.
GAROU des Alpes à fleurs pourpres & odorantes.

14. *THYMELÆA Alpina latifolia, humilior, flore albo odoratiffimo.* Inft. *DAPHNE.* Linn.
CNEORUM à fleurs blanches; ou GAROU des Alpes à fleurs blanches & odorantes.

II. PASSERINA.

15. *THYMELÆA tomentofa, foliis Sedi minoris.* C. B. P. *PASSERINA foliis carnofis, extùs glabris, caulibus tomentofis.* Linn. Spec. Plant.
GAROU velu à feuilles de petit Sedum.

16. *THYMELÆA foliis Chamelæa minoribus hirfutis.* C. B. P. *PASSERINA foliis lanceolatis, fubciliatis, erectis, ramis nudis.* Linn. Spec. Plant.
GAROU à feuilles de *Chamelæa*, mais plus petites, & velues.

CULTURE.

Les Garou, n°. 1 & 2, fe multiplient d'eux-mêmes dans les bois par les femences qui fe répandent à terre. On a coutume de multiplier les Mezereon ou Bois-genti, n°. 3, 4, 5, & 6, par les marcottes, & même par des boutures.

Tous ces petits arbuftes fe plaifent à l'ombre,

USAGES.

Comme les Garoux, n°. 1 & 2, ne perdent point leurs feuilles en hyver, on peut les mettre dans les bosquets de cette
saison.

Le Bois-genti annonce le printemps par ses fleurs qui sont
très-jolies, & qui s'épanouissent dès le commencement du
mois de Mars.

Tous les *Thymelæa* sont de violents purgatifs dont on ne fait
presque plus d'usage en Médecine.

L'écorce de l'espece, n°. 12, appliquée sur le bras, fait
l'effet d'un cautere : on perce quelquefois les oreilles, & on
y introduit un petit morceau de bois de cet arbuste pour atti-
rer des sérosités.

Tome II. Pl. 92.

THYMUS, Tournef. & Linn. THYM.

DESCRIPTION.

LA fleur (*def*) du Thym eft dans le genre des fleurs labiées : fon calyce eft d'une feule piece, divifé en deux
parties principales ; la fupérieure eft fubdivifée en trois , &
l'inférieure en deux.

Le pétale (*ci*), ainfi que dans toutes les labiées, eft divifé en deux levres, dont la fupérieure eft courte, ouverte ,
relevée, arrondie & échancrée : la levre inférieure eft plus
grande, ouverte, divifée en trois parties qui font arrondies;
la piece du milieu eft plus grande que les autres.

On trouve dans l'intérieur quatre étamines très-courtes ,
terminées par de petits fommets; deux de ces étamines font
plus courtes que les deux autres.

Le piftil (*k*) eft compofé d'un embryon divifé en quatre,
& d'un ftyle menu qui eft terminé par un ftigmate fourchu :
l'embryon fe change en quatre petites femences (*g*) rondes ,
qui n'ont point d'autre enveloppe que le calyce même (*h*),
lequel, en fe rétreciffant au deffus des femences, forme une
efpece de capfule.

Les Thyms font de très-petits arbuftes; ils pouffent quantité de rameaux menus, durs, ligneux, & garnis de petites
feuilles étroites, ovales , d'un verd brun par deffus, & blanchâtres en deffous, oppofées fur les branches qui font termi-

Tome II.   T t

nées par des épis ou des bouquets de fleurs (*a b*) entremêlées de feuilles.

La plupart de ces plantes ont une odeur forte & agréable.

ESPECES.

1. *THYMUS capitatus, qui Dioscoridis.* **C. B. P.**
   T H Y M qui porte ses fleurs ramassées en tête.

2. *THYMUS vulgaris, folio latiore.* **C. B. P.**
   T H Y M ordinaire à feuilles larges.

3. *THYMUS vulgaris, folio tenuiore.* **C. B. P.**
   T H Y M ordinaire à feuilles étroites.

4. *THYMUS inodorus.* Inst.
   T H Y M qui n'a aucune odeur.

CULTURE.

Le Thym vient sur les montagnes de Provence, dans les lieux les plus arides; il n'est point délicat, & il s'éleve aisément dans nos jardins : il suffit de l'arracher de temps en temps, pour diviser les pieds en plusieurs touffes, qu'on replante plus avant en terre qu'elles ne l'étoient; parce que cet arbuste poussant toujours de nouvelles racines à la surface du terrein, les anciennes meurent; & si l'on n'a pas soin de le replanter de temps en temps, il périt dans les sécheresses.

USAGES.

Quoique le Thym ne perde point ses feuilles pendant l'hyver, il ne fait pas un grand effet dans les bosquets de cette saison. On en forme des bordures que l'on tond au ciseau; elles font un très-joli effet vers le milieu de Juin, quand cet arbuste est en fleur.

L'odeur de ses fleurs se marie très-bien avec celle des roses; aussi l'on en fait des bouquets d'une agréable odeur.

On distile les fleurs du Thym avec le vin & l'eau-de-vie;

pour en obtenir ce qu'on appelle *Efprit-de-Thym* , dont l'odeur eft auffi gracieufe que l'eau de la Reine de Hongrie ou l'efprit de Lavande.

Le Thym étant appliqué extérieurement, paffe pour être réfolutif & fortifiant : pris intérieurement, il atténue la limphe, il diffout les glaires ; par cette raifon il foulage les Afthmatiques & ceux qui font attaqués de coliques venteufes : il paffe auffi pour être antihyftérique.

On nous apporte du Levant, & particulierement de l'Ifle de Candie, des filaments longs & aromatiques, qu'on nomme *Epithyme* ; c'eft une plante parafite comme la Cufcutte, qui croît fur plufieurs plantes : on prefere celle qui vient fur le Thym, & on l'ordonne en poudre ou en infufion pour purifier le fang ; elle a encore la propriété de lâcher le ventre.

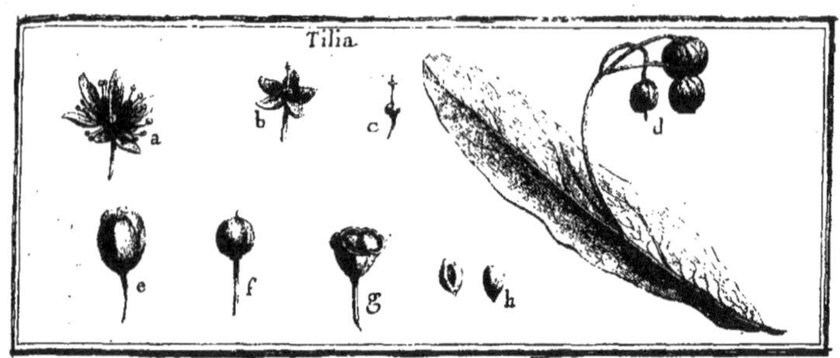

TILIA, Tournef. & Linn. TILLEUL.

DESCRIPTION.

LE calyce (*b*) de la fleur (*a*) du Tilleul eſt diviſé en cinq grandes découpures colorées, arrondies & creuſées en cuilleron.

Ce calyce porte cinq pétales ovales, un peu allongés, & dentelés par le bout. On apperçoit dans le milieu environ trente étamines aſſez longues.

Le piſtil (*c*) eſt compoſé d'un embryon arrondi, d'un ſtyle aſſez long, & d'un ſtigmate obtus & pentagonal.

L'embryon devient une capſule (*ef*) dure, à peu près arrondie, diviſée intérieurement en cinq loges (*g*) : elle devroit renfermer cinq ſemences (*h*) rondes; mais on n'y en trouve le plus ſouvent qu'une ; les autres avortent.

Les fruits tiennent ordinairement à un pédicule aſſez long (*d*), qui part du milieu d'une feuille particuliere, longue, étroite & colorée.

Les feuilles des Tilleuls ſont à peu près rondes, dentelées par les bords, & terminées en pointe; elles ſont ſoutenues par de longues queues, & poſées alternativement ſur les bran-

ches : quelquefois elles font chargées d'une galle qui diminue
beaucoup de leur agrément.

Les fleurs du Tilleul paroiffent dans le mois de Juin ; elles
répandent alors une odeur douce & agréable.

E S P E C E S.

1. *TILIA fœmina folio minore.* C. B. P.
    TILLEUL à petites feuilles ; ou TILLEUL DES BOIS ; par
    les Payfans, TILLAU.

2. *TILIA fœmina folio majore.* C. B. P.
    TILLEUL à grandes feuilles ; ou TILLEUL DE HOLLANDE.

3. *TILIA fœmina folio majore variegato.* M. C.
    TILLEUL à grandes feuilles panachées.

4. *TILIA foliis molliter hirfutis, viminibus rubris , fructu tetragono.* Raii.
    Sinopf.
    TILLEUL dont les feuilles font légerement velues, les jeunes
    branches teintes de rouge , & le fruit triangulaire.

5. *TILIA foliis majoribus mucronatis.* Gron.
    TILLEUL à grandes feuilles qui fe terminent par une pointe affez
    longue : on croit que cette efpece eft un des Tilleuls à grandes
    feuilles , dont il eft fait mention ci-après en parlant des ufages.

C U L T U R E.

On peut élever les Tilleuls de femences : fi l'on conferve
la graine pour ne la mettre en terre qu'au printemps, elle ne
leve fouvent que dans la feconde année ; mais fi on la mêle,
auffi-tôt qu'elle eft mûre, avec du fable ou de la terre pour la femer au printemps fuivant, elle leve fouvent dès la premiere année.
Comme les Tilleuls élevés de femences font long-temps à
parvenir à une grandeur convenable pour être plantés en avenues, les Jardiniers ont coutume de les élever de marcottes ;
pour cet effet ils coupent au raz de terre un gros Tilleul ; alors
la fouche pouffe quantité de jets vigoureux, & en couvrant
enfuite cette fouche avec de la terre , tous ces jets pouffent des
racines & fourniffent du plant en abondance. Les Tilleuls

souffrent très-bien d'être tondus au croiffant ou avec le cifeau : c'eft maintenant l'arbre à la mode ; & depuis qu'on s'eft dégoûté des Maronniers d'Inde, on n'en plante pas d'autres dans tous les jardins.

Les Tilleuls fe plaifent principalement dans les terres qui ont beaucoup de fond, plus légeres que fortes, & un peu humides.

U S A G E S.

Le Tilleul forme une très-belle tige ; il foutient bien fes branches, & fa tête prend naturellement une belle forme : de plus, comme on peut fans danger le tondre avec le croiffant ou les cifeaux, on en fait de beaux portiques, des boules en forme d'Orangers, &c.

L'efpece, n°. 1, fe trouve naturellement dans nos forêts ; où l'on en voit qui ont jufqu'à neuf pieds de circonférence fur trente ou quarante pieds de hauteur.

Le Tilleul vient naturellement à la Louyfiane & en Canada : nous en avons deux efpeces de ce pays, qui ont les feuilles beaucoup plus grandes que celles du Tilleul de Hollande.

On préfere, pour planter des fales dans les parcs, les efpeces, n°. 2 & 4, parce que leurs feuilles font beaucoup plus belles : l'efpece, n°. 3, eft finguliere à caufe de la panache de fes feuilles.

Le bois des Tilleuls eft blanc, léger ; il n'a pas beaucoup de dureté ; mais il eft liant, & il n'eft pas trop expofé à être piqué des vers : les Menuifiers en font quantité d'ouvrages légers ; les Tourneurs le recherchent ; & les Sculpteurs le préferent à tous autres, quand le Noyer leur manque.

Quand on a mis rouir ou tremper dans l'eau les Tilleuls, leur écorce fe détache par lames minces ; on en fabrique des cordes qui s'emploient à Paris pour garnir les puits.

Les fleurs du Tilleul en infufion font recommandées en Médecine pour les affections du cerveau, contre l'épilepfie, les vertiges & les étourdiffements ; les feuilles & l'écorce de cet arbre paffent pour être déterfives & apéritives ; & les femences, pour être aftringentes : on en fait refpirer par le nez pour arrêter les hémorrhagies de cette partie.

Tome II. Pl. 95.

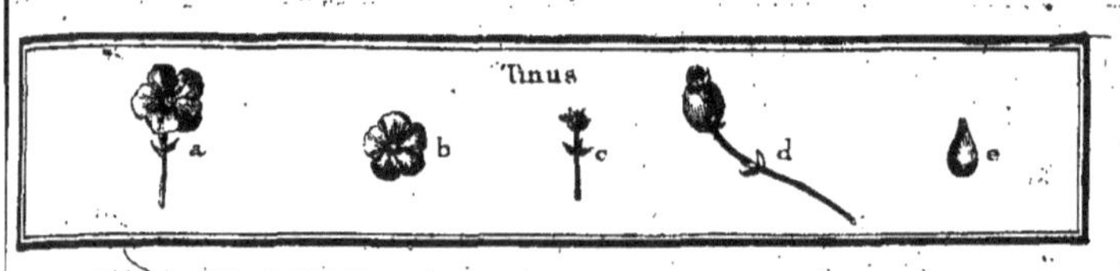

TINUS, Tournef. *& Linn. Gen. Plant.*
VIBURNUM, *Spec. Plant.* LAURIER-TIN.

DESCRIPTION.

LES fleurs (*a*) du Laurier-Tin font raſſemblées en om-belle ſortant d'une enveloppe générale, qui eſt compoſée de feuilles fort étroites : chaque fleur a un calyce particulier ; ce calyce eſt petit, diviſé en cinq ; il ſubſiſte juſqu'à la maturité du fruit.

Les fleurs n'ont qu'un pétale (*b*) figuré en cloche, diviſé en cinq parties qui ſont arrondies & terminées par une pointe obtuſe.

On trouve cinq étamines aſſez longues dans l'intérieur de ces fleurs.

Le piſtil (*c*) eſt compoſé d'un embryon arrondi, qui forme la partie inférieure du calyce ; au lieu de ſtyle, on apperçoit une glande figurée en poire, & ſurmontée de trois ſtigmates obtus.

L'embryon devient une baie (*d*) charnue, terminée par un umbilic que les échancrures du calyce couronnent ; cet embryon contient une ſeule ſemence (*e*) preſque ronde.

Les feuilles du Laurier-Tin ſont ſimples, entieres, ovales, terminées en pointe, fermes, luiſantes, d'un verd foncé, oppoſées ſur les branches : elles ne tombent point pendant l'hyver.

M. Linneus, dans ſes *Species Plantarum*, a réuni les *Lauriers-Tins* aux *Viburnum*.

ESPECES.

1. *TINUS prior.* Cluſ. *Laurus ſilveſtris*, *Corni femina foliis ſubhirſutis.*

Tome II.　　　　　　　　　　　　Vu

C. B. P. *Viburnum foliis integerrimis, ovatis, ramificationibus subtùs villoso-glandulosis.* Linn. Spec. Plant.
LAURIER-TIN ordinaire.

2. *TINUS alter.* Cluf.
LAURIER-TIN à feuilles allongées, veinées & à fleurs purpurines.

3. *TINUS tertius.* Cluf.
LAURIER-TIN nain à petites feuilles.

4. *TINUS prior Clusii, folio atroviridi splendente.* M. C.
LAURIER-TIN ordinaire, dont les feuilles font brillantes & d'un verd foncé.

5. *TINUS prior Clusii, foliis ex albo variegatis.* M. C.
LAURIER-TIN ordinaire, dont les feuilles font panachées de blanc.

6. *TINUS alter Clusii, foliis ex luteo variegatis.* M. C.
LAURIER-TIN à feuilles veinées & panachées de jaune.

CULTURE.

Les Lauriers-Tins peuvent fe multiplier par les femences, par marcottes & par des drageons enracinés qui fe trouvent auprès des gros pieds.

Ces arbriffeaux ne font point délicats fur la nature du terrein ; mais ils craignent les grandes gelées : nous en avons néanmoins dans des bofquets d'hyver, qui y fubfiftent depuis dix ans, fans autre précaution que de jetter dans l'automne un peu de litiere fur leurs racines.

On a coutume de les cultiver en caiffe : ils ornent les orangeries, parce qu'ils font en fleur pendant l'hyver.

USAGES.

Les Lauriers-Tins font de très-jolis arbriffeaux ; ils font ornés de fleurs en ombelle, qui fubfiftent prefque pendant toute l'année ; on doit, pour cette raifon, les mettre dans les bofquets d'hyver. Si des gelées trop fortes font périr les branches, la fouche repouffera bientôt de nouveaux jets, fur-tout fi l'on a foin de la protéger avec un peu de litiere.

Les baies des Lauriers-Tins font très-purgatives : mais on n'en fait pas d'ufage.

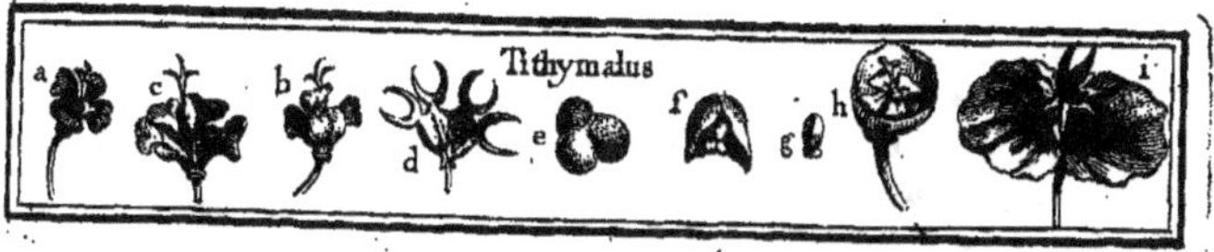

TITHYMALUS, Tourner. *EUPHORBIA*, Linn.
TITHYMALE.

DESCRIPTION.

LE Tithymale a une fleur (*a*) formée, fuivant M. de Tournefort, d'un pétale en cloche, dont les bords font diffé-
remment découpés, fuivant les efpeces. M. Linneus regarde
cette partie comme un calyce coloré, qui eft découpé en quatre
& quelquefois en cinq pieces; il fubfifte jufqu'à la maturité du
fruit : aux angles de ces découpures, on apperçoit de petites
feuilles, ou, fuivant M. Linneus, quatre ou cinq pétales épais,
dont la figure varie beaucoup dans les différentes efpeces.

On apperçoit dans la fleur douze étamines ou environ, qui
paroiffent fucceffivement; elles excedent le difque de cette
fleur, & elles prennent leur origine du bas de l'embryon : leurs
fommets font arrondis. Au milieu s'éleve le piftil (*b c d*) formé
d'un ftyle terminé par trois ftigmates, & d'un embryon ordinairement triangulaire. Cet embryon devient un fruit à trois
loges (*e*), chacune defquelles (*f*) contient une femence (*g*).

Plufieurs efpeces ont leurs fleurs entourées de deux feuilles
qui leur forment une efpece de foucoupe (*h i*) plus ou moins
creufée.

Les feuilles des Tithymales font unies, non dentelées, fucculentes, plus ou moins allongées, fuivant les efpeces, prefque toujours d'un verd tirant fur le bleu; elles font pofées alternativement fur les branches : toutes les parties de la plante
rendent une liqueur laiteufe.

V u ij

ESPECE.

TITHYMALUS Characias, rubens peregrinus. C. B. P.
TITHYMALE en arbriſſeau, dont les feuilles prennent une teinte
rougeâtre.

Nous ſupprimons quantité d'eſpeces de Tithymales, qui
pourroient ſervir à la décoration des jardins; mais comme ces
eſpeces perdent leurs tiges en hyver, elles ne peuvent faire
des arbriſſeaux.

CULTURE.

On pourroit élever les Tithymales de ſemence; mais la plupart fourniſſent abondamment des drageons enracinés: pluſieurs ſe plaiſent aſſez à l'ombre; & l'on peut dire en général
qu'ils ne ſont point délicats: on en voit quelquefois de très-
beaux pieds dans des terreins très-arides.

USAGES.

Comme l'eſpece, n°. 1, ne perd ni ſes branches, ni ſes
feuilles pendant l'hyver, on peut la placer dans les boſquets
de cette ſaiſon. Toutes les eſpeces de Tithymale ſont de violents purgatifs; & comme leur action laiſſe de fâcheuſes im-
preſſions dans l'eſtomac, on en fait très-rarement uſage.

TITHYMALUS, TITHYMALE. N°. 1. Page 340*
Tome II. Pl. 97.

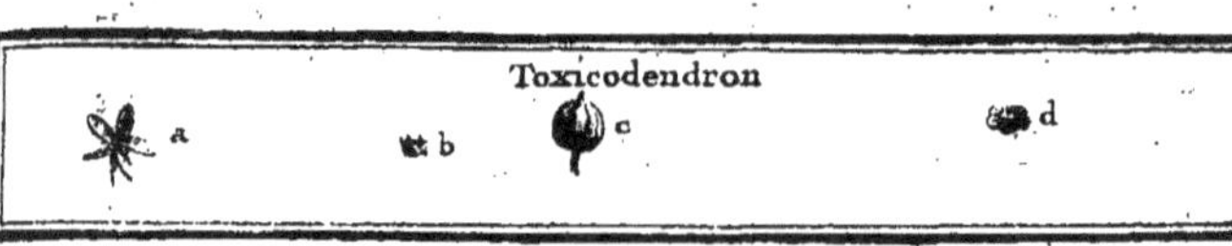

TOXICODENDRON, TOURNEF. *RHUS*, LINN.

DESCRIPTION.

LES fleurs (*a*) du Toxicodendron reſſemblent beaucoup à celles du Sumac : elles ſont compoſées d'un aſſez petit calyce (*b*) diviſé en cinq, & qui ſubſiſte juſqu'à la maturité du fruit ; de cinq pétales ovales, diſpoſés en roſe ; de cinq fort petites étamines, & d'un piſtil compoſé d'un embryon arrondi, couronné de trois petits ſtigmates ; on n'y apperçoit preſque pas de ſtyle.

L'embryon ſe change en une capſule (*c*) ſeche, liſſe & ſtriée : l'embryon du Sumac produit au contraire une baie couverte d'un peu de chair, & velue : la ſemence qu'on trouve dans l'intérieur de cette baie du Sumac, eſt ronde ; celle de la capſule du Toxicodendron eſt comprimée.

Les feuilles des Toxicodendron ſont poſées alternativement ſur les branches : celles des deux premieres eſpeces ſont compoſées de trois folioles ovales, attachées à l'extrêmité d'une queue commune ; celles de la troiſieme ſont formées d'un nombre de folioles longues, pointues, & attachées deux à deux ſur une nervure commune, qui eſt terminée par une foliole.

M. Linneus, dans ſon Livre des *Spec. Plant.* n'a fait qu'un ſeul genre du *Sumac*, du *Fuſtet* & du *Toxicodendron*, qu'il appelle *Rhus*.

ESPECES.

1. *TOXICODENDRON triphyllon, glabrum.* Inſt.
Toxicodendron qui porte trois grandes folioles liſſes.

2. *TOXICODENDRON triphyllon, folio ſinuato pubeſcente.* Inſt. *Rhus*

foliis ternatis, foliolis petiolatis, ovatis, acutis, pubefcentibus, nunc in-
tegris, nunc finuatis. Gron. Virg.
TOXICODENDRON qui porte trois folioles couvertes d'un duvet
fin & blanchâtre; ou HERBE A LA PUCE.

3. *TOXICODENDRON Carolinianum, foliis pinnatis, floribus minimis*
herbaceis. M. C. *RHUS foliis pinnatis, integerrimis.* Linn. Hort. Cliff.
TOXICODENDRON de Caroline, dont les feuilles font conjuguées, les fleurs vertes & fort petites; ou VERNIS.

CULTURE.

Tous les Toxicodendron peuvent fe multiplier de femences:
l'efpece, n°. 1, trace beaucoup; nous avons des bois qui en
ont été entierement garnis par quelques pieds que nous y avons
autrefois plantés.

L'efpece, n°. 2, qui a fes folioles beaucoup plus petites
que la précédente, & dont les folioles un peu velues font d'un
verd blanchâtre, ne s'étend pas autant que la précédente en tra-
çant; elle forme au contraire un petit buiffon compofé de quantité de jets enracinés, de forte qu'une feule touffe peut produire
une cinquantaine de pieds. Cette efpece croît en Canada fur
les rochers, & elle ne craint point par conféquent nos hyvers.

L'efpece, n°. 3, fait un joli arbufte, fur-tout en automne
où fes feuilles font d'un très-beau rouge : je crois que celle-ci
ne trace point.

USAGES.

Les Toxicodendron font des arbuftes de peu de mérite:
l'efpece, n°. 3, appellée *Vernis*, a un affez beau feuillage;
elle mérite d'être multipliée, afin d'effayer fi fa feve pourroit
fournir un beau vernis.

Tous les Toxicodendron font réputés plantes mal faifantes:
on prétend qu'étant pris intérieurement, ils empoifonnent;
leur fuc appliqué fur la chair, y caufe des éréfipelles; c'eft ce
qui leur a fait donner le nom d'*Herbe à la Puce* : c'eft traiter bien
favorablement une plante qui a caufé plufieurs fois en Canada
des éréfipelles très-fâcheufes.

TRAGACANTHA, TOURNEF. & LINN.
Gen. Plant. ASTRAGALUS, Linn. Spec. Plant.
BARBE-DE-RENARD.

DESCRIPTION.

LE calyce (*g*) de la fleur (*f*) de la Barbe-de-renard eſt d'une feule piece, diviſé en cinq par les bords : comme la fleur eſt du genre de celles qu'on nomme légumineuſes, elle a cinq pétales ; le pavillon (*vexillum*) eſt grand, ovale, échancré à ſon extrêmité ; à ſa naiſſance il enveloppe les aîles, puis il ſe releve par le bout.

Les aîles (*alæ*) ſont étroites, obtuſes, droites & preſque cachées par le pavillon.

La nacelle (*carina*) qui eſt compoſée de deux feuilles raſ-ſemblées à leur origine l'une auprès de l'autre, s'écarte un peu vers le bout ; ces deux feuilles ſont aſſez étroites & relevées par leur bout qui eſt arrondi.

On trouve dans l'intérieur dix étamines (*e*) réunies, & qui forment une gaîne par leurs filets : elles ſont preſque droites, égales, & terminées par des ſommets arrondis.

Le piſtil (*d*) eſt compoſé d'un embryon oblong, terminé par une trompe, de laquelle ſort un filet, à l'extrêmité duquel on voit un très-petit ſtigmate.

L'embryon devient une filique (*c*) courte, diviſée en deux (*b*) ſuivant ſa longueur : on trouve dans l'intérieur de cette fili-que quelques ſemences (*a*) de la forme d'un rein.

La Barbe-de-renard fait un fort petit arbuſte qui pouſſe

pluſieurs branches dures, velues & garnies d'épines longues &
roides: ſes feuilles ſont compoſées de petites folioles blanchâtres, rangées deux à deux ſur une nervure qui eſt terminée
par une pointe longue & dure: ſes fleurs naiſſent par bouquets
placés au bout des branches.

M. Linneus, dans ſes *Species Plantarum*, a réuni le *Tragacantha* aux *Aſtragalus*.

E S P E C E S.

1. *TRAGACANTHA Maſſilienſis.* J. B. *Astragalus aculeatus,
   fruticoſus, Maſſilienſis.* Pluk.
   BARBE-DE-RENARD de Marſeille.

2. *TRAGACANTHA altera, Poterium fortè Cluſio.* J. B.
   BARBE-DE-RENARD d'Eſpagne, dont les ſiliques n'ont qu'une
   cavité.

3. *TRAGACANTHA Alpina, ſemper virens, floribus purpuraſcentibus.*
   Inſt.
   BARBE-DE-RENARD à fleurs purpurines, & qui ne perd point
   ſes feuilles en hyver.

4. *TRAGACANTHA Cretica, incana, flore parvo, lineis purpureis
   ſtriato.* Cor. Inſt.
   BARBE-DE-RENARD de Crete, à petites fleurs ſtriées de lignes
   purpurines; ou BARBE-DE-RENARD du Levant.

C U L T U R E.

La Barbe-de-renard de Marſeille, qui eſt la ſeule que j'aie
cultivée, vient naturellement dans des lieux incultes, au bord
de la mer; elle ſubſiſte cependant très-bien dans nos jardins,
où je l'ai multipliée par marcottes.

U S A G E S.

Cet arbuſte ne peut fournir aucune décoration aux jardins;
car il eſt fort petit, & ſes fleurs blanchâtres n'ont rien de fort
brillant; d'ailleurs ſes longues épines qui reſſemblent à des branches mortes, le défigurent.

Les

Les Barbes-de-renard croiſſent aux environs d'Alep, en Candie, en pluſieurs autres lieux, & particulierement, comme l'a remarqué M. de Tournefort, ſur le mont Ida. Voyez ſon *Voyage, tome I, in-8°. Lettre I, page 65,* où il dit en avoir trouvé une grande quantité ſur les collines pelées des environs de la bergerie. Au commencement de Juin, & dans les mois ſuivants, ce petit arbuſte donne naturellement la *gomme adraganthe*; parce que dans ces temps de chaleur, le ſuc nourricier de cette plante étant épaiſſi, fait crever les vaiſſeaux qui le contenoient; ce ſuc s'accumulant, ſoit dans le cœur des tiges & des branches, ſoit dans les interſtices des fibres qui ſont diſpoſées en rayon, il ſe coagule dans les poroſités de l'écorce; il s'échappe & s'endurcit à l'air ſous la forme de grumeaux de la figure de vermiſſeaux, ou de lames tortuées plus ou moins longues: j'en ai eu un morceau qui avoit à peu près quatre lignes de largeur, une ligne & demie d'épaiſſeur, & plus de deux pouces de longueur; au reſte, il eſt bien rare d'en trouver d'auſſi gros morceaux.

Cette gomme doit être blanche, luiſante, légere, en petits morceaux de différentes figures; elle ne doit avoir ni goût, ni odeur, & elle doit être exempte de toute forte d'ordures.

J'en ai vu un petit morceau ſorti de l'eſpece, n°. 1, dans le jardin d'un Botaniſte de ma connoiſſance.

Quand on met tremper cette gomme dans l'eau, elle ſe gonfle beaucoup, & elle paroît comme une eſpece de gelée, belle, luiſante, un peu tranſparente: c'eſt ce mucilage de gomme adraganthe, qui ſert en Pharmacie à donner du corps à pluſieurs remedes dont on veut former des pillules.

Les Peintres en miniature rendent le vélin ſur lequel ils veulent peindre, auſſi uni qu'une table d'yvoire, en le verniſſant avec la gomme adraganthe; pour cela on met du mucilage de cette gomme dans un nouet de linge fin, & l'on en frotte le vélin.

On mêle cette gomme avec le lait pour faire des crêmes fouettées; les Pâtiſſiers l'emploient encore en place de blancs d'œufs.

La colle de farine eſt beaucoup meilleure, quand on mêle

un peu de gomme adraganthe avec l'eau qui fert à délayer la farine ; cette même gomme mêlée avec la colle forte, la rend plus tenace.

Employée feule en Médecine, elle eft humeʈante, rafraî-chiffante, incraffante ; elle calme la toux, les douleurs de colique, les ardeurs d'urine, &c.

Comme pour tous les ufages que nous venons de détailler, il eft quelquefois néceffaire de la réduire en poudre, il eft à propos d'avertir que l'on ne peut y parvenir qu'en faifant chauffer le mortier dans lequel on veut la piler.

Les Teinturiers emploient cette gomme pour donner de l'apprêt à la foie qu'ils mettent en couleur.

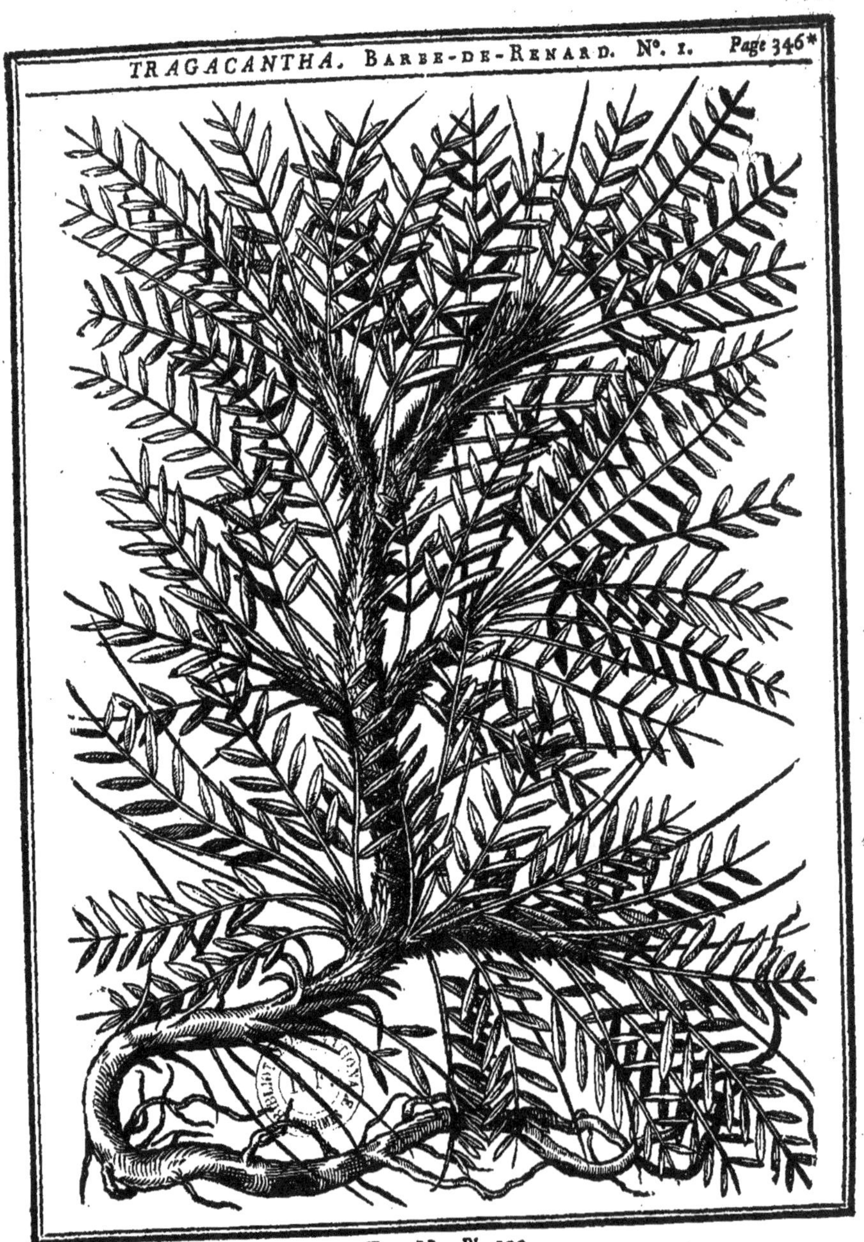

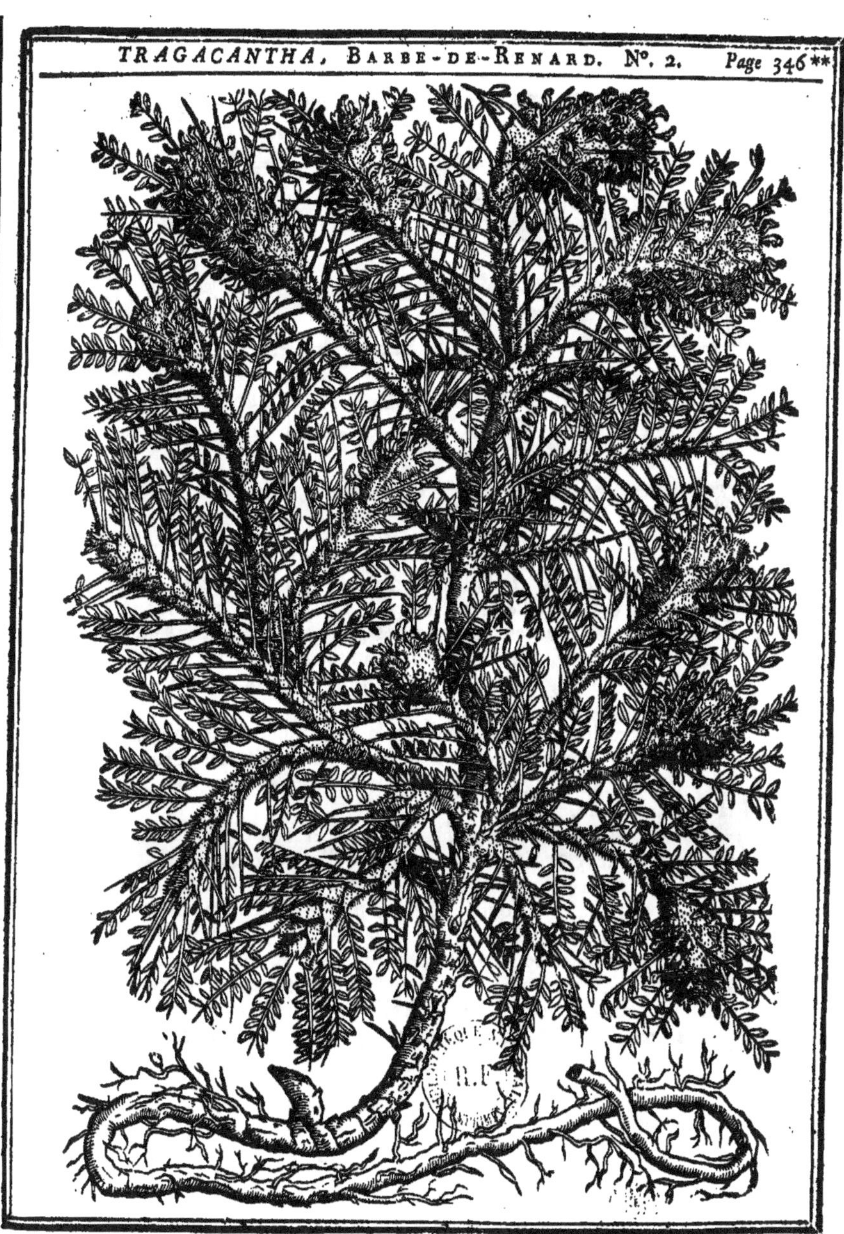

Tome II. Pl. 101.

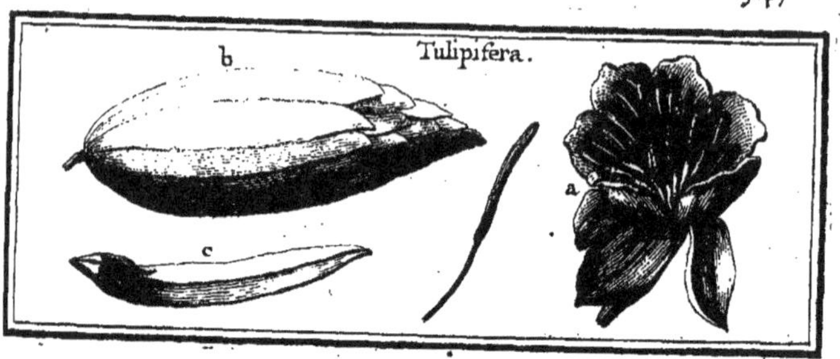

TULIPIFERA, Catesb. *LIRIODENDRUM*, Linn. TULIPIER.

DESCRIPTION.

LA fleur (*a*) du Tulipier eft formée par un calyce qui porte trois feuilles femblables à des pétales; elles font oblongues, creufées en cuilleron, & elles tombent en même temps que les pétales qui font au nombre de fix ou de neuf: ces pétales font grands, un peu allongés, arrondis par le bout, & difpofés en rofe.

On apperçoit dans l'intérieur de la fleur plufieurs étamines qui prennent leur naiffance à la bafe du piftil; elles font chargées de fommets longs & étroits, qui tirent leur origine de la bafe du pétale.

Le piftil eft formé d'un grand nombre d'embryons rangés en forme de cônes, & furmontés de ftyles fort courts.

Chaque embryon devient une capfule oblongue, étroite, renflée par fa bafe, & qui fe termine par un feuillet membraneux: on trouve une femence dans la bafe de cet embryon: toutes ces capfules réunies forment un fruit écailleux (*b*) qui a quelque rapport aux cônes des Sapins: les fleurs de cet arbre ont quelque reffemblance à celles des Tulipes.

Les feuilles du Tulipier font grandes, fermes, unies, échan

X x ij

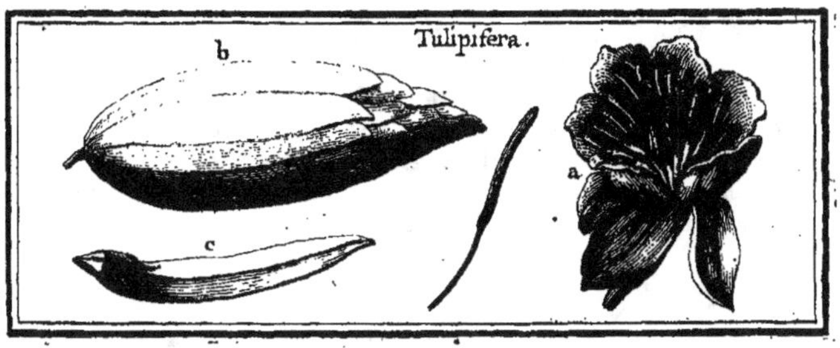

TULIPIFERA, Catesb. LIRIODENDRUM, Linn. TULIPIER.

DESCRIPTION.

LA fleur (*a*) du Tulipier eft formée par un calyce qui porte trois feuilles femblables à des pétales; elles font oblongues, creufées en cuilleron, & elles tombent en même temps que les pétales qui font au nombre de fix ou de neuf: ces pétales font grands, un peu allongés, arrondis par le bout, & difpofés en rofe.

On apperçoit dans l'intérieur de la fleur plufieurs étamines qui prennent leur naiffance à la bafe du piftil; elles font chargées de fommets longs & étroits, qui tirent leur origine de la bafe du pétale.

Le piftil eft formé d'un grand nombre d'embryons rangés en forme de cônes, & furmontés de ftyles fort courts.

Chaque embryon devient une capfule oblongue, étroite, renflée par fa bafe, & qui fe termine par un feuillet membraneux: on trouve une femence dans la bafe de cet embryon: toutes ces capfules réunies forment un fruit écailleux (*b*) qui a quelque rapport aux cônes des Sapins: les fleurs de cet arbre ont quelque reffemblance à celles des Tulipes.

Les feuilles du Tulipier font grandes, fermes, unies, échan-

X x ij

crées, d'un beau verd ; comme il fémble qu'elles foient coupées par le bout, & perpendiculairement à la nervure du milieu, cela leur donne une forme très-finguliere ; elles font fupportées par de longues queues affez fortes pour les foutenir fans qu'elles pendent ; deux grandes ftipules ovales accompagnent ces feuilles à leur infertion fur les branches, fur lefquelles elles font pofées alternativement.

E S P E C E.

1. *TULIPIFERA Virginiana, tripartito Aceris folio, media lacinia veluti abfcifa.* Pluk. Alm.

    Tulipier de Virginie à feuilles d'Erable, qui femblent coupées par le bout : en Canada, Bois - jaune.

TULIPIFERA Virginiana, &c. Pluk. Voyez Magnolia.

C U L T U R E.

Les Tulipiers s'élevent ici des graines qui nous font envoyées de Canada & de la Louyfiane ; on peut encore multiplier ces arbres par des marcottes, ainfi que les Tilleuls.

    Cet arbre fe plaît particulierement dans les terreins humides, & il ne vient que très-lentement dans les lieux fecs.

U S A G E S.

    Le Tulipier eft un des plus beaux arbres qu'on puiffe cultiver : il vient d'une hauteur & d'une groffeur furprenante ; fes feuilles font auffi belles que celles des Platanes d'Occident ; fes fleurs font grandes & belles ; il eft donc convenable de multiplier beaucoup cet arbre pour en planter dans les maffifs des bois, & pour en faire de fuperbes avenues.

    Les Tulipiers que nous élevons font encore trop jeunes pour que nous puiffions rien dire de certain fur la qualité de leur bois. Nous fommes cependant affurés que dans quelques endroits du Canada, ce bois paffe pour être le meilleur que l'on puiffe employer pour faire des pirogues ou canots d'une feule piece.

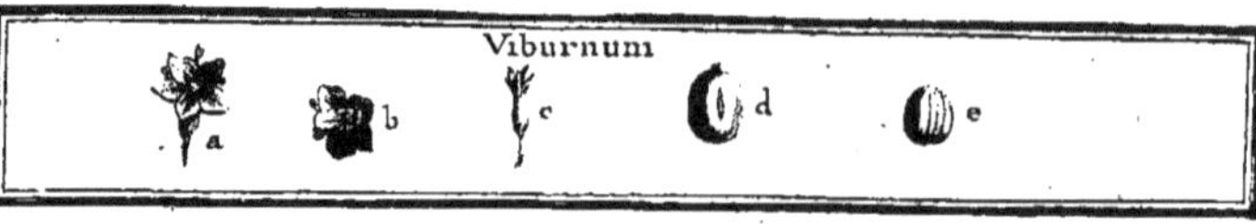

VIBURNUM, Tournef. *&* Linn. VIORNE.

DESCRIPTION.

LA Viorne porte fes fleurs en ombelle; chaque bouquet de fleurs fort d'une enveloppe colorée, qui tombe avant la formation du fruit. Chaque fleur (*a*) a un petit calyce (*c*) d'une feule piece, divifé en cinq, & qui fubfifte jufqu'à la maturité du fruit. Le pétale (*b*) eft en forme de cloche divifée en cinq parties arrondies : on trouve dans l'intérieur de ces fleurs cinq étamines affez longues, terminées par des fommets arrondis.

Le piftil eft formé par un embryon qui fait partie du calyce : au lieu de ftyle on trouve une efpece de glande formée en poire, couronnée de trois petits ftigmates.

L'embryon renfermé dans le calyce, devient une baie (*d*) charnue, arrondie, applatie, & qui renferme un noyau (*e*) applati, dur & ftrié ; cette baie eft couronnée par les échancrures du calyce.

Les feuilles de la Viorne, n°. 1, font entieres, ovales, affez grandes, épaiffes & relevées en deffous de groffes nervures, creufées & fillonnées par le deffus, légerement velues, mais plus en deffous qu'au deffus, d'un verd terne par deffus, & blanchâtre par deffous ; enfin elles font oppofées fur les branches.

Les feuilles des efpeces, n°. 4 & 5, font moins grandes, mais d'un verd plus brillant.

ESPECES.

1. *VIBURNUM.* Matth.
  Viorne ordinaire; ou Coudre-moinsinne: quelques-uns
  difent Mansienne.

2. *VIBURNUM folio variegato.* M. C.
  Viorne ordinaire à feuilles panachées.

3. *VIBURNUM Canadenfe præcox.*
  Viorne de Canada à feuilles liffes & qui fleurit de bonne heure.

4. *VIBURNUM Canadenfe, glabrum.* Vaill. Act. Acad. *Vel Viburnum
  foliis fubrotundis, crenato-ferratis, glabris.* Gron. Fl. Virg.

5. *VIBURNUM Phyllirea foliis Americanum.* Viorne d'Amérique à
  feuilles de Filaria. *Cassine vera perquàm fimilis arbufcula,
  Phyllirea foliis antagoniftis, ex Provincia Caroliniana.* Pluk. Matt.
  Viorne en arbufte, qui reffemble au vrai *Caffine*, & qui a les
  feuilles oppofées comme le *Filaria*; ou Thé de Caroline.

6. *VIBURNUM foliis ovatis, dentato-ferratis.* Linn. Spec. Plant.
  Viorne à feuilles ovales, dentelées.

7. *VIBURNUM foliis ovatis integerrimis.* Linn. Hort. Upf.
  Viorne à feuilles ovales, fans dentelures.

M. Linneus, dans fes *Spec. Plant.* a réuni aux *Viburnum*
les *Tinus* & les *Opulus.*

CULTURE.

La Viorne fe multiplie aifément par les femences, par les
marcottes, & même par les boutures : on trouve l'efpece,
n° 1, dans les haies & dans les bois, où ces arbuftes viennent
fans aucune culture.

L'efpece, n°. 5, peut être élevée en efpalier, fi l'on a foin
de la couvrir légérement pendant l'hyver.

Toutes les autres efpeces fupportent très-bien les gelées de
notre climat.

Tome II. Pl. 103.

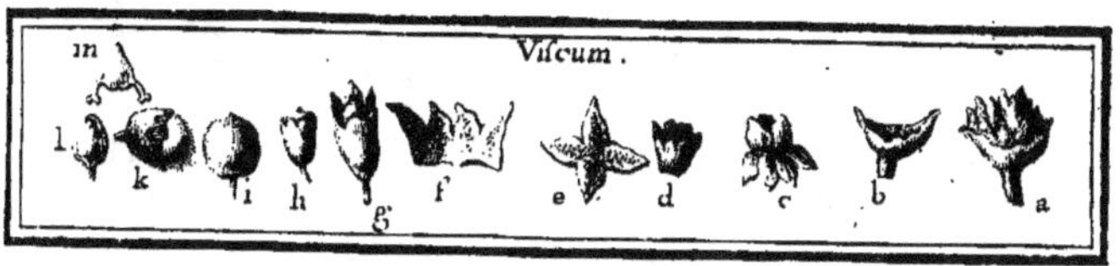

VISCUM, TOURNEF. & LINN. GUI.

DESCRIPTION.

ON apperçoit dans ce genre des individus mâles qui ne portent que des fleurs, & des individus femelles qui donnent des fruits.

Les fleurs mâles (*c d*) ont un calyce ou pétale d'une seule piece divisée en quatre parties épaisses, ovales & égales.

Quatre étamines (*e f*), ou plutôt quatre sommets, sont immédiatement attachés aux échancrures de ce calyce.

Les fleurs femelles (*g*) sont formées par l'embryon qui est couronné de quatre petites feuilles : il importe peu qu'on les admette comme petales ou comme échancrures d'un calyce dont l'embryon feroit partie.

On apperçoit entre ces especes de pétales un stigmate (*h*) immédiatement attaché à l'embryon; cet embryon devient une baie (*i*) ronde, molle, succulente, & qui contient une substance gluante (*k*). On trouve dans l'intérieur une semence quelquefois ovale (*l*), le plus souvent triangulaire (*m*), ou de quelque autre forme, suivant la quantité de germes qu'elle contient: mais cette semence est toujours applatie.

Les fleurs, soit mâles, soit femelles, sont rassemblées par bouquets (*a*) dans les aisselles des feuilles, ou aux extrêmités des branches: elles sont contenues dans un calyce commun (*b*).

Les feuilles du Gui ne tombent point en hyver; elles sont opposées sur les branches, épaisses & charnues sans être succulentes; elles sont entieres; elles paroissent lisses & unies; mais quand on les examine avec attention, on apperçoit cinq

ou fix nervures qui partent du pédicule, & qui s'étendent jufqu'à l'extrêmité : leur forme eft un ovale très-allongé.

Les branches font droites d'un nœud à un autre ; mais à
chaque nœud elles perdent leur direction, & elles s'inclinent
en divers fens.

ESPECE.

1. *VISCUM baccis albis.* C. B. P. *mas & femina.*
Gui dont les baies font blanches.

CULTURE.

Le Gui ne peut s'élever fur la terre : je l'ai tenté inutilement;
mais je l'ai femé & élevé fur différentes efpeces d'arbres.

Les radicules de cette plante fortent des femences comme
des efpeces de trompes (*m*) évafées par le bout ; elles fe recourbent & gagnent l'écorce de l'arbre où elles s'attachent &
où elles jettent des racines qui rampent dans le liber ou dans
la fubftance qui eft entre l'écorce & le bois, & qui doit de-
venir ligneufe ; & quand cette fubftance a acquis cet état,
alors les racines du Gui fe trouvent engagées dans le bois, &
elles le font d'autant plus qu'il s'eft formé un plus grand nombre de couches ligneufes. J'ai obfervé qu'il arrive quelquefois
que les gros pieds du Gui fe greffent fur les branches dont ils
tiroient leur nourriture par leurs racines ; dans ce cas les racines
de cette plante périffent, & l'arbufte fe nourrit, à la maniere
des arbres greffés, par un abouchement immédiat de fes vaiffeaux avec ceux de l'arbre auquel il eft attaché.

USAGES.

Quoique le Gui conferve fes feuilles pendant l'hyver, cette
plante parafite ne peut fervir à la décoration des jardins. Elle
fatigue les arbres auxquels elle s'attache, & préfente en hyver,
çà & là, des touffes vertes qui n'ont rien d'agréable. On faifoit
autrefois de la Glu avec le Gui ; mais on préfere maintenant
la fubftance que fournit l'écorce du Houx : voici comme on
fait la Glu du Gui.

Les Payfans prennent l'écorce du Gui, qu'ils pilent entre deux pierres, & ils en forment des boules de la groffeur d'un petit œuf, qu'ils lavent dans l'eau à plufieurs reprifes, en les preffant entre leurs doigts pour féparer les filaments de la fubftance glutineufe qui leur fert à prendre de petits oifeaux.

Les grives, les merles & quantité d'autres oifeaux fe nourriffent des baies du Gui pendant l'hyver.

On dit que les baies de cette plante, prifes intérieurement, purgent violemment; mais comme elles caufent des inflammations d'entrailles, on n'en fait point d'ufage en *Médecine* : les Chirurgiens appliquent de la Glu fur les tumeurs pour les conduire à fupuration.

Le bois du Gui, principalement de celui qui a crû fur le Chêne, eft recommandé pour les affections du cerveau, pour les vertiges, les étourdiffements, l'épilepfie, &c.

On a long-temps cru que les femences du Gui étoient incapables de germer, fi elles n'avoient auparavant paffé par l'eftomac des oifeaux qui fe nourriffent de leurs baies : cette opinion eft une erreur; car il ne faut qu'un degré convenable d'humidité pour exciter leur germination. J'en ai vu germer non feulement fur l'écorce de différents arbres, mais même fur des pieces de bois coupé, fur des tuiles, fur la terre, &c. Quand ces femences fe trouvent dans des circonftances convenables, les unes jettent un feul germe, d'autres en produifent deux, trois & même quatre. Ces germes fe montrent fous la forme de la trompe d'un infecte, & paroiffent en faire l'office: on voit en (*m*) deux de ces germes qui paroiffent comme une petite boule attachée à l'extrêmité d'un pédicule. Comme j'avois mis de ces femences à la partie fupérieure & au deffous de quelques branches qui étoient dans une pofition horizontale, j'ai été à portée d'obferver une fingularité qui eft bien digne de remarque.

On fait que dans quelque fituation que foit un gland, le germe ou la jeune racine defcend toujours vers le bas; il n'en eft pas de même de la femence du Gui; la jeune racine fe recourbe en tout fens pour atteindre le corps auquel la femence eft appliquée par fa fubftance vifqueufe; quand la boule touche au corps qui fupporte la femence, elle s'ouvre &

repréfente alors l'extrêmité d'un cor-de-chaffe, le deffous paroît comme glanduleux, & cette partie évafée s'applique exactement fur l'écorce de l'arbre; alors le corps de la femence
fe fépare en autant de parties qu'il y a eu de germes; ces
portions de femence fe redreffent & produifent en premier
lieu des feuilles, puis des branches qui ne paroiffent pas avoir,
comme celles des autres plantes, une difpofition à s'élever vers
le haut : fi le pied du Gui a pris naiffance fur une branche,
les tiges s'élevent; fi au contraire il eft placé au deffous de la
branche, les tiges defcendent.

Le Gui eft donc une plante parafite qui fe nourrit de la feve
des arbres où il eft attaché. Nous avons déja dit comment les
racines fe trouvent quelquefois engagées très-avant dans le
bois, fans pour cela qu'elles aient la force de pénétrer un
corps auffi dur. Nous ne nous arrêterons pas plus long-temps
fur la façon finguliere de végéter de cette plante, nous nous
contenterons de dire que nous en avons femé & élevé fur
des Pommiers, fur des Poiriers, fur de l'Epine-blanche, fur
des Saules, des Peupliers, des Tilleuls, des Pins, &c.

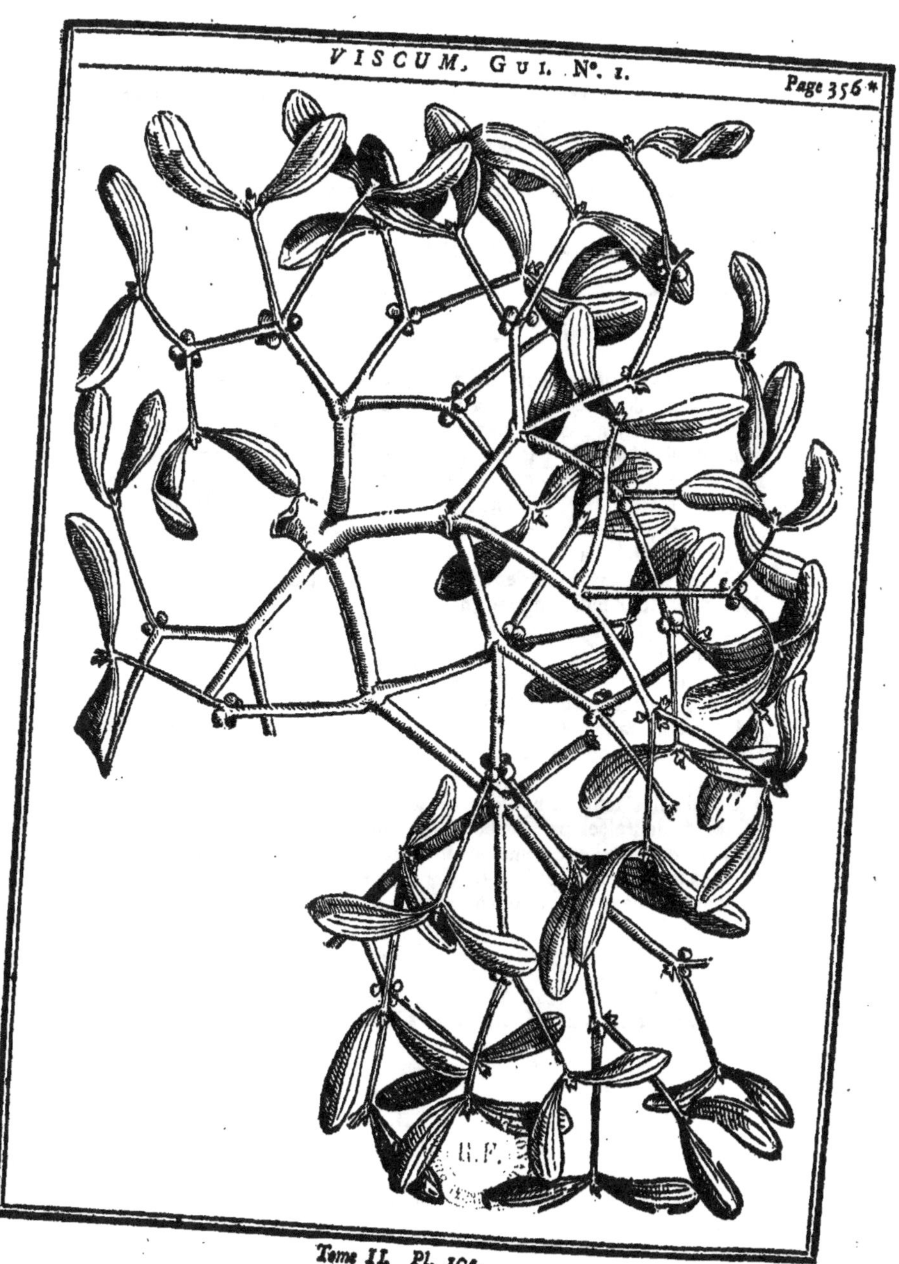

Tome II. Pl. 104.

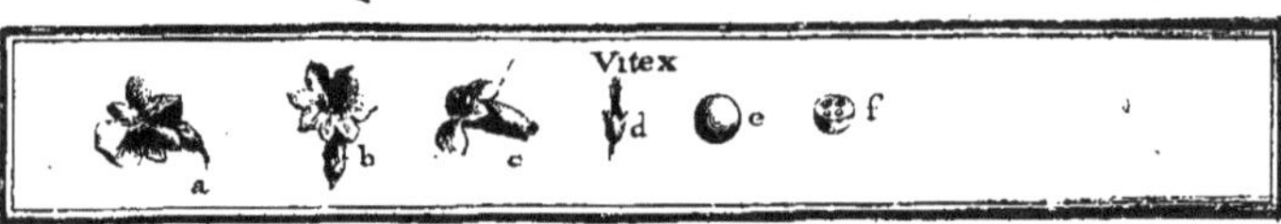

VITEX, Tournef. & Linn. ou *AGNUS-CASTUS.*

DESCRIPTION.

LE calyce de la fleur (*a*) du *Vitex* eſt d'une ſeule piece, figuré comme un cornet fort court, & diviſé en cinq; cette fleur (*b*) n'a qu'un pétale (*c*) qui eſt en tuyau: ce pétale eſt diviſé en ſix par une de ſes extrêmités; l'échancrure ſupérieure eſt large & courte, les quatre échancrures latérales ſe reſſemblent, & l'inférieure eſt plus grande & plus allongée que toutes les autres; ce qui donne à cette fleur le port d'une fleur en gueule.

On trouve dans l'intérieur de cette fleur quatre étamines, dont deux ſont plus longues que les deux autres.

Le piſtil (*d*) eſt formé d'un embryon arrondi, & d'un ſtyle terminé par deux ſtigmates aſſez longs.

L'embryon devient un fruit rond (*e*) diviſé en quatre loges (*f*), dans leſquelles on trouve autant de ſemences.

Les fleurs raſſemblées à l'extrêmité des branches, forment des pyramides ou des épis qui ont quelquefois un pied de longueur.

Les feuilles ſont compoſées de folioles longues, étroites, pointues, dentelées par les bords, & ordinairement attachées trois ou cinq au bout d'une queue commune; elles ſont d'un verd blanchâtre & oppoſées ſur les branches.

Toute la plante a une odeur aſſez forte.

ESPECES.

1. *VITEX latiore folio.* C. B. P.
   Vitex à feuilles larges, ou Agnus-Castus.

2. *VITEX foliis angustioribus, Cannabis modo dispositis.* C. B. P.
Vitex à feuilles de Chanvre.

3. *VITEX foliis angustioribus, Cannabis modo dispositis, floribus cæruleis.* H. L. B.
Vitex à feuilles de Chanvre & à fleurs bleues.

4. *VITEX, sive Agnus flore albido.* H. R. Par.
Vitex à fleurs blanchâtres.

5. *VITEX, sive Agnus minor, foliis angustissimis.* H. R. Par.
Vitex à feuilles très-étroites.

CULTURE.

Le *Vitex* se multiplie très-facilement par les semences & par les marcottes; il réussit assez bien dans toutes sortes de terreins.

USAGES.

Les *Vitex* font de très-jolis arbrisseaux dans le mois de Juillet; temps où ils sont en fleurs; l'extrémité de toutes les branches qui se répandent de côté & d'autre, est alors chargée de longs épis de fleurs qui font un fort bel effet. Ces arbrisseaux doivent donc servir à la décoration des bosquets d'été.

Les feuilles du *Vitex* passent pour être émollientes; & l'on prétend que ses semences font un préservatif efficace contre les mouvements de l'incontinence.

Toutes les parties de ces arbrisseaux répandent une odeur peu agréable.

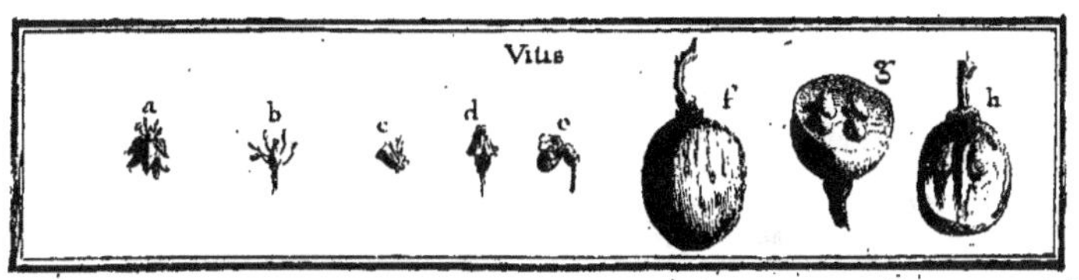

VITIS, Tournef. & Linn. VIGNE.

DESCRIPTION.

LA fleur (*a*) de la Vigne a un petit calyce que l'on prend droit pour un évasement du pédicule : ce calyce a cinq petites pointes ou onglets, & il porte autant de pétales (*c*) verds, petits, & qui, en se réunissant par la pointe, forment une pyramide pentagonale : quelquefois cependant ces pétales s'ouvrent, & laissent paroître cinq étamines (*b*) chargées de sommets, & un pistil formé d'un embryon ovale, immédiatement couronné d'un stigmate obtus & sans style.

L'embryon devient une baie ou grain (*f*) rond ou ovale, charnu, très-succulent, dans lequel on trouve quelquefois cinq semences (*g h*) ou pepins durs, figurés en larmes ; mais le plus souvent on y en voit d'avortés, & l'on n'en trouve le plus ordinairement qu'un, deux, trois ou quatre.

Quand les pétales sont unis & collés les uns aux autres par la pointe, il arrive souvent que les étamines qui font effort pour s'allonger, paroissent entre ces pétales qui alors forment au milieu de la fleur une espece de pyramide (*d*) ; d'autres fois elles détachent les pétales, & il ne reste que les étamines & le pistil.

La Vigne est une plante sarmenteuse, qui s'attache avec ses mains ou vrilles à tout ce qu'elle rencontre : ses feuilles sont d'un beau verd ; elles sont grandes, découpées par les bords, posées alternativement sur les branches ou sarments. Les vrilles ou mains, ainsi que les grappes, sont toujours opposées aux feuilles.

E S P E C E S.

1. *VITIS vinifera.* C. B. P.
Toute efpece de Vigne dont le fruit fert à faire du Vin.

2. *VITIS foliis laciniatis.* Cornu.
Vigne à feuilles profondément découpées; ou Ciotat.

3. *VITIS præcox Columellæ.* H. R. P.
Vigne précoce de Columelle.

4. *VITIS quinquefolia Canadenfis fcandens.* Inft.
Vigne de Canada à cinq feuilles; ou Vigne-vierge.

5. *VITIS Virginiana filveftris.* Park.
Vigne fauvage de Virginie.

6. *VITIS Virginiana alba vulpina.* Park.
Vigne de Virginie à fruit blanc, dite Vigne-de-renard.

7. *VITIS Canadenfis Aceris folio.* Inft.
Vigne de Canada à feuilles d'Erable.

8. *VITIS Petrofelini folio, Caroliniana.*
Vigne de Virginie à feuilles de Perfil.

Nous croyons inutile de rapporter ici plufieurs autres efpeces de Raifins; les uns bons à faire du Vin, les autres qui font excellents à manger.

Nous avons élevé de pepin une Vigne de Canada qui eft, je crois, l'efpece, n°. 7: elle pouffe & fleurit plus de quinze jours avant les autres Vignes; mais tout fon fruit coule: elle fe dépouille auffi plutôt que nos Vignes de France.

Nous avons encore élevé de la même maniere une autre efpece de Vigne de Canada, dont les feuilles font entieres & affez femblables à celles du Mûrier à belles feuilles, & qui n'a pas les feuilles découpées; mais les pieds de cette Vigne font encore trop jeunes pour pouvoir nous donner du fruit.

C U L T U R E.

On ne s'avife point de femer les pepins des Raifins pour
multiplier

multiplier la Vigne ; ce procédé feroit trop long. Nous avons confervé pendant douze à quinze ans un pied de Vigne élevé de pepin ; il couvroit toute une muraille, & il ne nous a jamais donné un grain de Raifin. La Vigne fe multiplie très-aifément par marcottes & par boutures ; on peut encore greffer la Vigne : c'eft tout ce que nous dirons ici de la culture de cette plante ; car fi nous entreprenions de la détailler, nous aurions de quoi former un volume fur cette matiere.

La Vigne croît naturellement dans les bois de la Louyfiane & du Canada ; elle s'y multiplie d'elle-même, peut-être quelquefois par rejettons ; mais il eft vrai-femblable que c'eft le plus fouvent par femences, ce qui doit occafionner le grand nombre d'efpeces ou de variétés qu'on y rencontre : aucune de ces efpeces jufqu'à préfent n'a paru reffembler entierement à celles de France. On ne fait point de vin ni dans l'une ni dans l'autre de ces Colonies : en Canada on ne cultive pas même pour manger, aucune des efpeces du pays ; on préfere celles de France, quoique difficiles à préferver des rigueurs de l'hyver de ce climat. Les Raifins du pays viennent rarement à maturité dans la faifon où l'on pourroit en faire ufage ; on en a cependant vu à Quebec qui étoient mûrs à la fin du mois de Septembre ; le grain en étoit très-petit, il avoit bon goût ; mais la peau en étoit très-épaiffe : ils contenoient quantité de gros pepins & très-peu de jus d'un rouge très-foncé.

USAGES.

On fait qu'en écrafant & en exprimant fous des preffoirs le fuc des Raifins au fortir de la Vigne, on en obtient une liqueur ambrée, douce & très-fucrée ; c'eft ce qu'on appelle *Vin doux* ou *Moût* (*Muftum*). On met enfuite cette liqueur dans des tonneaux, où, en fe fermentant & fe dépurant, elle acquiert de la force, & elle forme un Vin plus ou moins bon & plus ou moins fpiritueux, felon l'efpece de Raifin, la nature du fol & le degré de maturité du fruit qu'on y a employé. Si l'on diftille cette liqueur, on en retire une eau-de-vie ou un efprit-de-vin. Si le vin continuoit à fermenter, il deviendroit alors trop acide, & formeroit le vinaigre. Nous n'en dirons pas davantage fur cette matiere qui nous meneroit trop loin.

Abftraction faite du Raifin, qui, comme l'on fait, eft un des meilleurs fruits de l'automne, toutes les efpeces de Vignes portent un très-beau feuillage, & elles couvrent admirablement bien les murailles. L'efpece, n°. 2, a un feuillage fingulier. On ne cultive la Vigne-vierge, n°. 4, dont le fruit n'eft d'aucun ufage, qu'à caufe qu'elle couvre en peu de temps les murailles, & que l'on en peut faire des tonnelles pour l'ornement des jardins. En automne fes feuilles rougiffent, & alors un mur qui en eft garni, paroît couvert d'une tapifferie d'une couleur vive : il eft étonnant quelle étendue prend quelquefois un feul pied de Vigne-vierge.

Dans les pays de Vignobles, on trouve dans les haies des pieds de Vignes, qui n'étant point taillés, pouffent de longs farments : les Pêcheurs du Bordelois ramaffent avec foin ces farments ; ils les tordent fur eux-mêmes comme des harts ; ils en réuniffent enfuite plufieurs enfemble, & en font des cordes qui fervent à amarrer leurs canots & leurs filets.

On fe chauffe avec les farments que l'on coupe dans le temps de la taille : la chaleur de ce feu paffe pour être très-falutaire contre les rhumatifmes.

Le marc qui fort du preffoir étant pourri en terre pendant un an, fournit aux Vignes un engrais qui n'altere point la qualité du vin. On affure qu'il eft auffi très-propre aux Afperges. Le marc nouvellement exprimé s'échauffe beaucoup ; & comme il contient quantité de parties fpiritueufes, on l'emploie, comme un remede efficace, contre les rhumatifmes & les engourdiffements des membres : la façon d'appliquer ce remede eft d'enfouir dans un tas de marc échauffé le membre affligé.

Si l'on veut faire promptement de bon vinaigre, il faut mettre du marc frais plein une futaille ; & quand ce marc eft échauffé on l'arrofe de plufieurs feaux de vin ; au bout de quelques jours le vin eft converti en très-bon vinaigre. Enfin c'eft avec la lie de vin, defféchée & brûlée, qu'on fait les Cendres gravelées.

Tome II. Pl. 106.

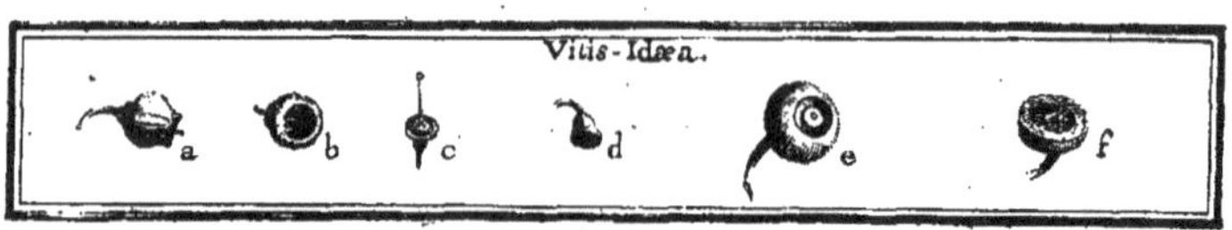

VITIS-IDÆA, TOURNEF. VACCINIUM, LINN.

AIRELLE *ou* MYRTILLE; LUCET en Bretagne;

BLUET en Canada; MAURETS en Normandie.

DESCRIPTION.

LE calyce de la fleur (*a*) de l'Airelle eſt petit; dans quelques eſpeces il eſt diviſé en quatre, dans d'autres il n'a
aucunes diviſions. Le pétale eſt d'une ſeule piece en forme de
cloche, ou plutôt de grelot, diviſé en quatre parties qui ſont
quelquefois à peine ſenſibles.

Ce pétale (*b*) eſt percé d'un grand trou par en bas, & il tombe
tout d'une piece.

On trouve ordinairement dans l'intérieur huit étamines chargées de ſommets fourchus.

Le piſtil (*c*) eſt compoſé d'un embryon qui fait partie du
calyce, d'un ſtyle & d'un ſtigmate obtus.

L'embryon devient une baie (*e*) ſucculente, ronde, terminée
par un umbilic; cette baie contient pluſieurs ſemences menues (*f*).

Les feuilles de cet arbuſte ſont ovales, oblongues, un peu
plus grandes que celles du Buis, mais moins fermes, dentelées
par les bords, & poſées alternativement ſur les branches.

ESPECES.

1. *VITIS-IDÆA foliis oblongis albicantibus.* C. B. P.
   AIRELLE à feuilles longues & blanchâtres.

2. *VITIS - IDÆA Canadensis, Myrti folio sarrac.* Inst.
AIRELLE de Canada à feuilles de Myrte ; en Canada BLUET.

3. *VITIS - IDÆA magna quibusdam ; sive Myrtilus grandis.* J. B.
Grande AIRELLE ou grand MYRTILLE.

4. *VITIS - IDÆA foliis oblongis, crenatis, fructu nigricante.* C.B.P.
AIRELLE ou MYRTILLE des bois.

5. *VITIS - IDÆA Canadensis, Pyrola folio sarrac.* Inst.
AIRELLE de Canada à feuilles de Pyrolle.

6. *VITIS - IDÆA Canadensis, Alaterni folio.* Sarrac.
AIRELLE de Canada à feuilles d'Alaterne.

7. *VITIS - IDÆA folio subrotundo, non crenato, baccis rubris.* C. B. P.
AIRELLE à feuilles arrondies, non dentelées, dont les baies
font rondes.

CULTURE.

Quand ces petits arbustes se plaisent dans un bois, ils s'y
multiplient à l'excès ; mais on a bien de la peine à les élever
dans les jardins.

USAGES.

La difficulté qu'il y a à élever les Myrtilles dans les jardins,
fait qu'on n'en peut pas faire usage pour leur décoration.

L'espece, n°. 4, porte des baies violettes, qui sont assez
agréables à manger : on prétend qu'elles font propres à arrêter
les dévoiements ; on les nomme en basse Normandie *Maurets*,
& ailleurs *Bluets*.

Cet arbuste croît à une grande hauteur dans les forêts de
la Louysiane ; son fruit y est estimé, & en l'écrasant dans de
l'eau, on en fait une liqueur fort agréable.

On nous envoie de Canada sous le nom d'*Atoca* des fruits
d'un petit arbuste qui est de même genre que l'*Oxicoccus*,
Canne-berge de Tournefort. M. Rai l'a appellé, *Vitis - Idæa
palustris Virginiana fructu majore* ; ce petit arbuste est rampant,
& vient dans des terreins tremblants & couverts de mousse.

au deſſus de laquelle il n'en paroît que de petites branches fort
menues ; les feuilles, qui ſont très-petites & ovales, ſont alternes ; d'entre leurs aiſſelles naiſſent des pédicules longs d'un
pouce, qui ſoutiennent une fleur à quatre pétales diſpoſés en
roſe ; le calyce a la même figure, & renferme un piſtil dont
la baſe devient un fruit rouge, gros comme une Ceriſe ; ce
fruit contient des ſemences rondes ; il eſt acide & très-bon à
manger en compote ; il a cet avantage, qu'il ſe conſerve très-
long-temps ſans ſe gâter. Nous en avons reçu de Canada qui
avoient été mis dans des pots ſans aucune précaution, & qui
cependant étoient encore bons à faire des compotes vers le
Carême.

Il eſt bon de faire remarquer que l'*Aralia* eſt un genre très-
différent de ce qu'on appelle Airelle en François.

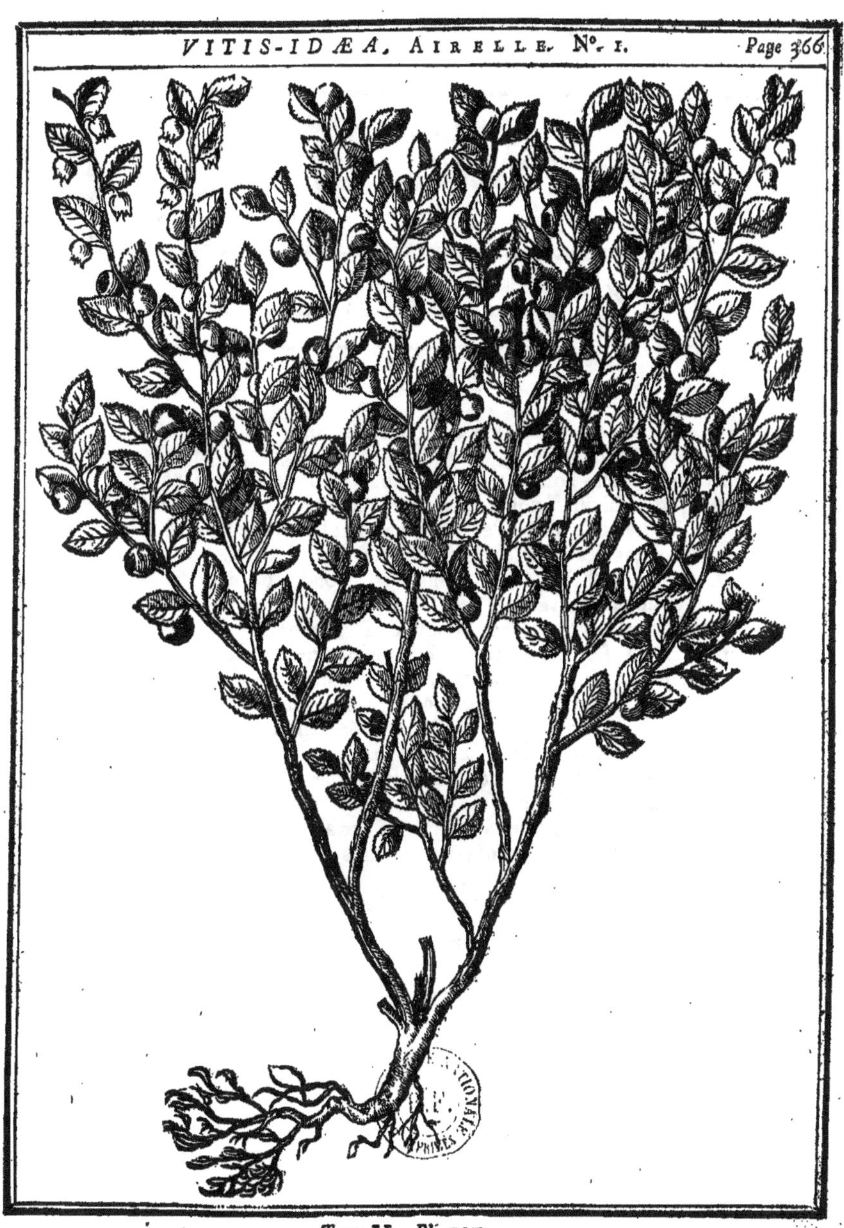

Tome II. Pl. 107.

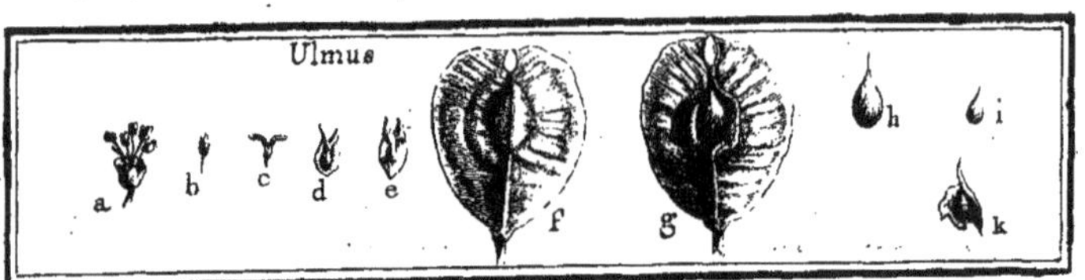

ULMUS, Tournef. & Linn. ORME.

DESCRIPTION.

LA fleur (*a*) de l'Orme a un calyce, ou, fi l'on veut, un pétale d'une feule piece, épais, figuré en cloche, divifé en cinq par les bords, verd en dehors, coloré en dedans : cette partie fubfifte jufqu'à la maturité du fruit. On apperçoit dans l'intérieur de cette fleur cinq étamines (*b*) affez longues, terminées par des fommets qui font divifés en quatre.

Le piftil (*c*) eft formé d'un embryon arrondi, de deux ftyles & de ftigmates velus.

L'embryon devient d'abord comme il eft repréfenté en (*d*) ou en (*e*) ; il forme enfuite un fruit membraneux, applati en feuillet prefque ovale, échancré pour l'ordinaire dans le haut, relevé vers le milieu, d'une boffe dans laquelle on trouve une capfule en poire (*g*) ; cette capfule (*h*) eft ordinairement membraneufe (*k*), & renferme une femence arrondie (*i*) & un peu applatie : ces femences tombent lorfque les feuilles commencent à fe développer.

Les feuilles de l'Orme font entieres, ovales, dentelées par les bords, relevées en deffous de nervures, fillonnées en deffus, fermes & plus ou moins rudes au toucher, fuivant les efpeces ; elles font alternativement pofées fur les branches.

ESPECES.

ULMUS campeftris & Theophrafti. C. B. P.
Orme fauvage.

2. *ULMUS folio latiſſimo ſcabro.* Ger. Emac.
Orme-teille; ſa feuille n'eſt pas ſi rude que celle de beaucoup d'autres eſpeces.

3. *ULMUS minor folio anguſto, ſcabro.* Ger. Emac.
Orme nain à petites feuilles rudes; ou Ormille.

4. *ULMUS folio glabro.* Ger. Emac.
Orme à feuilles liſſes.

5. *ULMUS minor folio variegato.* M. C.
Petit Orme à feuilles panachées de blanc.

6. *ULMUS folio glabro eleganter variegato.* M. C.
Orme à feuilles liſſes, panachées de blanc.

7. *ULMUS minor foliis flaveſcentibus.* M. C.
Petit Orme à feuilles panachées de jaune.

8. *ULMUS major foliis exiguis, ramis compreſſis.*
Orme à petites feuilles, qui s'éleve fort haut, & dont les
branches ſont raſſemblées près de la tige; ou improprement
Orme-masle.

9. *ULMUS major ampliore folio, ramos extra ſe ſpargens.*
Orme à très-grandes feuilles, dont les branches s'étendent de
côté & d'autre; ou improprement Orme-femelle.

10. *ULMUS major Hollandia, anguſtis & magis acuminatis ſamaris,
folio latiſſimo, ſcabro, variegato.* M. C.
Orme de Hollande à grandes feuilles panachées.

CULTURE.

On peut élever les Ormes par les ſemences; & pour cela,
auſſi-tôt qu'elles ſont tombées, on les répand ſur une terre
bien labourée, & on les recouvre de l'épaiſſeur d'un doigt de
terreau ou d'autre terre légere.

Les Ormes qu'on éleve de cette façon fourniſſent une quantité prodigieuſe de variétés; car les uns ont des feuilles qui ne
ſont preſque pas plus larges que l'ongle, & d'autres les ont
plus grandes que la main; les uns portent des feuilles très-
rudes, & d'autres plus molles; les uns croiſſent beaucoup
plus

plus haut que les autres; il s'en trouve qui raffemblent leurs branches tout près les unes des autres, & d'autres qui les répandent plus ou moins de tous les côtés. Nous n'avons pas cru devoir groffir notre catalogue d'une longue énumération de toutes ces variétés; peut-être même jugera-t-on que nous aurions mieux fait de l'abréger encore.

Comme, fuivant les différents ufages qu'on fe propofe de faire de ces arbres, il eft fouvent avantageux d'avoir une certaine quantité d'Ormes de la même efpece; pour y parvenir, nous greffons fur les autres, celles qui nous conviennent.

Tous les Ormes fourniffent quantité de rejets qui fortent de leurs racines; cela fournit encore un moyen facile de les multiplier, il eft même plus expéditif que par les femences; d'ailleurs, comme ces rejets font de la même efpece que les racines, on eft difpenfé de les greffer, quand ils fe trouvent être de l'efpece qu'on defire.

On greffe ordinairement les Ormes en écuffon à œil dormant.

L'Orme peut être tondu aux cifeaux & au croiffant. Cet arbre s'accommode affez bien de toutes fortes de terreins; néanmoins, quand il eft planté dans une terre trop graffe & un peu humide, il arrive que dans le temps de la feve elle fe porte en fi grande abondance entre le bois & l'écorce, que ces deux fubftances fe féparent par la rupture du tiffu cellulaire, & alors on voit plufieurs de ces arbres mourir fubitement.

Quand on abat de gros Ormes répandus çà & là dans un terrein, fi l'on a intention de le garnir de nouveaux Ormes, on fera ouvrir dans ce terrein plufieurs tranchées affez profondes pour qu'on foit obligé de couper toutes les racines que l'on rencontre; on laiffera ces tranchées ouvertes pendant deux ou trois ans; alors toutes les racines coupées pousseront de nouveaux jets : on remplira enfuite ces tranchées de la même terre qu'on en avoit tirée; & fi l'on a foin d'interdire l'accès de ce champ aux beftiaux, il fe trouvera par la fuite fuffifamment garni d'Ormes qui croîtront très-bien.

U S A G E S.

On peut faire de fuperbes avenues avec les Ormes à larges

feuilles de l'efpece, n°. 9. L'efpece à petites feuilles, n°. 8, eft
admirable pour former des lifieres. Les Ormes à très-petites
feuilles fervent ordinairement à faire de belles paliffades : on
peut les élever pour les tondre en boule comme des Orangers ; on en forme encore des tapis ou maffifs fous les grands
arbres dans les quinconces, en les tenant à trois pieds de hauteur ; cet arbre enfin vient très-bien dans les futaies.

Le bois d'Orme fe tourmente beaucoup ; c'eft pour cela
que les Menuifiers en font peu d'ufage : lorfqu'il eft trop fec,
il eft caffant & fujet à être piqué des vers ; cette raifon fait
qu'on l'emploie rarement dans les charpentes ; ce bois néanmoins eft excellent pour les ouvrages de charronage : plufieurs
pieces des moulins, & prefque toutes celles qu'on emploie
pour les preffes & les preffoirs, font faites d'Orme : les pompes pour la marine, & les tuyaux pour la conduite des eaux,
font fouvent faits avec le bois d'Orme.

Ce bois eft de qualité très-différente, felon les efpeces :
l'efpece, n°. 2, dont les feuilles font très-larges, & qui ne
pouffe point de rejets fur le tronc ni fur les groffes branches,
a le bois tendre, & prefque auffi doux que le Noyer. L'efpece, n°. 9, branche beaucoup, & fournit quantité de bois
tortu, dont les courbes font bien néceffaires aux Charrons ;
cependant fon bois n'eft pas auffi dur que celui de l'efpece, n°. 8,
Celui-ci eft chargé de nœuds, & on le recherche par cette
raifon, pour en faire des moyeux de roues.

Les feuilles des Ormes font un peu mucilagineufes, & paffent pour être vulnéraires. Le mucilage que rend l'écorce des
jeunes branches froiffées dans l'eau, eft un des meilleurs remedes qu'on puiffe employer contre la brûlure.

Il fe forme fouvent fur les feuilles des Ormeaux, des veffies
ou galles creufes, dans lefquelles on trouve des infectes &
quelques gouttes d'une liqueur épaiffe : on nomme cette liqueur
Baume d'Ormeau, & on l'emploie avec fuccès pour la guérifon
des plaies récentes.

On nous affure que les Ormes croiffent naturellement à la
Louyfiane. On en trouve auffi plufieurs efpeces ou variétés dans
les forêts du Canada.

Tome II. Pl. 109.

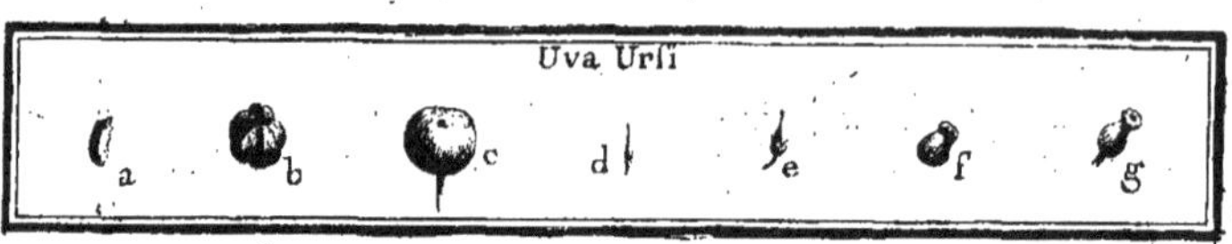

UVA-URSI, Tournef. *ARBUTUS*, Linn.
BUSSEROLLE.

DESCRIPTION.

LES fleurs (*g*) de l'*Uva-urſi* ſont formées d'un très-petit calyce (*e*) diviſé en cinq ; d'un pétale (*f*) figuré en grelot, percé par le bas, dans lequel on trouve environ dix étamines & un piſtil (*d*) compoſé d'un embryon arrondi, & ſurmonté d'un ſtyle. L'embryon devient une baie (*c*) ſucculente, dans laquelle ſont renfermés cinq oſſelets (*b*) arrondis ſur le dos (*a*), & applatis du côté où ils ſe touchent.

Les feuilles de l'*Uva-urſi* ſont ovales, longuettes, petites ; fermes & rangées alternativement ſur les branches.

ESPECE.

[*UVA-URSI.* Cluſ.
Busserolle.

CULTURE.

Ce petit arbuſte ne s'éleve qu'à huit ou dix pouces de hauteur ; il ſe multiplie beaucoup dans les bois où il vient naturellement ; mais on a bien de la peine à l'élever dans les jardins.

USAGES.

Les fleurs de l'*Uva-urſi* ſont rouges ; elles viennent raſſemblées

par bouquets au bout des branches, & elles sont assez jolies ;
mais la difficulté qu'il y a à élever cet arbuste dans les jardins,
fait qu'on ne peut jouir du plaisir de le voir, que dans les
lieux où il croît naturellement ; savoir en Espagne, &c.

Ses bayes sont très-astringentes. La plante en infusion est recommandée contre la pierre & la gravelle.

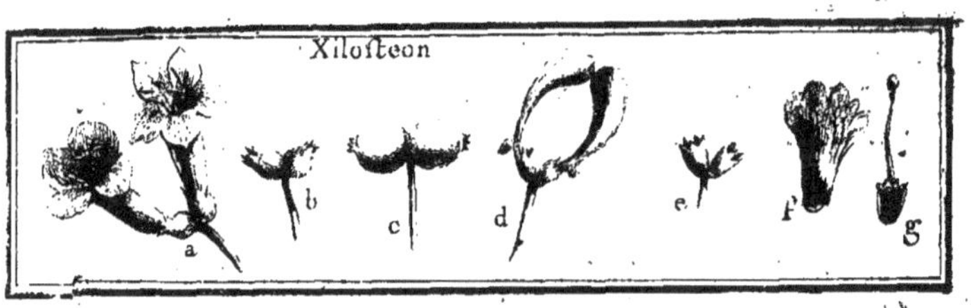

XYLOSTEON, Tourner. *LONICERA*, Linn.

DESCRIPTION.

IL y a un grand rapport entre les parties de la fructification du *Xylosteon* & celle du *Periclimenum* & du *Symphoricarpos*. La fleur (*a d*) du *Xylosteon* a un petit calyce (*b e*) divisé en cinq, un pétale en tuyau divisé aussi en cinq, mais dont les échancrures font égales entr'elles; elles font inégales au contraire dans le *Chamæcerafus*. On peut remarquer au *Xylosteon*, ainsi qu'au *Chamæcerafus*, un renflement qui est au bas du pétale, & immédiatement au dessus du calyce. On trouve dans l'intérieur de la fleur cinq étamines (*f*) & un pistil (*g*) qui est composé d'un embryon arrondi, qui fait partie du calyce.

Cet embryon devient une baie (*c*) ronde, succulente, & terminée par un umbilic : ces baies, dans le *Xylosteon*, viennent toujours deux à deux.

Les feuilles de cet arbuste font ovales, plus larges vers leur extrémité que du côté de la branche; elles font blanchâtres, unies & opposées sur les branches.

ESPECES.

1. *XYLOSTEON Pyrenaicum.* Inst.
   Xylosteon des Pyrénées.

2. *XYLOSTEON Canadense foliis latioribus.*
   Xylosteon de Canada à feuilles larges.

CULTURE.

J'ai multiplié cet arbuste par marcottes, & je crois qu'il reprendroit par boutures : je n'ai point encore essayé de le semer.

USAGES.

Cet arbuste est assez joli, sur-tout vers la fin de Mai, parce qu'alors il est chargé de ses fleurs qui sont blanches; mais il a le défaut d'être dévoré par les cantharides, ainsi que les Chevre-feuilles.

Tome II. Pl. 110.

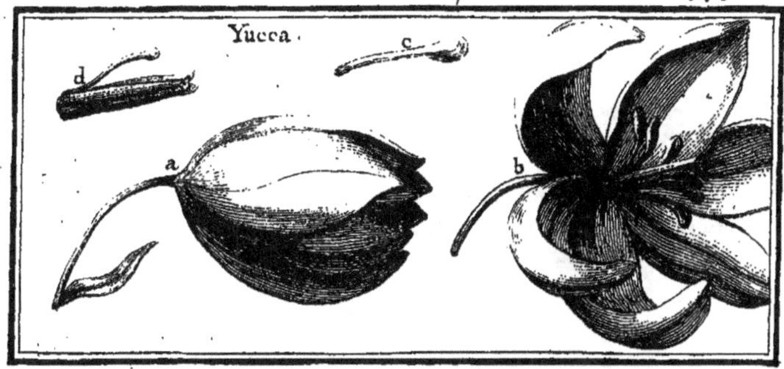

YUCCA, Casp. Bauh. & Linn.

DESCRIPTION.

L'Yucca porte un ou deux gros épis de fleurs qui prennent naiſſance de la tige qui ſupporte ſes feuilles. Chaque fleur (*a*) eſt compoſée d'un ſeul pétale (*b*) découpé aſſez
profondément en ſix parties ; chaque découpure ſe rabat ſur
le milieu de la fleur, & eſt creuſée en dedans de façon que
cette fleur prend aſſez la figure d'une cloche. Dans le milieu
de cette cloche, on apperçoit ſix étamines (*c*) qui entourent le
piſtil (*d*), & qui prennent naiſſance à ſa baſe : ces étamines
ont la figure d'une maſſe ; chacune eſt compoſée d'un long
filet charnu, qui va en groſſiſſant juſqu'à ſon extrêmité ; le
ſommet de ces étamines eſt ſitué au haut de la maſſe. Le piſtil
eſt formé d'un embryon oblong & de trois ſtyles, dont chacun
eſt creuſé dans ſa longueur en forme de gouttiere. L'embryon devient une capſule oblongue, diviſée en trois loges
qui renferment des ſemences menues ; chaque loge eſt elle-
même partagée par des cloiſons.

Les feuilles de l'*Yucca* ſont diſpoſées autour de la tige, à
peu près comme celles de l'Aloës : elles ſont longues, fermes,
creuſées en gouttiere, & terminées par une forte pointe très-
aiguë.

E S P E C E.

YUCCA foliis Aloës. C. B. P.
Yucca à feuilles d'Aloës.

Il y a encore plufieurs autres efpeces d'*Yucca* dont nous ne
parlerons point, parce qu'elles ne peuvent fupporter les hyvers de notre climat.

C U L T U R E.

L'*Yucca* de l'efpece que nous décrivons ici, n'eft pas fort
délicat: il s'accommode affez bien de toutes fortes de terreins; il fe plaît cependant plus dans une terre fabloneufe. On
le multiplie par des drageons enracinés, qui pouffent autour
des gros pieds.

U S A G E S.

Quoique l'*Yucca* ne puiffe être regardé comme un arbriffeau, parce qu'il n'a aucunes branches ligneufes, fa tige étant
feulement entourée de feuilles longues & roides, qui fe terminent par une pointe très-piquante, nous avons cru cependant pouvoir le faire entrer dans cet ouvrage, parce qu'il
conferve fa tige ; que fes gros épis de fleurs font un affez bel effet
dans les jardins, & que l'on peut en mettre quelques pieds dans
les bofquets d'été. Cette même raifon nous auroit engagé à
parler du grand Aloës, s'il pouvoit fupporter les gelées de nos
climats.

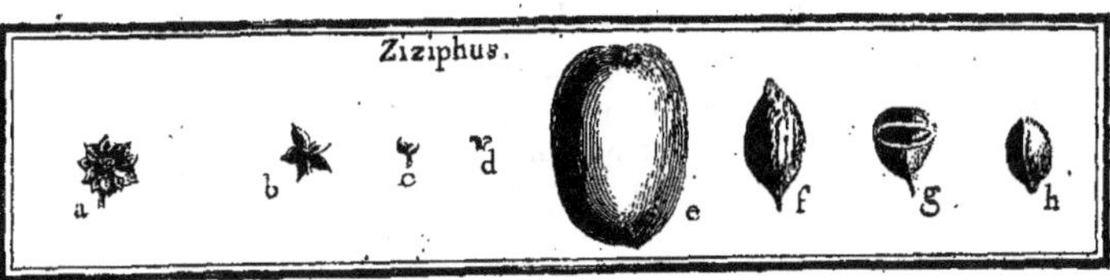

ZIZIPHUS, Tournef. RHAMNUS, Linn.
JUJUBIER.

DESCRIPTION.

L A fleur (*a*) du Jujubier reſſemble beaucoup à celle du *Paliurus*. Cette fleur n'a point de calyce, à moins qu'on ne prenne le pétale (*b*), qui n'eſt cependant pas percé par le bas, qui eſt verd par dehors, & coloré en dedans, pour le calyce, lequel ſeroit alors d'une ſeule piece diviſée juſqu'à la baſe en cinq : on apperçoit à l'angle de chaque découpure une petite feuille qu'on pourroit en ce cas prendre pour des pétales; mais, ſuivant M. Linneus, ce ſont des *nectarium*.

On découvre dans l'intérieur de la fleur cinq étamines, & le piſtil qui eſt compoſé d'un embryon arrondi (*c*) couronné de deux ſtyles fort courts (*d*).

L'embryon devient un fruit charnu (*e*) figuré en olive, dans lequel eſt un noyau (*f*) qui eſt diviſé intérieurement en deux loges (*g*), dans chacune deſquelles eſt contenue une ſemence (*h*) arrondie d'un côté, & applatie de l'autre.

Les feuilles du Jujubier ſont ovales, unies, luiſantes, d'un verd gai, tirant un peu ſur le jaune, finement dentelées par les bords, relevées en deſſous de trois nervures qui partent de la queue de la feuille, & qui s'étendent juſqu'à la pointe : ces feuilles ſont attachées alternativement des deux côtés d'une branche menue, qui ſouvent ſe deſſeche après que les feuilles ſont tombées; ce qui pourroit faire penſer que les feuilles du Jujubier ſont compoſées & empannées; mais on apperçoit deux épines, quelquefois des ſtipules à l'inſertion des feuilles ſur ces branches, & des boutons dans les aiſſelles d'où il ſort des fleurs & des branches : donc, quoique la plupart des branches menues qui ſupportent les feuilles, tombent, on ne peut ſe diſpenſer de les regarder comme de véritables branches.

ESPECE.

ZIZIPHUS. Dod. Pempt. *JUJUBA ſilveſtris.* C. B. P. *vel, Rhamnus aculeis gemmatis, altero recurvo, foliis ovato oblongis.* Linn. Spec. Plant.

JUJUBIER.

M. Linneus a réuni au genre des *Rhamnus* les *Frangula,* les *Paliurus,* les *Alaternus* & les *Ziziphus.* Voyez ce que nous en avons dit dans ces différents articles.

CULTURE.

Il n'eſt pas douteux qu'on pourroit élever les Jujubiers de ſemences ; mais comme ſes racines pouſſent beaucoup de rejets, on peut ſe diſpenſer de ſemer les noyaux du fruit de cet arbre. Il ſe plaît aſſez dans les terreins ſecs ; & quoiqu'il nous vienne de Provence, du Languedoc ou d'Eſpagne, il ſouffre peu de la rigueur de nos hyvers.

USAGES.

La beauté du feuillage de ce grand arbriſſeau doit engager à le planter dans les boſquets d'été & d'automne : il ne convient point dans ceux du printemps, parce qu'il pouſſe tard ; & que ſa fleur a peu de mérite.

Il eſt très-rare que ſon fruit mûriſſe dans nos jardins ; mais en Provence, en Languedoc, &c. où il vient à maturité, on le recueille avec ſoin pour le vendre aux marchands qui le font paſſer dans l'intérieur du Royaume, où on ne laiſſe pas d'en conſommer pour les tiſanes pectorales.

F I N.

TABLE GENERALE
DES MATIERES
Contenues dans cet Ouvrage.

A

ABIES.
Abies, LINN. *Voyez* Larix.
Abrotanum.
Abrotanum fœmina, *v.* Santolina.
Abfynthe , *v.* Abfynthium.
Abfynthium.
Acacia.
Acacia *des Jardiniers* , *v.* Pfeudo-Acacia.
Acacia *d'Occident* , *v.* Gleditfia.
Acer.
Acurnier , *v.* Cornus.
Adrachne , *v.* Arbutus.
Æfculus , *v.* Pavia.
Agnus-caftus , *v.* Vitex.
Ajonc , *v.* Genifta fpartium.
Airelle , *v.* Vitis-Idæa.
Alaterne , *v.* Alaternus.
Alaternus.
Alcanna , *v.* Aquifolium.
Aliboufier , *v.* Styrax.
Alipum , *v.* Globularia.
Alifier , *v.* Cratægus.
Alnus.
Althea frutex , *v.* Ketmia.
Alviex , *v.* Pinus.
Amandier , *v.* Amygdalus.
Amelanchier , *v.* Mefpilus.
Amomum , *v.* Solanum.
Amorpha.
Amygdalus.
Amygdalus , LINN. *v.* Perfica.
Anagyris.
Androfœmum.
Angélique épineufe , *v.* Aralia.
Anona.
Anonis.

Anthyllis , *v.* Barba-Jovis.
Aquifolium.
Aralia.
Arbor Zeilanica , &c. *v.* Chionanthus.
Arboufier , *v.* Arbutus.
Arbre de cire , *v.* Gale.
Arbre de Judée , *v.* Siliquaftrum.
Arbre de Vie , *v.* Thuya.
Arbriffeau laiteux , *v.* Sideroxilon.
Arbutus.
Arbutus , LINN. *v.* Uva Urfi.
Armeniaca.
Arrête-beuf , *v.* Anonis.
Arroche , *v.* Atriplex.
Artemifia , LINN. *v.* Abrotanum *&* Abfynthium.
Arundo.
Afcyrum.
Afpalathus , *v.* Pfeudo-Acacia.
Afparagus.
Afperge , *v.* Afparagus.
Affiminier , *v.* Anona.
Aftragalus , LINN. *v.* Tragacantha.
Atraphaxis , *v.* Polygonum.
Atriplex.
Atriplex fructu aculeato, &c. *v.* Polygonum.
Atriplex Orientalis , &c. *v.* Polygonum.
Atropa , *v.* Belladona.
Aube-Epine , *v.* Mefpilus.
Avelinier , *v.* Corylus.
Avet , *v.* Abies.
Aune , *v.* Alnus.
Aune-noir , *v.* Frangula.
Aurone , *v.* Abrotanum.
Azalea.
Azedarach.
Azerolier , *v.* Mefpilus.

Bbb ij

B

BACCHANTE, *Voyez* Baccharis.
Baccharis.
Baguenaudier, *v.* Colutea.
Barba - Jovis.
Barba - Jovis, &c. RAND. *v.* Amorpha.
Barbe de Renard, *v.* Tragacantha.
Barras, *Résine*, *v.* Pinus.
Baume de Canada, de Gilead, *v.* Abies.
Baumier, *v.* Populus.
Benjoin, v. Laurus.
Belladona.
Berberis.
Betula.
Betula, LINN. *v.* Alnus.
Bigarotier, *v.* Cerasus.
Bignonia.
Bijon, *Résine*, *v.* Pinus.
Bluet, *v.* Vitis-Idæa.
Bois de plomb, *v.* Dirca.
Bois de Sainte-Lucie, *v.* Cerasus.
Bois-dur, *v.* Carpinus.
Bois-gentil, *v.* Thymelæa.
Bois-puant, *v.* Anagyris.
Bois-punais, *v.* Cornus.
Bonduc.
Bonnet de Prêtre, *v.* Evonimus.
Bouis, *v.* Buxus.
Bouleau, *v.* Betula.
Bourdaine, *v.* Frangula.
Bourreau des Arbres, *v.* Evonimoides.
Boutons-d'or, *v.* Abrotanum.
Bray-sec, *Bray-gras*, *Résine*, *v.* Pinus.
Brusque, *v.* Genista Spartium, & Ruscus.
Bruyere, *v.* Empetrum & Erica.
Buis, *v.* Buxus.
Buis piquant, *v.* Ruscus.
Buisson ardent, *v.* Mespilus.
Buplevrum.
Burcardia.
Busserolle, *v.* Uva Ursi.
Butneria.
Buxus.

C

CADE, *v.* Juniperus.
Caillebotte, *v.* Opulus.
Calamendrier, *v.* Chamædris.
Callicarpa, *v.* Burcardia.
Calthoides, *v.* Othonna.
Candelbery, *v.* Gale.
Canne, *v.* Arundo.
Canots d'Ecorce, *v.* Betula.

Capparis.
Caprier, *v.* Capparis.
Caprificus, *v.* Ficus.
Caprification, *v.* Ficus.
Caprifolium.
Caragagna, *v.* Pseudo-Acacia.
Carouge, *v.* Siliqua.
Carpinus.
Casia.
Cassie, *v.* Acacia.
Cassine, *v.* Aquifolium.
Cassis, *v.* Grossularia.
Castanea.
Catalpa, *v.* Bignonia.
Ceanothus.
Cedre, *v.* Cedrus.
Cedre de Virginie ; de Bermude, *v.* Juniperus.
Cedre du Liban, *v.* Larix.
Cedrus.
Celastrus, *v.* Evonimoides.
Celtis.
Cephalantus.
Cerasus.
Ceratonia, *v.* Siliqua.
Cercis, *v.* Siliquastrum.
Cerisier, *v.* Cerasus.
Cestrum, *v.* Jasminoides.
Chamæcerasus.
Chamædris.
Chamælea.
Chamelæa, *v.* Thymelæa.
Chamelæagnus, *v.* Gale.
Chamænerion, *v.* Nerion.
Chamærhododendros.
Charme, *v.* Carpinus.
Châtaignier, *v.* Castanea.
Chêne, *v.* Quercus.
Chêne-vert, *v.* Ilex.
Chenopodium.
Chevrefeuille, *v.* Caprifolium.
Chincapin, *v.* Castanea.
Chionanthus.
Cidre, *liqueur*, *v.* Malus.
Cipre de Canada, *v.* Pinus.
Ciste, *v.* Cistus.
Cistus.
Citronelle, *v.* Abrotanum.
Clematis, *v.* Clematitis.
Clematite, *v.* Clematitis.
Clematitis.
Clethra.
Cneorum, *v.* Chamælea & Thymelæa.
Cochêne, *v.* Sorbus.
Coignassier, ou *Coignier*, *v.* Cydonia.

Colutea.
Coriaria.
Cormier, *v.* Sorbus.
Cornouillier, *v.* Cornus.
Cornus.
Coronilla.
Coronilla, *v.* Emerus.
Corylus.
Cotinus.
Cotonaster, *v.* Mespilus.
Coudounier, *v.* Cydonia.
Coudrier, *v.* Corylus.
Cratægus.
Cratitires, *v.* Ficus.
Cupressus.
Cydonia.
Cyprès, *v.* Cupressus.
Cytise, *v.* Cytisus.
Cytiso - Genista.
Cytisus.

D

*D*APHNE, *v.* Thymelæa.
Diervilla.
Diospyros, *v.* Guaiacana.
Dirca.
Dodonæa, *v.* Ptelea.
Donax, *v.* Arundo.
Dornaveau, *v.* Paliurus.
Dulcamara, *v.* Solanum.

E

*E*AU *de la Reine d'Hongrie*, *v.* Ros marinus.
Ebene de Crete, *v.* Barba-Jovis.
Ebénier des Alpes, *v.* Cytisus.
Ebenus, *v.* Barba-Jovis.
Eglantier, *v.* Rosa.
Elate, *v.* Abies.
Elæagnus.
Emerus.
Empetrum.
Ephedra.
Epicia, *v.* Abies.
Epilobium, *v.* Nerion.
Epine blanche, *v.* Mespilus.
Epinette, *arbre & boisson*, *v.* Abies.
Epine-vinette, *v.* Berberis.
Erable, *v.* Acer.
Erica.
Esculus, Plinii, *v.* Quercus.
Esculus, LINN. *v.* Hippocastanum.
Esprit-de-raze, *v.* Pinus.

Esprit de Térébenthine, *v.* Abies.
Essence de Térébenthine, *v.* Abies.
Estragon, *v.* Abrotanum.
Evonimoides.
Evonimus.
Evonimus Virginianus, &c. PLUK. *v.* Evonimoides.
Evonimus Jujubinis foliis, &c. *v.* Ceanothus.
Euphorbia, LINN. *v.* Tithymalus.

F

*F*ABRECOULIER, ou *Falabriquier*, *v.* Celtis.
Fagara.
Fagus.
Fagus, LINN. *v.* Castanea.
Faine, *v.* Fagus.
Faux Acacia, *v.* Pseudo-Acacia.
Faux Pistachier, *v.* Staphylodendron.
Févier, *v.* Gleditsia.
Ficus.
Figuier, *v.* Ficus.
Filaria, *v.* Phyllirea.
Fleur de la Passion, *v.* Granadilla.
Fornites, *v.* Ficus.
Fouêne, *v.* Fagus.
Fouteau, *v.* Fagus.
Foyard, *v.* Fagus.
Fragon, *v.* Ruscus.
Framboisier, *v.* Rubus.
Franc-Picard, *v.* Populus.
Frangula.
Fraxinus.
Frêne - épineux, *v.* Fagara.
Frêne, *v.* Fraxinus.
Frutex terribilis, *v.* Globularia.
Frutex Virginianus trifolius, &c. *v.* Ptelea.
Fusain, *v.* Evonimus.
Fustet, *v.* Cotinus.

G

*G*ALE.
Gale-Mariana, &c. *Voyez* Liquidambar.
Galipot, *résine*, *v.* Pinus.
Galle, *v.* Quercus.
Garas, *v.* Evonimus.
Garou, *v.* Thymelæa.
Gaudron, *résine*, *v.* Pinus.
Gelsiminum, *v.* Jasminum.
Genêt-Cytise, *v.* Cytiso-Genista.
Genêt-Epineux, *v.* Genista-Spartium.
Genêt, LINN. *v.* Genista.

Genevrier, *v.* Juniperus.
Genista.
Genista, LINN. *v.* Spartium.
Genista-Spartium.
Gleditsia.
Globulaire, *v.* Globularia.
Globularia.
Glu, *v.* Aquifolium & Viscum.
Glycine, *v.* Phaseoloides.
Gomme de lierre, *v.* Hedera.
Granadilla.
Graine d'Avignon, *v.* Rhamnus.
Gratte-cul, *v.* Rosa.
Grenadier, *v.* Punica.
Grewia.
Griothier, *v.* Cerasus.
Grisaille, *v.* Populus.
Groseillier, *v.* Grossularia.
Grossularia.
Guaiacana.
Guainier, *v.* Siliquastrum.
Gualteria.
Guanabanus, PLUM. *v.* Anona.
Gui, *v.* Viscum.
Guignier, *v.* Cerasus.
Guilandina, *v.* Bonduc.

H

HALIMUS, *v.* Atriplex.
Hamamelis.
Haricot en arbrisseau, *v.* Phaseoloides.
Hedera.
Hediunda, *v.* Jasminoides.
Herbe-aux-gueux, *v.* Clematitis.
Hêtre, *v.* Fagus.
Hibiscus, *v.* Ketmia.
Hippocastanum.
Hippophae, *v.* Rhamnoides.
Houx, *v.* Aquifolium.
Huile d'Amande, *v.* Amygdalus.
Huile d'Aspic, *v.* Lavandula.
Huile de Foêne, *v.* Fagus.
Huile de Laurier, *v.* Laurus.
Huile de Noisettes, *v.* Corylus.
Huile de Noix, *v.* Nux.
Huile de Pistaches, *v.* Terebinthus.
Huile d'Olive, *v.* Olea.
Huile essentielle de Jasmin, *v.* Jasminum.
Hydrangea.
Hypericum.
Hypreau, *v.* Populus.
Hysope, *v.* Hyssopus.
Hyssopus.

J

JACOBEASTRUM, *v.* Othonna.
Jasmin, *v.* Jasminum.
Jasmin de Virginie, *v.* Bignonia.
Jasminoides.
Jasminum.
If, *v.* Taxus.
Ilex.
Ilex, LINN. *v.* Aquifolium.
Indigo bâtard, *v.* Amorpha.
Jonc marin, *v.* Genista Spartium.
Itea.
Juglans, *v.* Nux.
Juniperus.
Juniperus, LINN. *v.* Cedrus.
Juniperus, *v.* Sabina.
Jujuba, *v.* Ziziphus.
Jujubier, *v.* Ziziphus.

K

KALMIA.
Kermès, *v.* Ilex.
Ketmia.
Kinorodon, *v.* Rosa.

L

LADANUM, *Résine*, *Voyez* Cistus.
Lande, *v.* Genista Spartium.
Lapathum Orientale, *v.* Polygonum.
Larix.
Lavande, *v.* Lavandula.
Lavandula.
Lavandula, LINN. *v.* Stœcas.
Laureola, *v.* Thymelæa.
Laurier, *v.* Laurus.
Laurier-Alexandrin, *v.* Ruscus.
Laurier-Cerise, *v.* Lauro-cerasus.
Laurier-Rose, *v.* Nerion.
Laurier sauvage d'Acadie, *v.* Gale.
Laurier-Tin, *v.* Tinus.
Laurier-Tulipier, *v.* Magnolia.
Lauro-cerasus.
Laurus.
Ledum *ou* Ledon, *v.* Cistus.
Lentiscus.
Lentisque, *v.* Lentiscus.
Lentisque du Pérou, *v.* Molle.
Licium, *v.* Jasminoides.
Lierre, *v.* Hedera.
Lierre de Canada, *v.* Menispermum.
Ligustrum.

Lilac.
Lilas, v. Lilac.
Lilas des Indes, v. Azedarach.
Liquidambar.
Liriodendrum, v. Tulipifera.
Lither-Wood, v. Dirca.
Lonicera, LINN. v. Caprifolium, Peri-
    clymenum, Chamæcerasus, Sympho-
    ricarpos, Diervilla.
Lucet, v. Vitis Idæa.
Lysimachia C. B. P. v. Nerion.

M

MAGNOLIA.
    Mahaleb, v. Cerasus.
Main-découpée, v. Platanus.
Malus.
Marceau, v. Salix.
Marronnier, v. Castanea.
Marronnier d'Inde, v. Hippocastanum.
Marronnier à fleurs rouges, v. Pavia.
Massugo, v. Cistus.
Mastic, Résine, v. Lentiscus.
Mauret, v. Vitis Idæa.
Melese, v. Larix.
Melia, v. Azedarach.
Menispermum.
Merisier, v. Cerasus.
Merisier de Canada, v. Betula.
Meslier, v. Mespilus.
Mespilus.
Mezereon, v. Thymelæa.
Micacoulier & Micocoulier, v. Celtis.
Mimosa, LINN. v. Acacia.
Minel, v. Cerasus.
Myrica foliis oblongis, v. Liquidambar.
Myrtille, v. Vitis Idæa.
Molle.
Moor-Wood, v. Dirca.
Morelle, v. Solanum.
Morus.
Mugo, v. Pinus.
Murier, v. Morus.
Myrica, v. Gale.
Myrica foliis oblongis, &c. v. Liquidambar.
Myrte, v. Myrtus.
Myrtus.

N

NEFFLIER, v. Mespilus.
    Nega, v. Cerasus.
Nerion.
Nerium, v. Nerion.

Nerprun, v. Rhamnus.
Nez-coupé, v. Staphylodendron.
Noir de fumée, v. Pinus & Abies.
Noisettier, v. Corylus.
Noix de galle, v. Quercus.
Noyer, v. Nux.
Nux.

O.

OBIER, Voyez Opulus.
    Olea.
Olivier, v. Olea.
Olivier sauvage, v. Elæagnus.
Ononis, v. Anonis.
Opulus.
Orme, v. Ulmus.
Ornos, & Orni, v. Ficus.
Osier, v. Salix.
Osier blanc, v. Populus.
Osier fleuri, v. Nerion.
Osier rouge, jaune, &c. v. Salix.
Ostrya, v. Carpinus.
Othonna.
Oxiacantha, v. Mespilus.
Oziris, v. Casia.

P

PACANIER, v. Nux.
    Padus, LINN. v. Lauro-Cerasus, &
    Cerasus.
Padus, v. Cerasus.
Pain-blanc, v. Opulus.
Patattes, v. Solanum.
Paliurus.
Passerina, v. Thymelæa.
Passiflora, v. Granadilla.
Pavia.
Pece ou Pesse, v. Abies.
Pelotte de neige, v. Opulus.
Pentaphylloides.
Periclymenum.
Perinne, résine, v. Pinus.
Periploca.
Persica.
Pervenche, v. Pervinca.
Pervinca.
Pêcher, v. Persica.
Petit-Chêne, v. Chamædris.
Peuplier, v. Populus.
Phaseoloides.
Philadelphus, v. Syringa.
Phlomis.
Phragmites, v. Arundo.

Phylica, *v.* Alaternus.
Phyllirea.
Plaqueminier, *v.* Guaiacana.
Picholine, *v.* Olea.
Pichot, *v.* Cerasus.
Pied-d'Oison, *v.* Chenopodium.
Pignon, *v.* Pinus.
Piment-royal, *v.* Gale.
Pimina, *v.* Opulus.
Pin, *v.* Pinus.
Pinaster, *v.* Pinus.
Pinus.
Pinus, LINN. *v.* Abies *&* Larix.
Piscari, *v.* Lentiscus.
Pishamin, *v.* Guaiacana.
Pistachia, LINN. } *v.* Terebinthus *&*
Pistachier. } Lentiscus.
Plane & Pleine, *v.* Acer.
Plaqueminier, *v.* Guaiacana.
Platane, *v.* Platanus.
Platanus.
Platano-Cephalus, *v.* Cephalantus.
Poirier, *v.* Pyrus.
Poix-grasse, } *v.* Abies
Poix-noire, } *&*
Poix-seche, } Pinus.
Polygonum.
Pomme de Liane, *v.* Granadilla.
Pommier, *v.* Malus.
Populus.
Porte-chapeau, *v.* Paliurus.
Potentilla, LINN. *v.* Pentaphylloides.
Pourpier de mer, *v.* Atriplex.
Prunier, *v.* Prunus.
Prunus.
Prunus, LINN. *v.* Cerasus, Lauro-Cerasus,
Armeniaca, Padus.
Pseudo-Acacia.
Ptelea.
Punica.
Pyrachanta, *v.* Mespilus.
Pyrus.
Pyrus, LINN. *v.* Malus.

Q

QUERCUS.
Quercus, LINN. *v.* Suber *&* Ilex.

R

RAGOUMINIER, *Voyez* Cerasus.
Raisin, *v.* Vitis.
Raisin de mer, *v.* Ephedra.

Rase, *résine*, *v.* Pinus.
Renouée, *v.* Polygonum.
Résine jaune ou *belle Résine*, *v.* Pinus.
Rhamnoides.
Rhamnus.
Rhamnus, LINN. *v.* Paliurus, Alaternus,
Frangula, Ziziphus.
Rhododendron, *v.* Chamærhododendros.
Rhus.
Rhus, LINN. *v.* Toxicodendron.
Rhus myrtifolia, &c. *v.* Gale.
Ribes, *v.* Grossularia.
Robinia, *v.* Pseudo-Acacia.
Robur, *v.* Quercus.
Ronce, *v.* Rubus.
Rosa.
Rose-Gueldre, *v.* Opulus.
Roseau, *v.* Arundo.
Rosier, *v.* Rosa.
Rosmarinus.
Rouvre, *v.* Quercus.
Rubus.
Rue, *v.* Ruta.
Ruscus.
Ruta.

S

SABINA.
Sabina Orientalis, &c. *v.* Cedrus.
Sabine, *v.* Sabina.
Salix.
Salvia.
Sambucus.
Sandaraque, *résine*, *v.* Juniperus.
Santolina.
Sapin, *v.* Abies.
Sarce-pareille, *v.* Smilax.
Sassafras, *v.* Laurus.
Sauge, *v.* Salvia.
Savinier, *v.* Sabina.
Saule, *v.* Salix.
Savon, *v.* Olea.
Schinos *&* Schinos aspros, *v.* Lentiscus.
Schinus, *v.* Molle.
Securidaca, *v.* Emerus.
Sedum-minus, &c. *v.* Chenopodium.
Séné-bâtard, *v.* Emerus.
Senecio, *v.* Baccharis.
Serento, *v.* Abies.
Seringa, *v.* Syringa.
Sibirica, *v.* Pseudo-Acacia.
Sideroxilon.
Siliqua.
Siliquastrum.

Smilax.

Smilax.
Snaudrap, v. Chionanthus.
Solanum.
Sorbier, v. Sorbus.
Sorbus.
Soude, v. Olea.
Spartium.
Spartium, LINN. v. Genista & Cytiso-Genista.
Spiræa.
Staphylæa, v. Staphylodendron.
Staphylodendron.
Stewartia.
Stœcas.
Storax, résine, v. Styrax & Liquidambar.
Styrax.
Suber.
Sucre d'Erable, v. Acer.
Sucre de Bouleau, v. Betula.
Suffit, v. Pinus.
Sumac, v. Rhus.
Sureau, v. Sambucus.
Sycomore, v. Acer.
Symphoricarpos.
Syringa.
Syringa, LINN. v. Lilac.

T

TACAMAHACA, v. Populus.
Tamariscus.
Tamarix, v. Tamariscus.
Tarton-Raire, v. Thymelæa.
Taxus.
Térébinthe, v. Terebinthus.
Térébenthine de Chio, Voyez Terebinthus.
Térébenthine liquide, v. Abies.
Térébenthine de Meleze, v. Larix.
Térébenthine commune, v. Pinus.
Terebinthus.
Thé du Paraguay, v. Aquifolium.
Thé de Boerhaave, v. Sideroxilon.
Teucrium.
Thuya.
Thym, v. Thymus.
Thymelæa.
Thymelæa floribus albis, v. Dirca.
Thymus.
Tilia.
Tilleul, v. Tilia.
Tinus.

Tithymale, v. Tithymalus.
Tithymalus.
Torchepin, v. Pinus.
Toute-Saine, v. Androsœmum.
Toxicodendron.
Tragacantha.
Tremble, v. Populus.
Trifolium des Jardiniers; v. Cytisus.
Troëne, v. Ligustrum.
Tulipier, v. Tulipifera.
Tulipifera.

V

VACCINIUM, v. Vitis Idæa.
Vergne, v. Alnus.
Vernis, v. Toxicodendron.
Viburnum.
Viburnum foliis integerrimis, LINN. v. Tinus.
Vigne, v. Vitis.
Vigne de Judée, v. Solanum.
Vigne Vierge, v. Vitis.
Vin, v. Vitis.
Vin de Cerise, v. Cerasus.
Vinaigrier, v. Rhus.
Vinca, v. Pervinca.
Viorne, v. Viburnum.
Viscum.
Vitex.
Vitis.
Vitis Idæa.
Ulex, v. Genista-Spartium.
Ulmaria, PLUK. v. Spiræa.
Ulmus.
Votomos, v. Lentiscus.
Uva-Ursi.

X

XYLOSTEON.

Y

YUCCA.

Z

ZANTOXILUM, v. Fagara.
Ziziphus.

Fin de la Table Générale des Matieres.

Extrait des Regiſtres de l'Académie Royale des Sciences.

Du 16. Août 1755.

MEssieurs Bouguer & Bernard de Jussieu, qui avoient été nommés pour examiner un Ouvrage de M. Duhamel, intitulé : *Traité des Arbres & Arbuſtes qui ſe cultivent en France en pleine terre*, en ayant fait leur rapport, l'Académie a jugé cet Ouvrage digne de l'Impreſſion : en foi de quoi j'ai ſigné le préſent Certificat. A Paris le 16. Août 1755.

Signé, GRANDJEAN DE FOUCHY, Sécretaire perpétuel de l'Académie Royale des Sciences.

Extrait des Regiſtres de l'Académie de Marine,

Du 28. Août 1755.

MOnſieur le Marquis DE LA GALISSONIERE & M. Bouguer, qui avoient été nommés par l'Académie pour examiner un Ouvrage de M. Duhamel, intitulé : *Traité des Arbres & Arbuſles qui ſe cultivent en France en pleine terre*, ayant fait leur rapport, l'Académie de Marine a jugé que cet Ouvrage méritoit d'être imprimé. A Breſt le 29. dudit mois & an.

Signé, CHOQUET, Sécretaire de l'Académie de Marine.

PRIVILEGE DU ROI.

LOUIS par la grace de Dieu, Roi de France & de Navarre : A nos amés & féaux Conſeillers, les Gens tenans nos Cours de Parlement, Maîtres des Requêtes ordinaires de notre Hôtel, Grand Conſeil, Prevôt de Paris, Baillifs, Sénéchaux, leurs Lieutenans Civils, & autres nos Juſticiers qu'il appartiendra, SALUT. Nos bien-amés LES MEMBRES DE L'ACADEMIE ROYALE DES SCIENCES de notre bonne Ville de Paris, Nous ont fait expoſer qu'ils auroient beſoin de nos Lettres de Privilege pour l'impreſſion de leurs Ouvrages : A CES CAUSES, voulant favorablement traiter les Expoſans, nous leur avons permis & permettons par ces Préſentes de faire imprimer, par tel Imprimeur qu'ils voudront choiſir, toutes les Recherches ou Obſervations journalieres, ou Relations annuelles de tout ce qui aura été fait dans les Aſſemblées de ladite Académie Royale des Sciences, les Ouvrages, Mémoires ou Traités de chacun des Particuliers qui la compoſent, & généralement tout ce que ladite Academie voudra faire paroître, après avoir fait examiner leſdits Ouvrages, & qu'ils ſont jugé dignes de l'impreſſion, en tels volumes, forme, marge, caractères, conjointement ou ſéparément, & autant de fois que bon leur ſemblera, & de les faire vendre & débiter par tout notre Royaume, pendant le tems de vingt années conſécutives, à compter du jour de la date des Préſentes ; ſans toutefois qu'à l'occaſion des Ouvrages ci-deſſus ſpécifiés, il puiſſe en être imprimé d'autres qui ne ſoient

pas de ladite Académie : faifons défenfes à toutes fortes de perfonnes, de quelque qualité & condition qu'elles foient, d'en introduire d'impreffion étrangere dans aucun
lieu de notre obéiffance ; comme auffi à tous Libraires & Imprimeurs d'imprimer
ou faire imprimer, vendre, faire vendre & débiter lefdits Ouvrages, en tout ou
en partie, & d'en faire aucunes traductions ou extraits, fous quelque prétexte que
ce puiffe être, fans la permiffion expreffe & par écrit defdits Expofans, ou de ceux
qui auront droit d'eux, à peine de confifcation des Exemplaires contrefaits, de
trois mille livres d'amende contre chacun des contrevenans; dont un tiers à Nous,
un tiers à l'Hôtel Dieu de Paris, & l'autre tiers aufdits Expofans, ou à celui qui
aura droit d'eux, & de tous dépens, dommages & intérêts ; à la charge que ces
Préfentes feront enregiftrées tout au long fur le Regiftre de la Communauté des Libraires & Imprimeurs de Paris, dans trois mois de la date d'icelles ; que l'impreffion
defdits Ouvrages fera faite dans notre Royaume, & non ailleurs, en bon papier &
beaux caractères, conformément aux Réglemens de la Librairie; qu'avant de les ex-
pofer en vente, les Manufcrits ou Imprimés qui auront fervi de copie à l'impreffion
defdits Ouvrages, feront remis ès mains de notre très-cher & féal Chevalier le
Sieur DAGUESSEAU, Chancelier de France, Commandeur de nos Ordres, &
qu'il en fera enfuite remis deux Exemplaires dans notre Bibliothèque publique, un
en celle de notre Château du Louvre, & un en celle de notredit très-cher & féal
Chevalier le Sieur DAGUESSEAU, Chancelier de France, le tout à peine de nul-
lité defdites Préfentes : du contenu defquelles vous mandons & enjoignons de faire
jouir lefdits Expofans & leurs ayans caufe, pleinement & paifiblement, fans fouffrir
qu'il leur foit fait aucun trouble ou empêchement. Voulons que la copie des Préfentes qui fera imprimée tout au long, au commencement ou à la fin defdits Ouvrages : foit tenue pour düement fignifiée, & qu'aux copies collationnées par l'un de
nos amez, féaux Confeillers & Sécrétaires, foi foit ajoutée comme à l'original.
Commandons au premier notre Huiffier ou Sergent fur ce requis, de faire, pour l'e-
xécution d'icelles, tous actes réquis & néceffaires, fans demander autre permiffion,
& nonobftant Clameur de Haro, Charte Normande & Lettres à ce contraires ;
CAR tel eft notre plaifir. DONNE' à Paris le dix-neuviéme jour du mois de Mars,
l'an de grace mil fept cens cinquante, & de notre Régne le trente-cinquiéme. Par le
Roi en fon Confeil. M O L.

Regiftré fur le Regiftre XII. de la Chambre Royale & Syndicale des Libraires &
Imprimeurs de Paris, N°.430. fol. 309. conformément au Reglement de 1723, qui fait
défenfes, article 4. à toutes perfonnes, de quelque qualité qu'elles foient, autres que les
Libraires & Imprimeurs, de vendre, débiter & faire afficher aucuns Livres pour les ven-
dre, foit qu'ils s'en difent les Auteurs ou autrement ; à la charge de fournir à la fufdite
Chambre huit Exemplaires de chacun, prefcrits par l'art. 108. du même Réglement. A
Paris le 5. Juin 1750. Signé, LE GRAS, Syndic.